Neues verkehrswissenschaftliches Journal

Ausgabe 21

Modell zur Identifizierung von punktuellen Instabilitäten am Bahnkörper in konventioneller Schotterbauweise

Von der Fakultät Bau- und Umweltingenieurwissenschaften der Universität Stuttgart
zur Erlangung der Würde eines Doktor-Ingenieurs (Dr.-Ing.)
genehmigte Abhandlung

Vorgelegt von

Sebastian Rapp

aus Künzelsau

Hauptberichter:	Prof. Dr.-Ing. Ullrich Martin
Mitberichter:	Prof. Dr.-Ing. Stephan Freudenstein
	Prof. Dr.-Ing. habil. Christian Moormann

Tag der mündlichen Prüfung: 11.07.2017

Institut für Eisenbahn- und Verkehrswesen der Universität Stuttgart

2017

© Verkehrswissenschaftliches Institut an der Universität Stuttgart e.V., Sebastian Rapp

Titelbild: Sebastian Rapp

Herstellung und Verlag: Books on Demand GmbH, Norderstedt
Printed in Germany

ISBN 9 783744 873000

Vorwort

Punktuelle Instabilitäten der Eisenbahninfrastruktur, umgangsfachsprachlich auch als Schlammstellen bezeichnet, sind bereits seit langem bekannt und können in ihrer Wirkung zu einer erheblichen Beeinträchtigung des Bahnbetriebs bis hin zu sicherheitsrelevanten Einschränkungen einschließlich Entgleisungen führen. Dementsprechend wird der Erkennung und Beseitigung von punktuellen Instabilitäten im Rahmen der Infrastrukturinstandhaltung und -instandsetzung seit jeher ein hohes Augenmerk gewidmet. Dennoch gibt es bislang keine Verfahren, die eine zerstörungsfreie Prüfung zur frühzeitigen Erkennung derartiger Instabilitäten ermöglichen. Erkannt werden solche Beeinträchtigungen gegenwärtig oftmals erst im fortgeschrittenen irreversiblen Zustand, bei dem Interimsmaßnahmen, wie das Nachstopfen mit zusätzlichem Schotter, nur von kurzzeitiger Wirkung sind.

Wichtige Voraussetzung zur Etablierung zerstörungsfreier Prüfverfahren ist die Modellierung des Gesamtsystems, so dass signifikante Änderungen der Steifigkeit unter dynamischer Belastung erkannt und Fehlinterpretationen an konstruktiv bedingten Stellen (wie z.B. Weichen, Brücken, Wechsel der Oberbauart) vermieden werden. Die Dissertation verfolgt dementsprechend einen interdisziplinären Ansatz zwischen konstruktivem Bahnbau und Geotechnik, dessen Neuartigkeit insbesondere auch in der ganzheitlichen phänomenologischen Betrachtung der Wirkung von Kräften aus den Verkehrslasten, dem Oberbau selbst sowie externer Einflüsse auf die Steifigkeit des Systems berücksichtigt. Das Modell beruht auf einer Abbildung der Steifigkeits- und Dämpfungsverhältnisse am Bahnkörper im Zusammenspiel von Ober- und Unterbau.

Wesentliches Forschungsergebnis der vorliegenden Arbeit ist ein ganzheitlicher theoretischer Ansatz, welcher unmittelbar auch in praxisbezogene Verfahren zur zerstörungsfreien Ermittlung der Bodenkennwerte Querdehnzahl und Dichte in Abhängigkeit vom Bettungsmodul des Bodens eingebunden werden kann sowie die Modellierung einer punktuellen Instabilität ermöglicht.

Stuttgart, August 2017
Ullrich Martin

Danksagung

Hiermit möchte ich mich bei denjenigen besonders bedanken, die mich in der spannenden Phase meiner Promotion begleitet und bei der Erstellung dieser Arbeit sehr unterstützt haben.

Großer Dank gebührt zunächst Prof. Ullrich Martin, meinem Doktorvater, für die Eröffnung der Thematik „Punktuelle Instabilitäten" und die Betreuung sowie die Begutachtung meiner Promotion. Seine Anregungen und kritischen Kommentare haben zum guten Gelingen dieser Arbeit beigetragen.

Herrn Prof. Christian Moormann und Herrn Prof. Stephan Freudenstein danke ich für die Übernahme des Mitberichts.

Des Weiteren möchte ich mich bei der Ground Control GmbH mit Sitz in München bedanken, welche mir Messdaten zu punktuellen Instabilitäten zur Verfügung gestellt hat. Durch die erhaltenen Daten konnte der im Zuge der Dissertation entwickelte Ansatz gegenüber bestehenden Verfahren erfolgreich getestet werden.

Meinen damaligen und jetzigen Kolleginnen und Kollegen danke ich für ihre Unterstützung, Anregungen und konstruktiven Lösungsvorschläge.

Herzlich danken möchte ich außerdem der Stiftung "Carl-Pirath-Forschungsstipendium" des VWI e.V. Die im Rahmen des Stipendiums gewonnenen zeitlichen Freiräume ermöglichten eine deutlich beschleunigte Fertigstellung der vorliegenden Arbeit.

Mein besonderer Dank geht an meine Frau, für ihr vorhaltloses Vertrauen, ihre Geduld während der Promotionszeit und ihre große Unterstützung in allen Phasen.

Inhaltsverzeichnis

Abbildungsverzeichnis

Tabellenverzeichnis

Zusammenfassung

Die Existenz von punktuellen Instabilitäten - sogenannten Schlammstellen - am Bahnkörper in Schotterbauweise ist seit Beginn des Eisenbahnbaus bekannt. Durch das Aufweichen des bindigen Bodens im Unterbau / Untergrund sowie das Aufsteigen von feinkörnigem Bodenmaterial unter Verkehrsbelastung kann sich die Tragfähigkeit und damit einhergehend die Gleislage in kurzem Zeitraum rapide verschlechtern. Um die Steifigkeits- sowie die Dämpfungsverhältnisse am Bahnkörper rechtzeitig vor einer einsetzenden signifikanten Schädigung zu erfassen, sind bislang Aufschlüsse mittels Bohrungen notwendig, die einen erhöhten Aufwand hervorrufen. Eine zerstörungsfreie Prüfung am Bahnkörper ist jedoch bis jetzt nicht befriedigend möglich. Gerade die kontinuierliche Erfassung des Qualitätszustands eines Bahnkörpers, besonders nach einer Instandsetzungsmaßnahme aufgrund einer punktuellen Instabilität oder deren Erkennung, verlangt eine für die Praxis leicht anwendbare sowie zerstörungsfreie Methode, die idealerweise auch im laufenden Betrieb nutzbar ist.

Der Schwerpunkt dieser Arbeit liegt auf der Entwicklung eines theoretischen Verfahrens zur zerstörungsfreien Erfassung der Bodenverhältnisse am Bahnkörper in konventioneller Schotterbauweise sowie der Modellierung einer punktuellen Instabilität als periodischer Längshöhenfehler.

- Basierend auf Literaturangaben wird eine Korrelation zwischen dem Bettungsmodul des Bodens und der Bodenkennwerte Querdehnzahl und Dichte erzeugt. Mit Kenntnis der Systemeigenschaften und der gemessenen Einsenkung der Schiene unter Last, beispielsweise erfasst mittels Gleiseinsenkungsmesswagen, können der Bettungsmodul des Bodens berechnet sowie die Bodenkennwerte Querdehnzahl und Dichte qualifiziert abgeschätzt werden. Der Bettungsmodul des Bodens beinhaltet die vertikale Steifigkeit des Unterbaus und Untergrunds einschließlich des Schotterbetts. Der Boden wird bei einer heterogenen Baugrundschichtung, analog zum Konusmodell nach [1] und [112], als homogen mit linear elastischem Verhalten angenommen.

- Es wird eine Methode vorgestellt, die anhand der getroffenen Korrelation (Bettungsmodul des Bodens – Bodenkennwerte) die analytische Berechnung der Gleisrezeptanz, die Modellierung einer punktuellen Instabilität und der daraus resultierenden Vertikalspannungen sowie die zerstörungsfreie Überwachung einer Instandhaltungsmaßnahme aufgrund einer punktuellen Instabilität erlaubt.

- Mit Kenntnis der Steifigkeitsverhältnisse und der Bodenkennwerte können die Dämpfungsverhältnisse mit Hilfe von bestehenden Verfahren [37], [106] berechnet werden. Die dynamischen Einwirkungen bzw. Vertikalspannungen, hervorgerufen durch ein typisches unrundes Rad, werden durch den Einfluss einer punktuellen Instabilität (eines periodischen Längshöhenfehlers) erweitert. Die Steifigkeitsschwankung sowie die schwankende Längshöhe entlang des Bahnkörpers werden mittels Sinusfunktion modelliert.

- Anhand von Daten aus Sondierungsergebnissen und Georadarmessungen werden durch die Zuordnung der Bodenkennwerte zu den einzelnen Bodenschichten mit Hilfe des Konusmodells jeweils die gemittelten Bodenkennwerte für die Querdehnzahl und Dichte berechnet. Darauf aufbauend wird unter Anwendung des entwickelten Verfahrens der Bettungsmodul des Bodens abgeleitet, wodurch der Qualitätszustand des Bahnkörpers aus den Bodeneigenschaften bestimmt werden kann.

Abstract

The existence of local instabilities – so called mud holes – on the track bed of conventional ballasted tracks is known since the early implementation of railways. Due to the softening of fine-grained soils in the substructure/subsoil as well as the rising of soil material under traffic loads, the stability of the track bed and thus the track quality can rapidly deteriorate. For the early detection of the stiffness and damping conditions leading to the damage of the track, explorations of the track substructure are carried out through bore holes. This method is intrusive and destructive and increases the amount of workload. A non-destructive testing method for the exploration of the railway track subgrade is not yet provided. The continuous detection of the structural stability of the track, especially for the detection of local instabilities or to monitor the effects of a maintenance action to correct them, requires a nondestructive method which is easy to apply in practice or that is even able to be used during regular train operations.

The focus of this thesis is the development of a theoretical method for the non-destructive detection of soil conditions of the substructure of a ballasted railway track as well as the modeling of a local instability as a periodic irregularity in the longitudinal level.

- Based on available literature, a correlation is established between the track modulus of the soil and two soil parameters, namely the Poisson's ratio and the density. By knowing the system's properties and the displacement of the rail under load, measured for example by a track displacement measuring system, the track modulus of the soil can be calculated and the Poisson's ratio and density can be reliably estimated.

- The track modulus of the soil is defined as the vertical stiffness of the substructure/subsoil and the ballast. A heterogeneous subsoil is assumed to be homogeneous with linear elastic behavior; which is analog to the cone method discussed in [1] and [112].

- A method is presented, based on the correlation track modulus of the soil – soil properties, which allows for the analytical calculation of the track receptance, the modeling of a local instability and the resulting vertical stresses imposed on the track as well as the non-destructive monitoring of a maintenance measure carried out to fix a local instability.

- By knowing the stiffness ratios and the soil properties, the damping conditions can be calculated using existing methods as shown in [37] and [106]. The dynamic effects or vertical stresses caused by a typical non-round wheel are extended by the influence of a local instability (periodical irregularity in the longitudinal direction). The stiffness variation, as well as the fluctuating longitudinal level along the track, are modeled using a sinusoidal function.

- Based on data obtained from dynamic probing and Ground-penetrating radar measurements, the averaged soil parameters for the Poisson's ratio and density are calculated. This is done by assigning the soil properties of the individual soil layers by using the cone method. Based on these findings, the method developed in this thesis is used to derive the track modulus of the soil, whereby the structural quality of the track can be determined.

1 Einleitung

Das gesamte Eisenbahnnetz in Deutschland umfasst ca. 36.000 Streckenkilometer und besteht zum größten Teil aus Bahnkörpern mit klassischem Schotteroberbau, dessen Nutzungsdauer auf 40 Jahre ausgelegt ist. Weite Teile der Strecken wurden jedoch bereits Mitte des 19. Jahrhunderts errichtet, wodurch die Qualität des Bahnkörpers, auch aufgrund kontinuierlich steigender Achslasten sowie erhöhter Geschwindigkeiten, nicht durchgehend den aktuellen konstruktiven Anforderungen entspricht [69], [79]. Die Bildung punktueller Instabilitäten bzw. sogenannter Schlammstellen wird unter anderem dadurch begünstigt. Die Qualität des Unterbaus / Untergrunds ist zudem nicht immer an die des Oberbaus angepasst bzw. Schutzschichten zwischen Ober- und Unterbau sind nicht durchgehend auf allen Eisenbahnstrecken vorhanden [68]. Die vollumfängliche Ertüchtigung der bestehenden Strecken an die steigenden Belastungen wird vermutlich auch in absehbarer Zeit nicht erfolgen, wenn beachtet wird, dass eine Gleisbaumaschine eine maximale Leistung von ca. 1400 m Gleis / Tag für die Erneuerung des Oberbaus inklusive des Einbaus einer Schutzschicht erbringen kann [29]. Zudem können Kostengründe zu einem Verzicht auf die Erneuerung bestehender Schutzschichten oder gar auf deren Einbau führen.

Für die Erhaltung des Bahnkörpers sind die möglichst frühzeitige Erkennung einer punktuellen Instabilität sowie die Ergründung ihrer Ursache unabdingbar. Die Überdeckung des Unterbaus / Untergrunds durch das Schotterbett erschwert jedoch die frühzeitige Detektion von punktuellen Instabilitäten enorm. Allein die Auswertung von Gleismessdaten ist daher meist nicht ausreichend, weshalb bestehende Messverfahren optimiert und weiterentwickelt werden müssen. Wird eine punktuelle Instabilität erst spät erkannt, ergeben sich hohe Instandhaltungskosten, leistungsfähigkeits- und betriebsqualitätsmindernde Langsamfahrstellen sowie eine Reduzierung des Fahrkomforts und der Sicherheit.

Die Modellierung einer punktuellen Instabilität unter Verkehrsbelastung gestaltet sich durch die wechselnden Steifigkeiten entlang der Gleisachse und der daraus resultierenden schlechten Gleislage relativ komplex, weshalb für die Berechnungsmodelle sinnvolle Näherungen getroffen werden müssen, die eine hinreichende Genauigkeit liefern. Für die Beschreibung der Steifigkeits- und Dämpfungsverhältnisse am Bahnkörper sind die Bodenkennwerte des Bodens (Unterbau / Untergrund einschließlich Schotterbett) von Relevanz, deren Ermittlung in der Regel jedoch verhältnismäßig aufwendig ist, besonders wenn die Werte auf einem relativ kurzen Streckenabschnitt starken Schwankungen unterliegen.

Um punktuell auftretende Fehler am Bahnkörper aufgrund von Tragfähigkeitsproblemen im Unterbau / Untergrund entlang einer Eisenbahnstrecke gezielt untersuchen zu können, wurde in der vorliegenden Arbeit ein theoretisches Verfahren entwickelt, welches die zerstörungsfreie Ermittlung der Bodenkennwerte in Abhängigkeit vom Bettungsmodul des Bodens erlaubt. Die Aufwendungen für die Bestimmung der Bodenkennwerte können auf diese Weise, im Vergleich zu bestehenden Methoden, deutlich reduziert werden. Mit Kenntnis der Bodeneigenschaften können die dynamischen Einwirkungen aus Verkehrslasten, die durch eine punktuelle Instabilität (periodischer Längshöhenfehler) entstehen, analytisch berechnet werden.

Georadarmessdaten geben ebenfalls Aufschluss über den Zustand des Bahnkörpers. Des Weiteren können der Feuchtigkeitsgehalt sowie der Verschmutzungsgrad der Bettung und des Unterbaus / Untergrunds sowie deren Vermischung weitgehend zerstörungsfrei im laufenden Betrieb bestimmt werden. Bohrungen wirken unterstützend, um zum Einen die Messergebnisse zu verifizieren und zum Anderen die genaue Bodenschichtung und –art zu erkunden. Abschließend wird an der Position von 13 Bohrlöchern beispielhaft gezeigt, wie der Bettungsmodul des Bodens sowie die Bodenkennwerte unter Anwendung des entwickelten Ansatzes, qualifiziert abgeschätzt werden können.

Die vorliegende Arbeit befasst sich mit dem Thema der Modellierung einer punktuellen Instabilität sowie der zerstörungsfreien Ableitung der Bodenkennwerte am Bahnkörper in konventioneller Schotterbauweise anhand von Steifigkeitsmessungen und ist wie folgt aufgebaut:

- Kapitel 2 gibt einen Überblick über die gängigen Verfahren zur Beurteilung des Zustands eines Bahnkörpers in Schotterbauweise. Es wird vertiefend auf die Ermittlung des Bettungsmoduls bzw. der Steifigkeitsverhältnisse eingegangen, wodurch eine Aussage zum Qualitätszustand des Bahnkörpers getroffen werden kann.

- Die auf den Bahnkörper einwirkenden Witterungsfaktoren können die Eigenschaften des anstehenden Bodens negativ verändern, wodurch das Tragverhalten am Bahnkörper, auch in einem relativ kurzen Zeitraum, rapide abnehmen kann. In Kapitel 3 wird daher der Einfluss der Witterungsfaktoren auf die relevanten Bodenkennwerte (Querdehnzahl und Dichte), die für die Modellierung einer punktuellen Instabilität beachtet werden müssen, aufgezeigt, und es werden Verfahren zur Ermittlung der Querdehnzahl sowie der Dichte des Bodens grob beschrieben.

- In Kapitel 4 werden die Ursachen für die Bildung einer punktuellen Instabilität, die Einflussfaktoren auf den Prozessverlauf einer punktuellen Instabilität sowie die bei einer punktuellen Instabilität betroffenen Gleislageparameter und der daraus resultierenden Gleislage näher betrachtet, die bei der Modellierung einer punktuellen Instabilität zu berücksichtigen sind.

- Die aus der Verkehrsbelastung resultierenden Kräfte können in quasistatische und dynamische Einwirkungen unterteilt werden. Kapitel 5 stellt die Verfahren zur analytischen Berechnung der Verkehrslasten unter Einbeziehung des Einflusses relevanter Bodenkennwerte vor.

- Kapitel 6 und 7 beinhalten den Kern der Arbeit und beschreiben das entwickelte theoretische Verfahren zur zerstörungsfreien Ableitung der Bodenkennwerte anhand des Bettungsmoduls des Bodens sowie die zugehörige Methodik und mögliche Anwendungsbereiche. Den Schwerpunkt von Kapitel 7 bildet ein ausgewähltes Anwendungsbeispiel, das die Modellierung einer punktuellen Instabilität darstellt. Zudem wird an 13 Bohrlöchern anhand von Daten aus Sondierungsergebnissen und Georadarmessungen die Steifigkeit des Bahnkörpers unter Anwendung des entwickelten Ansatzes bestimmt.

- Die wesentlichen Ergebnisse und ein Ausblick auf die Weiterentwicklung des Verfahrens zur Ableitung der Bodenkennwerte anhand des Bettungsmoduls des Bodens sowie weitere, in künftigen Forschungen zu bearbeitende Fragestellungen, sind in Kapitel 8 zusammengestellt.

2 Verfahren zur Beurteilung des Zustands des Bahnkörpers

Der Zustand des Bahnkörpers kann weitgehend zerstörungsfrei durch die gängigen Verfahren einer Gleisbegehung, über Gleismessfahrzeuge, wie beispielsweise das Railab (Rollendes Analyse und Inspektionslabor) der Deutschen Bahn AG, Georadarmessungen sowie mit Hilfe von Steifigkeitsmessungen erfasst werden.

In Abhängigkeit von den Inspektionsintervallen sowie der Kenntnis von Referenzwerten bzw. typischer Muster für punktuelle Instabilitäten im Messschrieb, können diese lediglich im fortgeschrittenen Zustand erkannt werden. Die zielgerichtete Anwendung sowie eine Kombination der Verfahren tragen zudem zur systematischen Identifizierung von punktuellen Instabilitäten bei [72].

2.1 Gleisbegehung

Zwar ist die augenscheinliche Beurteilung des Bahnkörpers über eine Gleisbegehung möglich, jedoch erschwert die Überdeckung durch das Schotterbett eine frühzeitige Erkennung von punktuellen Instabilitäten. Kriterien, anhand derer eine punktuelle Instabilität festgemacht werden kann, sind stehendes Wasser im Bahngraben, Hohllagen bzw. eine verstärkte Einsenkung des Gleises in vertikaler Richtung unter Last, das Anheben der Bettungsflanken, das Austreten von feinkörnigem Bodenmaterial aus dem Schotterbett, erneutes Auftreten des Gleislagefehlers sowie die Bildung eines Längshöhenfehlers bzw. eines periodischen Längshöhenfehlers. Eine Schürfung (maschinell oder manuell) lässt eine punktuelle Instabilität eindeutig erkennen, allerdings ist auf diese Weise eine zerstörungsfreie Prüfung des Bahnkörpers nicht mehr gegeben. Zudem muss der Bahnbetrieb für das zu untersuchende Gleis temporär gesperrt werden.

2.2 Gleismessfahrzeug

Die Messung und Beurteilung des Zustands der Gleisgeometrie im laufenden Betrieb kann mit Hilfe eines Gleismessfahrzeugs erfolgen. Werden die in [15] vorgeschriebenen Richt- und Grenzwerte für gemessene Gleislageparameter über- oder unterschritten, müssen gegebenenfalls Maßnahmen vom Anlagenverantwortlichen eingeleitet werden, um einen sicheren Betrieb bzw. einen stabilen Radsatzlauf garantieren zu können [15]. Die Beurteilung der Gleislage mit der Fraktalanalyse nach [41], schafft die Möglichkeit, Gleislagefehler im mittel- und langwelligen Bereich bezogen auf die Vertikalgeometrie innerhalb eines Gleismessschriebs zu bestimmen sowie anhand der Fehlercharakteristika die Ursache eines Gleislagefehlers abzuleiten [41]. Die frühzeitige Detektion von punktuellen Instabilitäten mit Hilfe von Gleismessdaten ist dagegen kaum möglich, da in der Regel im Messschrieb keine signifikante Abweichung der Gleislage zur Solllage bzw. keine klare Abgrenzung zu anderen Schadensfällen und deren Ausprägung gegeben ist. Die Ausarbeitung einer Charakteristik für punktuelle Instabilitäten in Bezug auf deren systematische Erkennung innerhalb eines Messschriebs erfolgte bislang nicht. Ein typischer Verlauf der Gleislage für eine weit fortgeschrittene typische punktuelle Instabilität wird in Abschnitt 4.4 gezeigt.

2.3   Georadarmessungen

Das Georadar ist ein geophysikalisches Messsystem, mit dem sich durch das Senden und Empfangen von hochfrequenten elektromagnetischen Impulsen der Bahnkörper weitgehend zerstörungsfrei erkunden lässt. Die mittels Sender eingetragenen Impulse werden an den vorhandenen Inhomogenitäten im Boden, wie z.B. den Schichtgrenzen, reflektiert und anschließend am Empfänger aufgezeichnet. Das Radargramm bildet sich aus den Laufzeiten und den Amplituden der empfangenen Wellen. Sowohl die Laufzeit als auch die Intensität der reflektierten Wellen wird durch die dielektrischen Eigenschaften der Bodenschichten bestimmt. Mit zunehmendem Feuchtigkeitsgehalt im Boden steigt die Dielektrizitätszahl, wodurch die Ausbreitungsgeschwindigkeit der elektromagnetischen Wellen abnimmt [35], [36], [96].

Georadarmessungen erlauben, den Zustand des Bahnkörpers im laufenden Betrieb aufgrund der hohen Messgeschwindigkeiten zu bestimmen. Es werden die einzelnen Schichten und deren Abgrenzungen (Schottersäcke, Packlagen, Ebenheit des Planums), der Verschmutzungshorizont sowie der Feuchtigkeitsgehalt innerhalb des Schotterbetts und der Schutzschichten ermittelt, sodass mit Georadarmessungen grundsätzlich auch punktuelle Instabilitäten detektiert werden können. Um den Zustand des Bahnkörpers und dessen Entwicklung, speziell im Unterbau / Untergrund, kartieren zu können, sind Georadarmessungen über sinnvoll definierte Zeitabstände erforderlich [96]. Ein Abgleich mit Gleismessdaten und Steifigkeitsmessungen hilft bei der Identifizierung von Gleislagefehlern und deren Ursachen. Zur Bodenklassifizierung sind zusätzliche Bohrungen an sinnvollen Positionen entlang der Strecke notwendig, wobei gegebenenfalls auch auf Kenntnisse aus vorangegangenen Bohrungen zurückgegriffen werden kann. Eine reine zerstörungsfreie Prüfung ist somit nicht mehr gegeben. Typische Beispiele für die Anwendung des Georadarmessverfahrens sind in [36] enthalten.

2.4 Steifigkeitsmessungen

Die vertikale Steifigkeit des Bahnkörpers gibt das Elastizitätsverhalten des Bahnkörpers unter Belastung an und kann indirekt unter Last über die gemessene Einsenkung der Schiene oder der Schwelle, der Dehnung am Schienenfuß oder über die Länge der Biegewelle bestimmt werden [25], [47], [55], [70], [78], [94]. Die vertikale Steifigkeit kann unter anderem über den gesamten Bettungsmodul ausgedrückt werden, welcher das Verhältnis der Flächenpressung zwischen Schwelle und Schotter und der elastischen Einsenkung beschreibt [30], [35]. Zusätzlich kann die vertikale Steifigkeit über die Federsteifigkeit beschrieben werden, welche die Einsenkung der Schiene unter einer Punktlast darstellt.

Die erforderlichen Einsenkungsmessungen sind stationär, im laufenden Betrieb sowie für ein gesperrtes Gleis über einen kurzen Streckenabschnitt möglich [70], [94].

Zur Bestimmung der vertikalen Steifigkeit des Bahnkörpers stehen zahlreiche Messverfahren zur Verfügung:

- Benkelmann-Balken für Messungen am Gleis [70], [94]
- Wegaufnehmer [25]
- High-Speed-Video-Kameras [47], [55], [78]
- an Schwellenenden montierte Beschleunigungsaufnehmer / Geophone [47], [79], [84].
- Dehnmessstreifen [55]

Für die Anwendung der vorgestellten Verfahren zur Steifigkeitsmessung müssen die folgenden Hinweise aus [74] berücksichtigt werden:

- Eine grobe Abschätzung des Bettungsmoduls kann zunächst über eine Qualitätsbetrachtung für den Zustand des Bahnkörpers erfolgen. Als Anhaltspunkt können für den Wert des Bettungsmoduls Literaturangaben [27], [30], [35], [65], [67] herangezogen werden, die jedoch grundsätzlich nur für Standardgleise gelten.

- Da der Wert des Bettungsmoduls entlang der Strecke Schwankungen unterliegt, ist es wichtig, mehrere Messpunkte entlang des Bahnkörpers in einem sinnvollen Bereich zu definieren, um ein aussagekräftiges Messergebnis zu erhalten [84].

- Es muss ferner darauf geachtet werden, dass zwischen den einzelnen Systemkomponenten des Bahnkörpers ein ausreichender Kontakt besteht. Eine Lücke zwischen Schiene und Schwelle aufgrund einer defekten Schienenbefestigung sowie Hohllagen, können das Messergebnis stark negativ beeinflussen (s.a. Abbildung 2-2) und würden das Aufbringen einer Vorlast [78] oder die Ermittlung der Höhe der Einsenkung aufgrund einer Hohllage erforderlich machen. Die Aufstandsfläche der Schwelle kann variieren und muss deshalb bei merklicher Abweichung von der Solllage gesondert bestimmt oder von einer Untersuchung ausgeschlossen werden. Dies ist z.B. bei Weichen regelmäßig der Fall.

- Bei statischen Messungen des Bettungsmoduls am Gleis kann die gemessene Einsenkung durch das viskoelastische Materialverhalten des anstehenden Bodens bzw. durch Konsolidation bei einem über einen längeren Zeitraum stehenden Fahrzeug / Wagen beeinflusst werden [25], [51].

- Der Einfluss der Temperatur kann beispielsweise durch einen Korrekturfaktor [55] oder über eine Vergleichstemperatur berücksichtigt werden.

- In den vorgestellten Verfahren werden die statischen Radlasten angesetzt. Zusätzlich treten mit zunehmender Geschwindigkeit stärkere dynamische Einwirkungen auf, die die gemessene Einsenkung erhöhen können.

Die vertikale Steifigkeit des Bahnkörpers und deren Verlauf bzw. Schwankung entlang der Gleisachse liefert Kenntnis über die Qualität des Bahnkörpers und der zugehörigen Gleislage [25], [70]. Für eine gute Qualität des Bahnkörpers sollte die vertikale Steifigkeit entlang der Gleisachse möglichst homogen verlaufen und keinen größeren Schwankungen unterliegen, um dynamische Zusatzanregungen zu vermeiden. Weiterhin sollten eine Mindeststeifigkeit sowie ein maximaler Wert der Steifigkeit für ein optimales Elastizitätsverhalten des Gleises unter Verkehrsbelastung nicht unter- bzw. überschritten werden. Punktuelle Instabilitäten zeichnen sich durch eine Abnahme der Steifigkeit im Unterbau / Untergrund aus und könnten somit prinzipiell, aufgrund der erhöhten Einsenkung unter Last, mittels Steifigkeitsmessungen detektiert werden. Jedoch wurde ein typisches Muster für punktuelle Instabilitäten im Messschrieb der gemessenen Einsenkung bisher nicht ausgearbeitet. Erschwert wird die Erkennung von punktuellen Instabilitäten durch vertikale Unebenheiten am Fahrweg, wie z.B. Hohllagen, die ebenfalls durch eine Längshöhenabweichung des Gleises sowie einer Steifigkeitsabnahme am Bahnkörper charakterisiert sind und somit im Vergleich zu punktuellen Instabilitäten ein ähnliches Muster im Messschrieb aufweisen können.

2.4.1 Bettungsmodul

Der Bettungsmodul, auch Bettungszahl genannt, gibt die Steifigkeit in vertikaler Richtung für einen Bahnkörper in Schotterbauweise mit Querschwellengleis wieder.

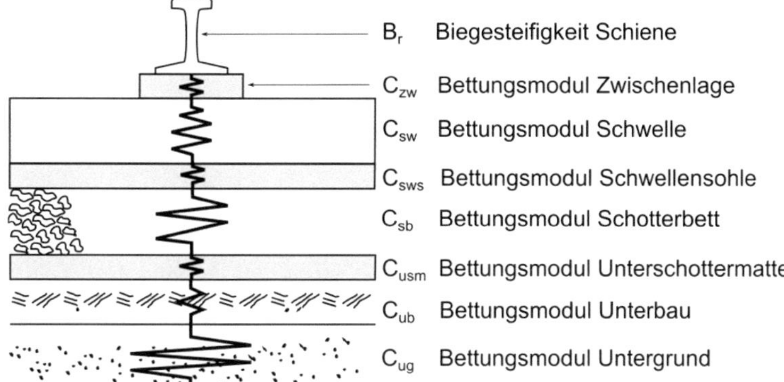

Abbildung 2-1: Zusammensetzung des gesamten Bettungsmoduls, in Anlehnung an [51]

Der gesamte Bettungsmodul setzt sich aus den Steifigkeiten der einzelnen Systemkomponenten zusammen (s.a. Abbildung 2-1, Reihenanordnung einzelner Federn und Gleichung 2.1). Mit zunehmender Tiefe nimmt in der Regel die Steifigkeit am Bahnkörper sukzessive ab. Der Bettungsmodul des Untergrunds besitzt folglich nach Abbildung 2-1 die kleinste Steifigkeit. Gerade bei Bahnkörpern in schlechtem Zustand, die einen geringen Bettungsmodulwert im Unterbau / Untergrund aufweisen, spiegelt der gesamte Bettungsmodul indirekt auch den Zustand des anstehenden Bodens wieder. Beispielhaft ist dies in Tabelle 2-1 für den Bettungsmodul des Bodens (Bettungsmodul Unterbau / Untergrund, einschließlich Schotterbett) dargestellt. Mit zunehmender Steifigkeit des Bodens steigt die Differenz der Bettungsmodulwerte (s.a. Tabelle 2-1, Bettungsmodul des Bodens und gesamter Bettungsmodul) für einen Bahnkörper mit Betonquerschwellengleis und einer elastischen Zwischenlage.

$$C = \cfrac{1}{\cfrac{1}{C_{zw}} + \cfrac{1}{C_{sw}} + \cfrac{1}{C_{sws}} + \cfrac{1}{C_{Sb}} + \cfrac{1}{C_{usm}} + \cfrac{1}{C_{ub}} + \cfrac{1}{C_{ug}}} \qquad (2.1)$$

C	gesamter Bettungsmodul	[MN/m³]
C_{zw}	Bettungsmodul der Zwischenlage	[MN/m³]
C_{sw}	Bettungsmodul der Schwelle	[MN/m³]
C_{sws}	Bettungsmodul der Schwellensohle	[MN/m³]

C_{sb}	Bettungsmodul des Schotterbetts	[MN/m³]
C_{usm}	Bettungsmodul der Unterschottermatte	[MN/m³]
C_{ub}	Bettungsmodul des Unterbaus	[MN/m³]
C_{ug}	Bettungsmodul des Untergrunds	[MN/m³]
B_r	Biegesteifigkeit der Schiene	[MNm²]

gesamter Bettungsmodul [MN/m³]	20	50	100	150	250	300
Bettungsmodul der Zwischenlage [MN/m³]	386	386	386	386	386	386
Bettungsmodul des Bodens [MN/m³]	20	52	108	168	307	385

Tabelle 2-1: Bettungsmodul des Bodens in Abhängigkeit vom gesamten Bettungsmodul

Der Bettungsmodul des Bodens fasst die Steifigkeit des Unterbaus und Untergrunds einschließlich des Schotterbetts zusammen und kann aus dem gesamten Bettungsmodul durch Eliminierung der Bettungsmoduln der elastischen Elemente berechnet werden (s.a. Gleichung 2.2) [74]. Die Steifigkeit der Schwelle kann im Allgemeinen vernachlässigt und mit unendlich angenommen werden. Ausnahmen können gegebenenfalls Holz- und Kunststoffschwellen bilden.

$$C_b = \frac{1}{\frac{1}{C} - \frac{1}{C_{zw}} - \frac{1}{C_{sw}} - \frac{1}{C_{sws}} - \frac{1}{C_{usm}}} \tag{2.2}$$

C_b	Bettungsmodul des Bodens	[MN/m³]

Der Bettungsmodul der Zwischenlage beschreibt das Verhältnis der Steifigkeit der Zwischenlage und der Aufstandsfläche der halben Schwelle [35] (s.a. Gleichung 2.3). Das elastische Verhalten der Zwischenlage wird von der eingetragenen Frequenz und der Temperatur beeinflusst. Mit zunehmendem Alter kann die Zwischenlage zudem an Elastizität verlieren (aging effect). Werte für die Zwischenlagensteifigkeit wurden in [54] zusammengetragen. Herstellerangaben geben ebenfalls Auskunft über die Steifigkeit der jeweiligen Zwischenlage.

$$C_{zw} \approx \frac{k_{zw}}{(A_s/2) \cdot 10^6} \tag{2.3}$$

k_{zw}	Federsteifigkeit der Zwischenlage	[N/m]
A_s	Aufstandsfläche der Schwelle abzüglich eines lastfreien Streifens in Schwellenmitte (s.a. Abschnitt 5.1)	[m²]

Die Höhe des Bettungsmodulwerts ist vom Aufbau und der Qualität des Bahnkörpers sowie den aktuellen Witterungseinflüssen abhängig. Die Steifigkeit des Bahnkörpers nimmt mit Temperaturen unter dem Gefrierpunkt, besonders bei einem bindigen Boden im Unterbau / Untergrund, zu, wie in [55] durch Messungen am Gleis gezeigt wird.

Faktoren, die den Wert des Bettungsmoduls beeinflussen, sind in Tabelle 2-2 aufgelistet. Hierbei nehmen der Aufbau und der Zustand des Fahrzeugs, der Aufbau des Bahnkörpers und die Eigenschaften der einzelnen Systemkomponenten sowie von außen wirkende Witterungsfaktoren Einfluss [12], [35], [51], [55].

Fahrzeug	<ul><li>Achslasten und Achsabstand</li><li>Fahrzeugzustand und -geschwindigkeit (zusätzliche dynamische Einwirkung)</li><li>Fahrzeugbeladung</li></ul>
Bahnkörper	<ul><li>Biegesteifigkeit der Schiene</li><li>Schwellenabstand</li><li>Schwellenaufstandsfläche</li><li>elastische Elemente</li><li>Schichthöhen und Steifigkeiten (Unterbau / Untergrund einschließlich Schotterbett)</li><li>Resonanzerscheinungen</li></ul>
Witterungsfaktoren	<ul><li>Temperatur (Winter, Sommer)</li><li>Zustandsform des anstehenden Bodens bzw. Wassergehalt im Bahnkörper</li></ul>

Tabelle 2-2: Faktoren, die den Wert des Bettungsmoduls beeinflussen, aus [74] nach [12], [35], [51], [55]

2.4.2 Berechnung des gesamten Bettungsmoduls anhand der gemessenen Einsenkung

Über die gemessene Einsenkung der Schiene sowie die Betrachtung der verbauten Systemkomponenten am Gleis und deren Eigenschaften kann der Bettungsmodul vereinfacht nach Zimmermann [114] bestimmt werden. Folgende Gleichung ergibt sich für die Berechnung des Bettungsmoduls für eine Einzellast nach [114] aus [55]:

$$C = \frac{1}{4 \cdot b_l \cdot \left(B_r^{\frac{1}{3}}\right)} \cdot \left(\frac{Q/10^3}{y}\right)^{\frac{4}{3}} \qquad (2.4)$$

Q statische Radkraft   [kN]

$b_l = \dfrac{A_s}{2 \cdot a}$ Breite des idealisierten Langträgers (s.a. Gleichung 5.1)   [m]

a Schwellenabstand   [m]

y Einsenkung unter Last   [m]

Für eine gemessene Einsenkung unter Last von 2,5 mm und einer statischen Radkraft von 110 kN erhält man nach Gleichung 2.5 einen Bettungsmodulwert von 44 MN/m³ für ein Betonquerschwellengleis.

Die Biegesteifigkeit der Schiene berechnet sich nach Gleichung 2.5 aus dem Elastizitätsmodul des Schienenstahls und dem Flächenträgheitsmoment der Schiene.

$$B_r = E_r \cdot I_r \qquad (2.5)$$

E_r Elastizitätsmodul des Schienenstahls   [MN/m²]

I_r Flächenträgheitsmoment der Schiene   [m⁴]

Nach dem Verfahren gemäß [114], dargestellt in Abbildung 5-2, wird ein unendlich langer Balken bzw. Langträger auf einem elastischen Untergrund kontinuierlich gelagert. Die Biegesteifigkeit der Schiene bzw. des Langträgers stellt eine Konstante bei der Ermittlung des Bettungsmoduls dar, welche in Abhängigkeit vom Schienenprofil bestimmt werden kann. Mit zunehmender Biegesteifigkeit steigt der Widerstand der Schiene / des Langträgers gegen ein Durchbiegen unter Last, wodurch sich der gesamte Bettungsmodulwert verringert.

Nach Gleichung 2.6 wird für den theoretischen Verlauf des Bettungsmoduls eine Proportionalität zwischen der Flächenpressung und der gemessenen Einsenkung vorausgesetzt, welcher als Sekante in Abbildung 2-2 abgebildet ist [30]. Die dadurch entstehende Abweichung zwischen dem tatsächlichen und dem theoretischem Verlauf resultiert aus der Größe einer möglichen Hohllage, dem progressiven Verhalten des Bodens unter Last und der Steigung der Sekante (s.a. Abbildung 2-2 Winkel α). Die Höhe der Flächenpressung bestimmt die Position des Schnittpunkts zwischen tatsächlichem und theoretischem Verlauf, wodurch die Steigung der Sekante und somit der Abstand zwischen dem theoretischen und dem tatsächlichem Verlauf beeinflusst wird [51].

$$C = \frac{p}{y}$$

(2.6)

p Flächenpressung an der Schwellenunterkante   [MN/m²]

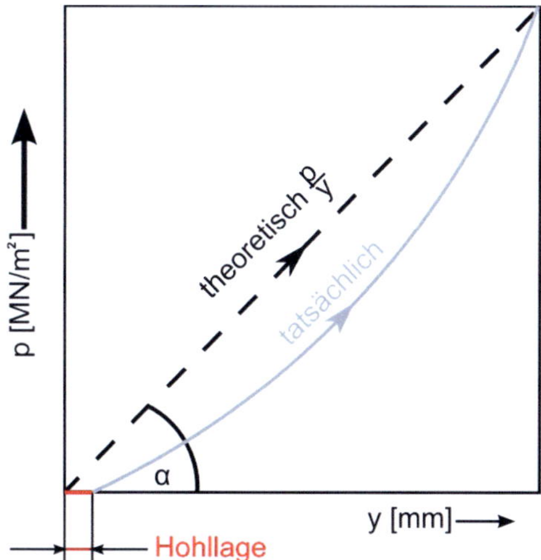

Abbildung 2-2: Vergleich des tatsächlichen mit dem theoretischen Verlauf des Bettungsmoduls, in Anlehnung an [30]

Für die Berücksichtigung eines Lastkollektivs (Einfluss mehrerer Achsen) sowie einer Massenverteilung entlang eines Zugs oder einer Lokomotive auf die gemessene Einsenkung bzw. den Wert des gesamten Bettungsmoduls, können die Ansätze nach Kerr und Zarembski [50], [51], [113], verwendet werden, die auf dem Ansatz von [114] beruhen. Voraussetzung für die Ermittlung des gesamten Bettungsmoduls ist hier die Kenntnis über die Höhe der Achslasten und deren Abstände zueinander sowie über den Aufbau und die Systemeigenschaften des Gleises. Mit beiden Ansätzen lässt sich der gesamte Bettungsmodul bestimmen. Der Ansatz nach Zarembski wird in [55] zur Berechnung des gesamten Bettungsmoduls genutzt. Der Ansatz von Kerr ist in [51] an einem Beispiel dargestellt.

Auf das Verfahren des vertikalen Gleichgewichts für leichte und schwere Züge [51], wird nicht weiter eingegangen, da empfohlen wird, die Einsenkungsmessungen an dem zu untersuchenden Gleisabschnitt mit einer relativ niedrigen und zusätzlich mit einer hohen Achslast durchzuführen, wodurch ein erhöhter Aufwand im Vergleich zu den Verfahren nach [50], [51], [113], [114] hervorgerufen wird.

2.4.2.1 Verfahren nach Zarembski

Der Einfluss eines Lastkollektivs auf die gemessene Einsenkung kann mit dem Verfahren nach Zarembski [113] berücksichtigt werden. Durch Superposition der im Einflussbereich liegenden Fahrzeugachsen kann der gesamte Bettungsmodul iterativ berechnet werden.

Um die Anzahl der Iterationsschritte möglichst gering zu halten, wird zu Beginn des Verfahrens ein Anfangswert für den Bettungsmodul nach [114] für eine einzelne bekannte Radlast berechnet.

$$C_0 = \frac{1}{4 \cdot b_l \cdot \left(B_r^{\frac{1}{3}}\right)} \left(\frac{Q/10^3}{y_0}\right)^{\frac{4}{3}} \tag{2.7}$$

C_0	Anfangswert des Bettungsmoduls für das Iterationsverfahren nach [113]	[MN/m³]
y_0	gemessene Einsenkung unter Last ohne Berücksichtigung der im Einflussbereich liegenden Achsen	[m]

Der Einflussbereich $\pm x_E$ wird anschließend abgeschätzt und die sich zusätzlich ergebende Einsenkung Δy, hervorgerufen durch im Einflussbereich liegende Achsen, mit berücksichtigt (Lastüberlagerung).

$$x_E = 4{,}5 \cdot L = 4{,}5 \cdot \left(\frac{4 \cdot B_r}{b_l \cdot C_0}\right)^{1/4} \tag{2.8}$$

$\pm x_E$	Einflussbereich der gemessenen Einsenkung	[m]
L	elastische Länge (s.a. Gleichung 5.2)	[m]

$$\Delta y = \frac{1/L}{2 \cdot b_l \cdot C_0} \sum_i \frac{Q_i}{10^3} e^{-\frac{1}{L} \cdot x_i} \left(\cos\frac{1}{L} \cdot x_i + \sin\frac{1}{L} \cdot x_i\right) \qquad \textit{für } i = 1, \dots, n \tag{2.9}$$

Δy	Einfluss der Lastüberlagerung auf die Einsenkung	[m]
x_i	horizontaler Abstand zwischen den Achsen	[m]

Im nächsten Iterationsschritt wird der Bettungsmodulwert mit der neu berechneten Einsenkung präzisiert bestimmt.

$$y_\mathrm{n} = y_0 + \Delta y \tag{2.10}$$

$$C_n = \frac{1}{4 \cdot b_l \cdot \left(B_r^{\frac{1}{3}}\right)} \left(\frac{Q/10^3}{y_n}\right)^{\frac{4}{3}} \tag{2.11}$$

y_n neu berechnete Einsenkung für das Iterationsverfahren nach [113]   [m]

C_n neu berechneter Bettungsmodulwert für das Iterationsverfahren nach [113]   [MN/m³]

Als Abbruchkriterium des Iterationsverfahrens gilt die folgende Bedingung, wobei eine Genauigkeit für den Bettungsmodulwert von 0,01 N/mm³ nach [55] ausreichend ist:

$$\left| C - \frac{1/L}{2 \cdot b_l \cdot y} \sum_i Q_i/10^3 \cdot e^{-\frac{1}{L} \cdot x_i} \left(\cos\frac{1}{L} \cdot x_i + \sin\frac{1}{L} \cdot x_i\right) \right| \leq \epsilon \qquad f\ddot{u}r\ i = 1, \dots, n \tag{2.12}$$

ϵ nach [55] festgelegter Wert für das Abbruchkriterium von ±10 MN/m³   [MN/m³]

Für verschieden große Einsenkungen wurde der gesamte Bettungsmodul nach [113] in [74] berechnet. Bei Verbindung der einzelnen Werte ergibt sich ein regressiver Verlauf (s.a. Abbildung 2-3).

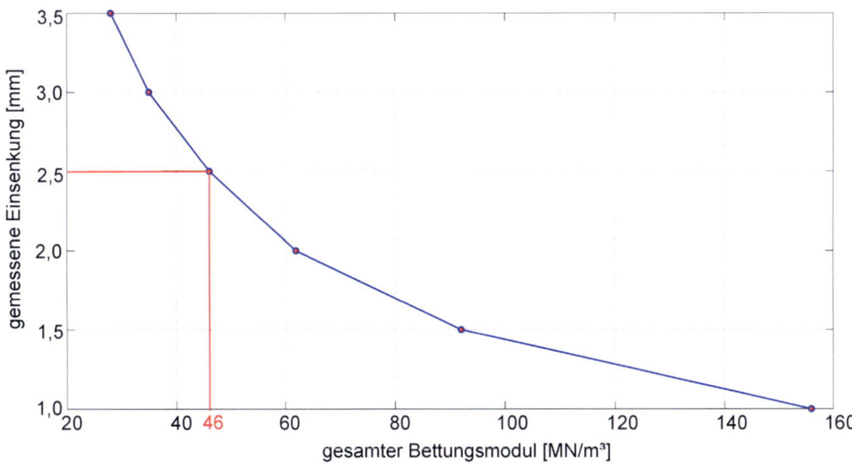

Abbildung 2-3: Gesamter Bettungsmodul in Abhängigkeit von der gemessenen Einsenkung nach Zarembski [74]

2.4.2.2   Verfahren nach Kerr

Das Verfahren nach Kerr [50], [51] unterscheidet sich durch die graphische Ermittlung des Bettungsmoduls zum Verfahren nach Zarembski. Zudem wird die Verteilung der Masse entlang einer Lokomotive oder eines Wagens berücksichtigt. Dies wird über eine entsprechende Gewichtung ausgehend von der betrachteten Achse erreicht. In Abhängigkeit von den Systemkomponenten des Gleises und deren Eigenschaften wird ein Kurvenverlauf erzeugt, der es erlaubt, den Bettungsmodul graphisch zu bestimmen.

$$\frac{y}{Q} = \frac{1/L}{2 \cdot b_l \cdot C} \sum_i n_{gew,i} \cdot e^{-\frac{1}{L} \cdot x_i} \left(\cos \frac{1}{L} \cdot x_i + \sin \frac{1}{L} \cdot x_i \right) \qquad f\ddot{u}r\ i = 1, \dots, n \qquad (2.13)$$

$n_{gew,i}$ Faktor zur Berücksichtigung der Lastverteilung entlang eines Wagens oder einer Lokomotive   [-]

Als Beispiel wurden in [74] eine Einsenkung von 2,5 mm (0,0025 m) und eine statische Radkraft von 110 kN (0,11 MN) angenommen. Das Verhältnis aus Einsenkung zur Radkraft ergibt einen Wert von 0,022 m/MN. Wird dieses auf der vertikalen Achse in Abbildung 2-4 eingetragen und eine horizontale Linie bis zum Kurvenverlauf gezogen, ergibt sich ein Wert für den gesamten Bettungsmodul von 46 MN/m³, woraus sich eine gute Übereinstimmung der Verfahren von Zarembski und Kerr für den berechneten Bettungsmodulwert ableiten lässt (s.a. Abbildung 2-3 und Abbildung 2-4).

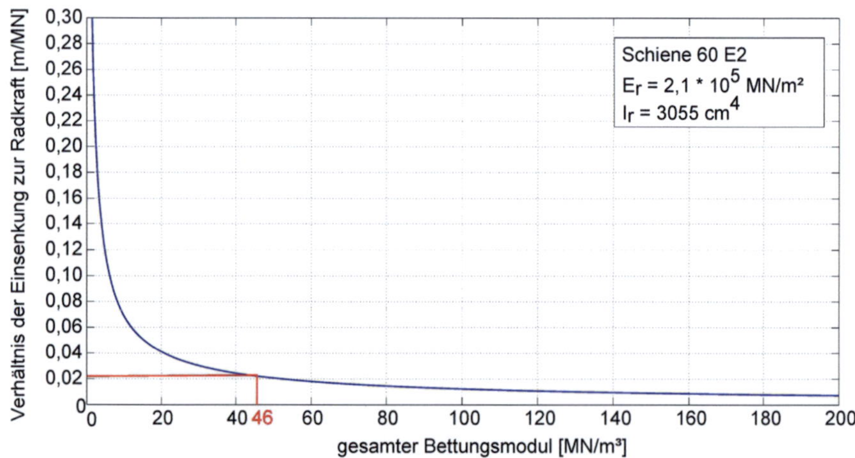

Abbildung 2-4: Diagramm zur Bestimmung des gesamten Bettungsmoduls nach Kerr [74]

2.4.2.3 Vergleich der Verfahren zur Bestimmung des gesamten Bettungsmoduls

Eine Lastüberlagerung resultierend aus mehreren Fahrzeugachsen kann nach Gleichung 2.4 nicht berücksichtigt werden. Der Bettungsmodulwert würde nach Gleichung 2.4 fehlerhaft bestimmt werden (vgl. Ergebnis Abschnitt 2.4.2 von 44 MN/m³ und Ergebnis Abschnitt 2.4.2.1 von 46 MN/m³). Wird lediglich eine Einzellast betrachtet, ist das Verfahren nach Zimmermann für die Bestimmung des gesamten Bettungsmoduls gut geeignet. Das Verfahren nach Kerr [50], [51] berücksichtig die Massenverteilung entlang einer Lokomotive oder Wagens. Jedoch wird mit dem Verfahren nach Kerr [50], [51] die genaue Bestimmung des gesamten Bettungsmoduls ab einem Wert von ≥ 100 MN/m³ durch den flachen Kurvenverlauf erschwert (s.a. Abbildung 2-4). Zudem gilt der Verlauf nur für eine bestimmte Konstellation des Gleis- und Fahrzeugaufbaus [51], [55].

Die Auswahl eines geeigneten Verfahrens zur Berechnung des gesamten Bettungsmoduls ist auch vom Messverfahren bzw. der Belastungsart abhängig. Beispielsweise ist bei der Verwendung eines Gleiseinsenkungsmesswagen in Verbindung mit der Belastung durch eine einzelne Achse bzw. Last an der Messeinrichtung, das Verfahren nach Zimmermann zu bevorzugen. Wird die gemessene Einsenkung durch ein Lastkollektiv erzeugt, beispielsweise durch eine vierachsige Lokomotive, wäre die Methode nach Zarembski zu wählen, um den Einfluss einer Lastüberlagerung berücksichtigen zu können. Das Verfahren nach Kerr findet aufgrund des erhöhten Aufwands für die Berechnung des Kurvenverlaufs bei sich ändernden Gleisaufbauten in der vorliegenden Arbeit keine Verwendung. Stattdessen wird für die Berechnung des gesamten Bettungsmoduls in Abschnitt 7.4 auf das Verfahren nach Zimmermann [114] zurückgegriffen, da Daten der gemessenen Einsenkung, erzeugt unter einer einzelnen Achslast, genutzt werden.

3 Witterungsfaktoren und deren Einfluss auf die Bodenkennwerte

Der Bahnkörper muss den Witterungsfaktoren genügend Widerstand entgegenbringen, um seine Gebrauchstauglichkeit sowie Tragfähigkeit zu bewahren. Obwohl Witterungsfaktoren Einfluss auf die Bodenkennwerte nehmen und sowohl die Bildung als auch den Prozessverlauf bei der Entstehung von punktuellen Instabilitäten unterstützen sowie beeinflussen, stellen sie grundsätzlich nicht die unmittelbare Ursache von punktuellen Instabilitäten dar. Im Folgenden sind die Witterungsfaktoren aufgeführt, welche die Tragfähigkeit des anstehenden Bodens negativ beeinträchtigen können.

3.1 Witterungsfaktoren

Die für die Reduzierung der Tragfähigkeit des Bahnkörpers maßgebenden Witterungsfaktoren äußern sich in Form von Temperatur, Wasser und Wind. Diese können in lang anhaltende Einwirkungen, wie andauernde Niederschläge und Temperaturen unter dem Gefrierpunkt sowie in kurzzeitige Einwirkungen, wie beispielsweise Überflutungen und schwankende Temperaturen um den Gefrierpunkt, eingeteilt werden.

3.1.1 Temperatur

Die Temperatur nimmt sowohl bei Minusgraden als auch bei vergleichsweise hohen Temperaturen Einfluss auf den Unterbau / Untergrund.

Temperaturschwankungen können die Steifigkeit am Bahnkörper und somit auch den Wert des Bettungsmoduls beeinflussen [55], [67] (s.a. Tabelle 3-1).

	relative Änderung des gesamten Bettungsmodulwerts
Sommer	$100\,\%^{+30\,\%}_{-30\,\%}$
Winter	$100\,\%^{+300\,\%}_{+80\,\%}$

Tabelle 3-1: Relative Änderung des gesamten Bettungsmodulwerts in Prozent bei einem typischen Oberbau mit Betonschwellen abhängig von der Jahreszeit in Anlehnung an [67]

Bei Bodenfrost ändert das Kapillar- oder Porenwasser unter einer Volumenzunahme von bis zu 9 % seinen Aggregatszustand von flüssig zu fest. Ein relativ großer Porenraum bei nichtbindigen Böden kann die Volumenzunahme des anstehenden Wassers kompensieren. Bei einem bindigen Boden erzeugt eine Volumenzunahme aufgrund des geringen Porenvolumens hingegen große Spannungen. Zusätzlicher Kapillarwassernachschub fördert die Bildung von Eislinsen, die einige Zentimeter an Größe / Dicke erreichen können. Unterhalb der gefrorenen Bodenschicht entstehen durch den Entzug von Wasser Schrumpfrisse. Frosthebungen verbunden mit einer ungünstigen Änderung des Bodengefüges führen zu einer Verschlechterung der Gleislage.

Bei Temperaturen über dem Gefrierpunkt taut der Boden von der Oberfläche aus mit zunehmender Tiefe kontinuierlich auf. Durch die bleibenden Bodenverformungen und den gefrorenen Boden im Unterbau / Untergrund kann das im oberen Bereich geschmolzene Wasser nicht abfließen. Hierdurch ändert der Boden unter Verkehrsbelastung seine Konsistenz und verliert rasch an Tragfähigkeit. Besonders im Frühjahr können häufige Frost-Tau-Zyklen mit erhöhtem Wasseraufkommen auftreten, die eine starke Beanspruchung des anstehenden Bodens hervorrufen.

Hohe Temperaturen sowie starke Sonneneinstrahlung können bei bindigen Böden zum Austrockenen und somit zum Zusammenziehen der Bodenpartikel bzw. zum Schrumpfen des anstehenden Bodens führen, wodurch eine Rissbildung und bleibende Verformungen hervorgerufen werden. Aufgrund der Wasserdurchlässigkeit der Schrumpfrisse kann ein bindiger Boden unter Verkehrsbelastung schnell aufweichen und infolge dessen an Tragfähigkeit verlieren.

3.1.2   Wasser

Es wird unterschieden zwischen Oberflächenwasser aus Niederschlägen, Schicht- oder Sickerwasser aus dem umliegenden Gelände sowie Grund-, Stau-, Haft-, Adsorptions- oder Kapillarwasser aus dem Boden. Die Geländemorphologie nimmt Einfluss auf die Wassermenge, die in Richtung des Bahnkörpers geleitet wird und somit potentiell für das Aufweichen des anstehenden Bodens zur Verfügung steht. An einem Einschnitt können, im Gegensatz zu einem Bahndamm, verstärkt Wasseransammlungen entstehen bzw. einer dort befindlichen punktuellen Instabilität wird verstärkt Niederschlagswasser zugeleitet [35]. Daher muss das anfallende Wasser vom Bahnkörper aus möglichst schnell und vollständig in hinreichend dimensionierte Entwässerungssysteme abgeleitet werden.

Erosionen an Böschungen und Hängen können Bodenmaterial in das Schotterbett sowie in die umliegenden Entwässerungsanlagen eintragen. Darüber hinaus können Erosionen durch Ausspülen des Bodenmaterials das Tragverhalten des Bahnkörpers negativ beeinträchtigen.

Auch können Überflutungen den Unterbau / Untergrund auf einem längeren Streckenabschnitt aufweichen und das Schotterbett verschmutzen sowie die Gleise unterspülen. Deshalb ist unbedingt darauf zu achten, dass der Bahnkörper nach einer Überflutung seinen vorherigen Zustand bzw. den ursprünglichen Wassergehalt wieder erreicht, bevor er erneut belastet wird, um bleibende Verformungen im Unterbau / Untergrund zu vermeiden.

3.1.3   Wind

Durch Winderosion können Bodenteilchen in das Schotterbett sowie in die Entwässerungsanlagen eingebracht werden. Ein Abtrag der Bodenpartikel am Bahnkörper durch Windeinwirkung ist ebenfalls möglich. Die Winderosion wird durch einen trockenen Zustand des Bodens gefördert.

3.2   Bodendynamische Kennwerte

Das Verhalten des Gleises unter Lasteinwirkung wird unter anderem durch die bodendynamischen Kennwerte beeinflusst. Für die analytische Bestimmung der Interaktion zwischen Fahrzeug und Fahrweg ist deshalb die Kenntnis über die Bodenkennwerte erforderlich, da diese die Steifigkeit sowie das Dämpfungsverhalten am Bahnkörper unter dynamischer Belastung beeinflussen. Zu ermittelnde Bodenkennwerte sind im hier zu betrachtenden Zusammenhang insbesondere die Querdehnzahl und die Dichte des anstehenden Bodens.

3.2.1   Verfahren zur Ermittlung der Bodenkennwerte

Um die Baugrundschichtung sowie die jeweiligen Bodenkennwerte ermitteln zu können, sind Bohrungen und / oder Probeentnahmen in Verbindung mit Laborversuchen notwendig. Dabei ist darauf zu achten, dass die Proben während der Entnahme sowie durch den Transport nicht verfälscht werden. Die Querdehnzahl kann in situ beispielsweise über Crosshole- und Downholeverfahren, durch Messung der Scherwellen- und Kompressionswellengeschwindigkeit im Boden bestimmt werden. Hierbei wird der Boden zwischen der Einleitung der Wellen und dem Empfänger als homogen angesehen. Die Dichte wird über Bodenproben im Labor bestimmt. Eine genaue Beschreibung der Verfahren zur Ermittlung der Bodenkennwerte wird in [37], [106] und [109] gegeben.

Insgesamt ist die Bestimmung der Baugrundschichtung sowie der Bodenkennwerte durch Bohrungen, Sondierungsverfahren und Probenentnahmen aufgrund des linienförmigen Verlaufs von Bahnstrecken recht aufwendig, kostenintensiv und nicht zerstörungsfrei.

3.2.2 Bodenarten

Die Bodenarten können unter anderem nach der Korngröße klassifiziert werden. Bei gemischtkörnigen Böden ist der prozentuale Massenanteil der einzelnen Korngrößengruppen maßgebend. Dieser wird durch die Sieblinie bei Durchgang der Bodenprobe für verschieden engmaschige Siebe bzw. bei Feinanteilen über eine Schlämmanalyse ermittelt. Die Bestimmung der Bodenart liefert Kenntnis über das bodenmechanische Verhalten sowie über die Zustandsänderung unter Einwirkung von Witterungseinflüssen und Verkehrsbelastung. Eine erste Analyse des anstehenden Bodens kann vor Ort erfolgen und anschließend im Labor quantifiziert werden.

<u>Organische Böden</u>

Organische Böden werden unterteilt in Torfe und Schlamme. Diese besitzen einen hohen organischen Anteil sowie in der Regel einen hohen Wassergehalt. Ein organischer Boden ist aufgrund der starken Kompressibilität gering tragfähig sowie angesichts der verhältnismäßig langen Konsolidationszeit als Baugrund nicht geeignet. Zersetzungsvorgänge im Boden führen zudem zu lang anhaltenden Setzungen. Der Anteil an organischem Material kann über den Glühverlust bestimmt werden, bei dem die Differenz des Trockengewichts der Bodenprobe vor und nach einer starken Erhitzung auf 550°C (Massenverlust) ermittelt wird.

<u>Bindige Böden</u>

Bindige Böden sind feinkörnige Böden, wie Tone oder Schluffe. Diese sind stark wasserempfindlich. Die Zustandsform (Konsistenz) eines bindigen Bodens wird durch die Atterberg`schen Grenzen definiert, welche nach [20] und [21] bestimmt werden können. Dabei beschreibt die Konsistenz den Zustand des Bodens und kann zwischen fester, plastischer und flüssiger Zustandsform variieren. Mit Änderung der Konsistenz von fest bis hin zur flüssigen Zustandsform tritt eine deutliche Minderung der Tragfähigkeit eines bindigen Bodens auf.

Die Plastizität gibt die Wasseraufnahmefähigkeit eines bindigen Bodens an, bis dieser in die flüssige Zustandsform übergeht. Ein ausgeprägt plastischer Boden kann im Vergleich zu einem gering plastischen Boden insgesamt mehr Wasser aufnehmen, bis dieser sich verflüssigt und somit an Tragfähigkeit verliert.

<u>Nichtbindige Böden</u>

Nichtbindige Böden sind Sande oder Kiese. Die Tragfähigkeit für einen nichtbindigen Boden ist abhängig von der Lagerungsdichte und somit von der Korngröße, der Kornverteilung und der inneren Reibung zwischen den einzelnen Körnern (Reibungswinkel) [43], [87]. Ist ein nichtbindiger Boden locker gelagert, können unter Verkehrsbelastung durch Kornumlagerung in relativ kurzer Zeit Setzungen auftreten. Für einen grobkörnigen nichtbindigen Boden, wie beispielsweise Kies, kann durch das Füllen der größeren Porenräume mit kleinerem Korn eine gute Tragfähigkeit erreicht werden. Da ein nichtbindiger Boden relativ unempfindlich gegenüber Wasser ist sowie im verdichteten Zustand eine gute Tragfähigkeit besitzt, eignet er sich ideal als Trag- und Schutzschicht für Verkehrswege [71].

<u>Felsgestein</u>

Die Tragfähigkeit von Felsgestein ist unter anderem abhängig von der Temperatur (Ausdehnung unter Temperatureinwirkung), dem Druck, der Feuchtigkeit und der Porosität. Dabei beeinflusst die Porosität die Tragfähigkeit verhältnismäßig stark [95]. In [95] werden typische Dichten für Felsgesteine angegeben.

3.2.3 Dreiphasensystem

Die Anteile von Feststoffen, Wasser und Gasen für verschiedene Zustandsformen des Bodens lassen sich an einem Phasenmodell verdeutlichen (s.a. Abbildung 3-1). Ist der Boden vollständig trocken, besteht er aus einem Feststoff- und einem Gasanteil. Der Sättigungsgrad ist dabei null. Ist der Boden hingegen feucht, besteht dieser aus einem Feststoffanteil sowie zum Teil aus Wasser und Gasanteilen. Der Sättigungsgrad liegt hier zwischen null und eins. Ein vollständig gesättigter Boden wiederum, dessen Poren vollständig mit Wasser gefüllt sind, besteht aus einem Feststoff- und Wasseranteil. In diesem Fall ist der Sättigungsgrad eins und damit der maximale Wassergehalt erreicht.

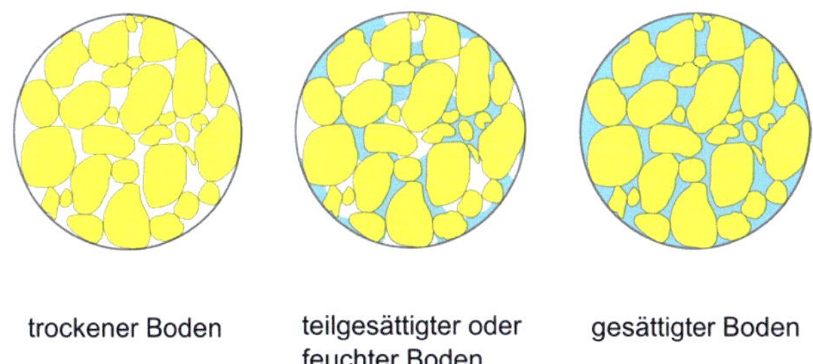

Abbildung 3-1: Darstellung des Wassergehalts und Sättigungsgrads mittels Dreiphasensystem, in Anlehnung an [77]

3.2.4 Querdehnzahl

Die Querdehnzahl ist eine Materialkonstante und wird nach Gleichung 3.1 für ein elastisch-isotropes Materialverhalten unter einaxialer Belastung in z-Richtung aus dem Verhältnis der Quer- zur Längsverformung bestimmt (s.a. Abbildung 3-2):

$$\nu = -\frac{\varepsilon_x}{\varepsilon_z} = -\frac{\Delta b / b}{\Delta l / l} \qquad (3.1)$$

ν	Querdehnzahl	[-]
ε_x	Verformung einer Materialprobe quer zur Belastungsrichtung	[-]
ε_z	Verformung einer Materialprobe in Belastungsrichtung	[-]
Δb	Längenänderung einer Materialprobe quer zur Belastungsrichtung	[mm]
b	Länge einer Materialprobe quer zur Belastungsrichtung	[mm]
Δl	Längenänderung einer Materialprobe in Belastungsrichtung	[mm]
l	Länge einer Materialprobe in Belastungsrichtung	[mm]

Folglich beeinflusst die Größe der Querdehnzahl die Kontraktion bzw. die Volumenänderung eines Materials unter Belastung. Aus Abbildung 3-2 wird ersichtlich, dass sich für Δl aufgrund der Verkürzung der ursprünglichen Länge ein negativer Wert ergibt. Verfahren zur Ermittlung der Querdehnzahl des anstehenden Bodens direkt am Bahnkörper sind in Abschnitt 3.2.1 bzw. in [37], [106] und [109] beschrieben.

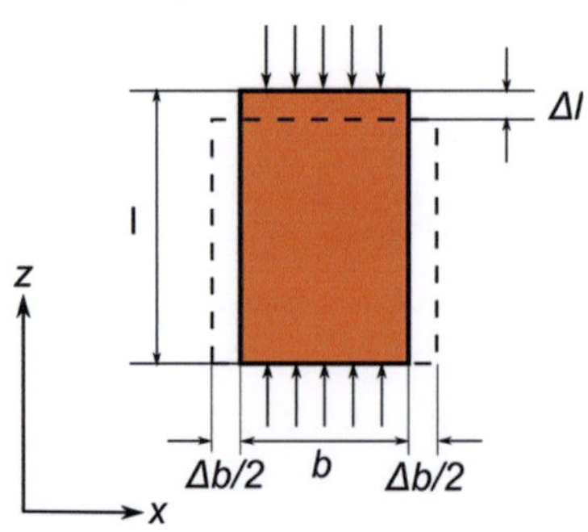

Abbildung 3-2: Theoretische Ermittlung der Querdehnzahl [91]

Eine Inkompressibilität (volumenkonstante Verformung) des Bodens liegt bei einem Wert der Querdehnzahl von 0,5 vor, welcher nicht überschritten werden kann, da dies bei einer Druckbelastung des Bodens eine Volumenzunahme bedeuten würde. Beeinflusst wird die Größe der Querdehnzahl von der Bodenart, dessen Lagerungsdichte, vom Sättigungsgrad und der Konsistenz des Bodens. Mit Änderung der Zustandsform eines bindigen Bodens von fest zu flüssig nimmt der Wert der Querdehnzahl zu. Für einen vollständig gesättigten Boden wird in [106] eine Querdehnzahl von 0,49 angegeben.

3.2.5 Dichte

Die Dichte wird allgemein aus dem Verhältnis der Masse eines Körpers zu dessen Volumen bestimmt. Es wird unterschieden zwischen der Trockendichte, der Feuchtdichte, der Dichte des gesättigten Bodens, der Korndichte und der Rohdichte. Da in der Literatur häufig die Wichten für verschiedene Bodenarten angegeben werden, kann durch Division der Wichte mit der Erdbeschleunigung von rund 10 m/s² die Dichte des Bodens berechnet werden.

<u>Trockendichte</u>

Die Trockendichte ist die trockene Masse (Festsubstanz) geteilt durch das Volumen der feuchten Bodenprobe:

$$\rho_d = \frac{m_d}{V} \qquad (3.2)$$

ρ_d	Trockendichte	[g/cm³]
m_d	Trockenmasse der Bodenprobe	[g]
V	Volumen der Bodenprobe	[cm³]

<u>Feuchtdichte</u>

Die Feuchtdichte ist die Masse des Bodens bei natürlichem Wassergehalt geteilt durch das Volumen der feuchten Bodenprobe:

$$\rho_f = \frac{m}{V} \qquad (3.3)$$

ρ_f	Feuchtdichte	[g/cm³]
m	Masse der Bodenprobe	[g]

<u>Sättigungsdichte</u>

Die Dichte des gesättigten Bodens ist die Masse der gesättigten Bodenprobe geteilt durch das Volumen der gesättigten Bodenprobe:

$$\rho_g = \frac{m_g}{V} \tag{3.4}$$

ρ_g	Sättigungsdichte	[g/cm³]
m_g	gesättigte Masse der Bodenprobe	[cm³]

Korndichte

Die Korndichte ist das Verhältnis der Masse des Feststoffanteils bzw. der trockenen Masse zum Volumen des Feststoffanteils:

$$\rho_s = \frac{m_d}{V_k} \tag{3.5}$$

ρ_s	Korndichte	[g/cm³]
V_k	Volumen der Festsubstanz der Bodenprobe	[cm³]

Rohdichte

Zur Beschreibung der Dichte von Felsgestein und Beton wird in Kapitel 6 die Rohdichte verwendet. Die Rohdichte ist die Masse eines Körpers geteilt durch das Volumen der Festsubstanz inklusive dessen Poren:

$$\rho_R = \frac{m}{V} \tag{3.6}$$

ρ_R	Rohdichte	[g/cm³]

Die Dichte wird von der Korndichte, dem Sättigungsgrad, der Konsistenz bei bindigen Böden und der Lagerungsdichte bei nichtbindigen Böden beeinflusst.

Werden die Poren einer Trockenprobe mit Wasser gefüllt, nimmt die Dichte insgesamt zu. Bei einer Konsistenzänderung eines bindigen Bodens von fest zu flüssig verringert sich dessen Dichte, da die Bodenteilchen durch Wasser ersetzt werden, welches eine niedrigere Dichte aufweist.

Durch eine dichtere Lagerung der Bodenteilchen wird die Dichte des Bodens erhöht (Reduktion des Porenvolumens). Ob ein Boden ausreichend tragfähig bzw. verdichtet ist, wird üblicherweise in der Praxis per Lastplattendruck- oder CBR-Versuch (California Bearing Ratio) überprüft [30], [35], [67].

3.2.6 Wassergehalt

Der natürliche Wassergehalt ist der Wassergehalt eines Bodens in seiner natürlichen Umgebung (erdfeucht). Dabei kann unterschieden werden zwischen dem voluminetrischen Wassergehalt und dem gravimetrischen Wassergehalt. Der voluminetrische Wassergehalt ist das Wasservolumen bezogen auf das Gesamtvolumen einer Bodenprobe. Der gravimetrische Wassergehalt ist die Masse des Wassers bezogen auf die trockene Masse einer Bodenprobe. Im Folgenden wird sich auf den gravimetrischen Wassergehalt bezogen, der in Massenprozent angegeben ist:

$$w = \frac{m_w}{m_d} \cdot 100 \qquad (3.7)$$

w	Wassergehalt	[%]
m_w	Wassermasse der Bodenprobe	[g]

Der natürliche Wassergehalt unterscheidet sich für verschiedene Bodenarten relativ stark (s.a. Anhang IX). Beispielsweise kann ein nichtbindiger Boden (Sand) einen Wassergehalt zwischen 5 und 15 % aufweisen. Im Gegensatz dazu kann ein organischer Boden einen Wassergehalt von bis zu 1000 % besitzen (s.a. Anhang IX).

Organische Böden

Der Wassergehalt organischer Böden variiert sehr stark (s.a. Anhang IX).
Ein organischer Boden, wie beispielsweise Torf, besitzt in der Regel einen deutlich höheren Wassergehalt im Vergleich zu Humus / Mutterboden, dessen Wassergehalt vergleichsweise gering ausfällt [71].

Bindige Böden

Die Tragfähigkeit bindiger Böden basiert auf dem Zusammenhalt der einzelnen feinen Körner untereinander durch Kohäsion. Mit zunehmendem Wassergehalt sinkt die Tragfähigkeit eines bindigen Bodens. Ein vollständig gesättigter bindiger Boden verliert seine Tragfähigkeit, da die Kapillarkräfte (Porenwasserunterdruck) nicht mehr vorhanden sind. Bei gleichzeitiger Einwirkung von Verkehrsbelastung und Wasser weicht ein bindiger Boden aufgrund der Dichteminderung auf, wodurch sich die Konsistenz des Bodens ändert.

Um den Einfluss von Wasser auf die Tragfähigkeit eines bindigen Bodens zu minimieren, sollte dieser möglichst bis zum Sättigungsgrad hin verdichtet werden (Reduktion des Porenvolumens) [71].

<u>Nichtbindige Böden</u>

Der Wassergehalt nimmt kaum Einfluss auf die Tragfähigkeit bei nichtbindigen Böden [59], da die innere Reibung zwischen den Körnern auch im nassen Zustand weitgehend bestehen bleibt.

<u>Felsgestein und Beton</u>

Felsgestein ist in der Regel fest, ausreichend tragfähig und somit als Untergrund für Verkehrswege gut geeignet. Wasser nimmt auf die Tragfähigkeit von Fels und Beton in der Regel keinen Einfluss, sofern dieses rasch abgeleitet wird, um eine Verwitterung zu vermeiden.

4 Punktuelle Instabilitäten

Punktuelle Instabilitäten werden definiert als *„kurzwellige Gleislagefehler bei relativer Einsenkung unter Verkehrsbelastung mit einer Wellenlänge von ca. 3 m bis 25 m"* [73] am Bahnkörper in konventioneller Schotterbauweise.

Es kann unterschieden werden zwischen punktuellen Instabilitäten aufgrund von Schotterzertrümmerung (s.a. Abbildung 4-1) und punktuellen Instabilitäten bei Aufweichen des anstehenden Bodens.

4.1 Punktuelle Instabilitäten aufgrund einer Schotterzertrümmerung

Die Schotterzertrümmerung am Bahnkörper kann unter anderem aus einem insgesamt zu harten Untergrund, auf dem das Schotterbett direkt gelagert ist, resultieren. Beispielsweise ist ein Bahnkörper mit einer Betonsohle im Untergrund (Tunnel, Brücke) ohne zusätzliche elastische Elemente, wie z.B. einer Unterschottermatte oder einer Schwellensohle, in der Regel insgesamt zu steif. Das gewünschte elastische Verhalten des Bahnkörpers wird primär durch das Schotterbett hervorgerufen. Der Schotter allein kann aber die Verkehrslasten nicht kompensieren, selbst wenn die Schotterbetthöhe verhältnismäßig groß dimensioniert wird. Die Folgen sind eine Zertrümmerung (Bruch, Absplitterung und Abrieb) der Schotterkörner sowie die Bildung von Hohllagen, die den Abnutzungsprozess beschleunigen. Eine starke, impulsartige Belastung bzw. eine dynamische Zusatzanregung, verursacht durch einen mangelhaften Schienenstoß, kann ebenfalls zu einer verstärkten Abnutzung der Schotterkörner führen (weiße Stellen), wodurch sich, durch die Beimengung von Wasser, eine Art Schotterstaub-Wassergemisch bildet (grauer Schlamm, s.a. Abbildung 4-1). Aus einer punktuellen Instabilität aufgrund von Schotterzertrümmerung kann eine typische Schlammstelle entstehen, wenn ein bindiger Boden im Unterbau / Untergrund ansteht.

4.2 Punktuelle Instabilitäten aufgrund einer Aufweichung des anstehenden Bodens

Die Voraussetzungen für die Bildung typischer punktueller Instabilitäten sind ein bindiger Boden im Unterbau / Untergrund, genügend anfallendes Wasser sowie die zyklische Belastung durch den Eisenbahnverkehr.

Bei einer „typischen punktuellen Instabilität" (sog. Schlammstelle) weicht der Unterbau / Untergrund auf und steigt schrittweise unter Verkehrsbelastung in das Schotterbett nach oben, bis das feinkörnige Bodenmaterial an der Oberfläche austritt.

Eine punktuelle Instabilität im finalen Zustand kann daher gut bei einer Gleisbegehung erkannt werden (s.a. Abbildung 4-2). In der hier vorliegenden Arbeit werden primär typische punktuelle Instabilitäten betrachtet.

Abbildung 4-1: Schotterzertrümmerung aufgrund mangelhafter Schienenstöße [32]

Abbildung 4-2: Typische punktuelle Instabilität im finalen Zustand [6]

<u>Spritzstellen</u>

Befindet sich unter einer einzelnen Schwelle ein durch feinkörniges Material verschmutzter Schotter, entsteht durch die Zugabe von Wasser ein Boden-Wassergemisch, das unter Verkehrsbelastung durch die Poren des Schotters herausgepresst wird (s.a. Abbildung 4-5). Spritzstellen können sich zu einer punktuellen Instabilität ausweiten. Die aus der Überfahrt einer Spritzstelle resultierende maximale Kraft kann nach dem empirischen Ansatz von [31] berechnet werden [67].

<u>Typische punktuelle Instabilitäten</u>

Kann der Unterbau / Untergrund die Lasten nicht mehr aufnehmen (Überschreitung der vorhandenen Scherfestigkeit des Bodens), entstehen verstärkt bleibende Bodenverformungen am Planumsquergefälle im Bereich zwischen dem Schienenauflager und dem Schwellenende (s.a. Abbildung 4-3). Wasser sammelt sich in den entstandenen Bodenverformungen an, welches aufgrund der schlechten Wasserdurchlässigkeit von bindigen Böden nicht abfließen und durch die Überdeckung des Schotterbetts nur schwer verdunsten kann. Das anstehende Wasser wird unter Verkehrsbelastung in die Poren des Bodens gepresst (Porenwasserüberdruck), wodurch sich die Konsistenz sowie damit einhergehend die Tragfähigkeit des Bodens negativ verändern. Es entsteht ein Boden-Wassergemisch auf Höhe des Planumsquergefälles, welches unter Verkehrsbelastung schrittweise in das Schotterbett eingebracht wird

(Pumpeffekt). Zugleich rückt der Schotter in das frei werdende Volumen nach, wodurch sich Schottersäcke sowie Hohllagen bilden können. Hohllagen verursachen bei deren Überfahrt eine dynamische Zusatzanregung, welche die Zunahme der plastischen Verformungen im Unterbau / Untergrund fördert. Die Folge ist ein immer stärkeres Aufweichen des Unterbaus / Untergrunds unter Verkehrsbelastung mit der einhergehenden Abnahme der Tragfähigkeit auf Höhe der Bodenverformungen. Die Einwirkungen durch Verkehrslasten auf den Unterbau / Untergrund werden durch die Verschmutzung des Schotterbetts und der dynamischen Zusatzanregung aufgrund der Verschlechterung der Gleislage (s.a. Abschnitt 4.4) verstärkt, wodurch die bleibenden Bodenverformungen im Unterbau / Untergrund stetig zunehmen. Die Verschmutzung der Bettung führt zu einer Verringerung des Lastausbreitungswinkels und des Kontaktdrucks zwischen den Schotterkörnern, wodurch eine Abnahme der Verzahnungen im Gefüge und somit eine Destabilisierung des Schotterbetts verursacht wird [45]. Ein weicher Unterbau / Untergrund kann eine verhältnismäßig starke Umlagerung der Schotterkörner sowie verstärkte Kontaktkräfte bzw. die Verschiebung der Schotterkörner gegeneinander hervorrufen [7], [53]. Die Folge ist die verstärkte Abnutzung der Schotterkörner und der damit einhergehende Anstieg der Verschmutzung im Schotterbett.

Hohllagen führen aufgrund des vollständigen Kontaktverlustes der Schwellen zur Bettung nach einer Zugüberfahrt und der damit verbundenen Entspannung des Schottergefüges zu einer Auflockerung des Schottergefüges sowie zu einer Ausweitung der Bettung in horizontaler Richtung [7].

Die schematische Darstellung des Prozessverlaufs der Verminderung der Gleislagequalität für eine nicht rechtzeitig erkannte typische punktuelle Instabilität ist in Anhang I enthalten.

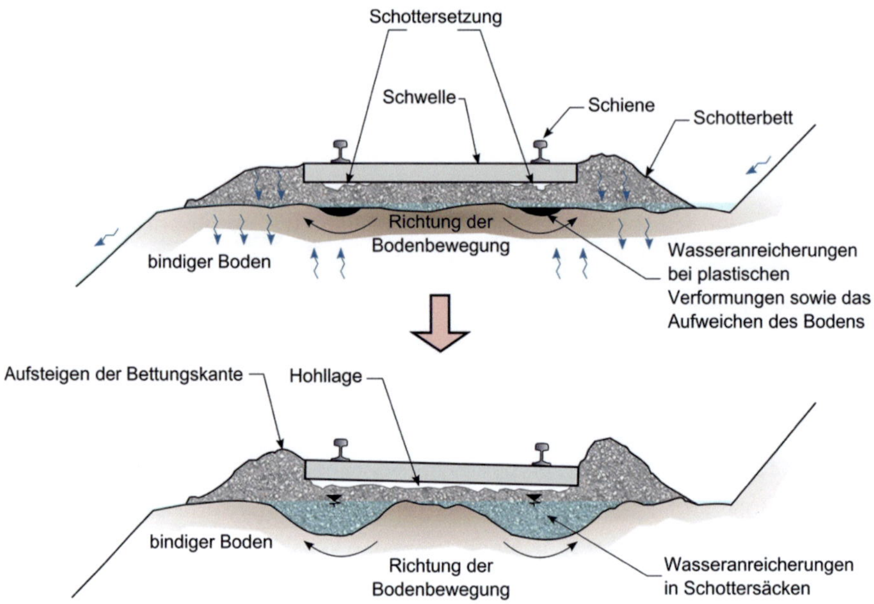

Abbildung 4-3: Entstehung einer typischen punktuellen Instabilität, in Anlehnung an [5] aus [73]

Der Austritt von feinkörnigem Bodenmaterial entlang der Schwellenkanten, die Bildung von Schottersäcken, ein Auswölben des Schotters Richtung Bettungskante, ein erhöhtes Einsinken der Schwellen im belasteten Zustand sowie eine deutliche Verschlechterung der Gleislage bezogen auf den Längshöhenverlauf zeigen sich im weit fortgeschrittenen Zustand einer typischen punktuellen Instabilität (s.a. Abbildung 4-3). Die in der Regel anfänglich kleinen Bodenverformungen verursachen einen Prozessverlauf, der in Abhängigkeit von der Größe der Verformungen, der anfallenden Wassermenge und der Verkehrsbelastung beschleunigt wird. Eine progressive Verschlechterung der Gleislage wird meist durch eine punktuelle Instabilität bzw. durch Unterbau- / Untergrundprobleme erzeugt [63].

<u>Punktuelle Instabilitäten aufgrund eines Aufweichens des Bodens auf Höhe der Schwellenunterkante</u>

Ist die Bettung durch den eingetragenen Boden verschmutzt, muss nicht zwingend unmittelbar eine punktuelle Instabilität entstehen (s.a. Abbildung 4-4). Sofern noch ein ausreichender Wasserabfluss im Schottergefüge vorhanden ist, weicht ein bindiger Boden unter Belastung zunächst nicht dauerhaft oder nur in geringem Maße auf. Bilden sich jedoch bei stark verschmutztem Schotter Wasseransammlungen im oberen Bereich des Schotterbetts, kann der Bahnkörper beginnend von der Schwellenunterkante in Richtung Unterbau / Untergrund aufweichen [6]. Der Austritt von fein-körnigem Bodenmaterial entlang der Schwellenkanten, das Einsinken der Schwellen im unbelasteten Zustand sowie eine Verschlechterung der Gleislage sind die Folgen.

Abbildung 4-4: Verschmutztes Schotterbett mit Vegetationsrückständen

Abbildung 4-5: Spritzstelle am Gleis [8]

4.3 Ursachen für die Bildung von punktuellen Instabilitäten

Die Gründe für die Bildung von punktuellen Instabilitäten können in interne und externe Ursachen unterteilt werden. Interne Ursachen sind direkt am Bahnkörper zu finden, wohingegen externe Ursachen äußere Einflüsse bezeichnen, die in unmittelbarer Umgebung des Bahnkörpers auftreten und auch aus bahnfremder Herkunft resultieren können [2], [72].

4.3.1 Interne Ursachen

Interne Ursachen lassen sich in Folgen aus Überbeanspruchung, konstruktive Ursachen und fehlende Instandhaltungsmaßnahmen unterteilen [73].

Eine Überbeanspruchung des Bahnkörpers kann aus einer Erhöhung der Achslasten, einer Zunahme der Zugüberläufe sowie einer Anhebung der Fahrzeuggeschwindigkeit resultieren. Gegebenenfalls kann auch eine Änderung des Zugtyps eine erhöhte Belastung hervorrufen. Bei einer Überbeanspruchung des Bahnkörpers verläuft die Bildung von punktuellen Instabilitäten in der Regel über einen längeren Zeitraum, da die bleibenden Verformungen im Planumsquergefälle meist ebenfalls über einen längeren Zeitraum an Größe zunehmen.

Eine konstruktive Ursache liegt bei einer fehlerhaften Dimensionierung der Systemkomponenten, einer fehlerhaften Bauausführung, einer verschmutzten oder fehlenden Schutzschicht vor. Wird beispielsweise die Schotterbetthöhe zu gering bemessen, ist eine Überschneidung der Spannungen auf Höhe des Planums nicht gewährleistet, wodurch Bodenmaterial in das Schotterbett gepresst wird (s.a. Abbildung

4-6). Ebenfalls können ein zu großer Schwellenabstand sowie eine zu kleine Schwellenbreite insgesamt eine zu geringe Verteilungsbreite verursachen, wodurch die Fläche für die Lastaufnahme auf Planumshöhe zu gering ist und somit die Vertikalspannungen, resultierend aus den Verkehrslasten, vergleichsweise hoch ausfallen. Regelanforderungen für die maximal zulässigen Spannungen werden durch den Verformungsmodul in [16] angegeben.

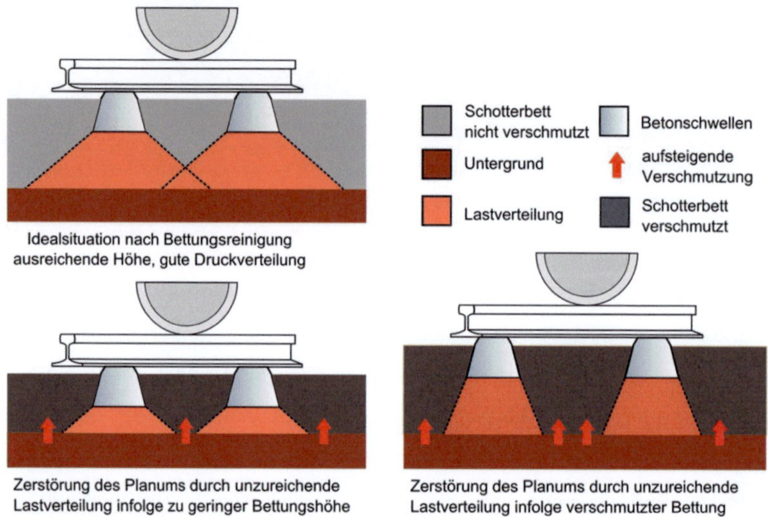

Abbildung 4-6: Schematische Darstellung der verminderten Tragfähigkeit einer verschmutzten oder zu gering ausgelegten Bettung [67]

Eine fehlerhafte Bauausführung kann sich aus einem nicht eben erstellten Planum oder einem nicht ausreichend verdichteten Unterbau / Untergrund ergeben. Ein regelkonform erstelltes Planum bildet eine ausreichend verdichtete Ebene, die eine Querneigung von 4 bis 5 % besitzt. Von Baumaschinen verursachte Fahrspuren auf dem Planum können beispielsweise Mulden erzeugen, die bei einem anstehenden bindigen Boden zu Wasseransammlungen führen können.

Eine fehlende oder nicht ausreichend dimensionierte Schutzschicht, selbst auf einem relativ kurzen Abschnitt, fördert die Vermischung des Schottergefüges mit dem Bodenmaterial (mangelnde Filterwirkung). Zum Einen kann Frost in diesem Fall stärker auf den Untergrund einwirken (Eislinsenbildung), da eine schützende Überdeckung nicht vorhanden ist und zum Anderen erhöhen sich die auf den Untergrund wirkenden Vertikalspannungen, da die Verteilungsbreite, aufgrund der fehlenden Schutzschicht, geringer ausfällt [67].

Je nach Schwere des Fehlers treten die bleibenden Verformungen im Unterbau / Untergrund über einen kürzeren oder längeren Zeitraum auf.

Steifigkeitswechsel, wie beispielsweise der Übergang zu einer Brücke oder sich verändernde Oberbauformen (Bahnübergang), können ebenfalls eine Unstetigkeitsstelle hervorrufen, die aufgrund der dynamischen Zusatzanregung und der dadurch erhöhten Belastung auf den Unterbau / Untergrund letztendlich zu einer punktuellen Instabilität führt.

Der Erhalt von Entwässerungsanlagen in einem guten Zustand ist auch für die Vermeidung punktueller Instabilitäten von besonderer Bedeutung. Sind diese verschmutzt, verstopft oder zerstört, beispielhaft dargestellt in Abbildung 4-7 und Abbildung 4-8, staut sich das Wasser entsprechend am Bahnkörper auf. Offene Entwässerungsanlagen, wie Bahngräben, sind zum großen Teil auf freier Strecke verbaut. Diese können gut eingesehen und kontrolliert werden. Im Bahnhofsbereich sind meist geschlossene Entwässerungsanlagen vorhanden, deren aktueller Zustand häufig nur mit größerem Aufwand (z.B. Kamerainspektion) bestimmt werden kann. Auch ist die Zuständigkeit für die Entwässerungsanlagen nicht immer eindeutig bekannt, da meist verschiedene Zuständigkeitsbereiche im Umfeld von Bahnhöfen vorhanden sind. Eine eindeutige Zuordnung der Abschnitte einer Entwässerungsanlage ist dann nicht immer gegeben. Bei einer defekten Entwässerungsanlage kann sich Wasser relativ schnell ansammeln, wodurch der Unterbau / Untergrund über einen verhältnismäßig kurzen Zeitraum aufweichen kann. Über einen längeren Zeitraum können hingegen Unstetigkeitsstellen, wie beispielsweise unrunde Räder (Flachstellen), Fahrflächenfehler, Schienenfehler sowie Gleislagefehler, durch eine zusätzliche dynamische Zusatzanregung zur Akkumulation von plastischen Verformungen im Unterbau / Untergrund und somit zu punktuellen Instabilitäten führen.

Ist das Schotterbett verschmutzt, verringert sich dessen Elastizität je nach eingetragenem Material und Verschmutzungsgrad. Ein Abfluss des Oberflächenwassers sowie eine Belüftung des Schotterbetts und die damit verbundene Abgabe der Feuchtigkeit sind nicht mehr gegeben. Die Reibung zwischen den einzelnen Schotterkörnern wird durch das Feinkorn und der gespeicherten Feuchtigkeit reduziert, wodurch sich die Scherfestigkeit und die Elastizität sowie der Lastausbreitungswinkel im Schotterbett verringern. Nach [66] ist ab einem Verschmutzungsgrad von 30% am Gesamtvolumen des Schotterbetts der Abfluss des Oberflächenwassers nicht mehr gewährleistet. Aufwendige Instandhaltungsmaßnahmen oder gegebenenfalls eine Erneuerung des gesamten Bahnkörpers sind die Folgen.

Im Folgenden werden verschiedene Ursachen für die Verschmutzung des Schotterbetts aufgeführt.

Feinbestandteile durch Stopfen

Wird ein Gleis neu eingebaut oder gerichtet, wird unter den Schwellen über vibrierende Stopfpickel ein Auflager geschaffen [66]. Über das Stopfen werden durch Absplitterung und Abrieb Feinbestandteile im Schotterbett erzeugt.

Feinbestandteile verursacht durch Verkehrslasten

Die zyklische Einwirkung der Verkehrsbelastung verursacht an den Kontaktpunkten der Schotterkörner Absplitterungen und Abrieb, die zu einer kontinuierlichen Verschmutzung des Schotterbetts führen.

Ablagerung durch Transport und Fahrzeuge

Ladegut, das beim Transport verloren geht (z.B. Kohle), kann das Schotterbett stark verschmutzen. Ausgetretene Schmierstoffe und Abrieb, der beim Bremsen und Beschleunigen der Schienenfahrzeuge entsteht, verunreinigen das Schotterbett in der Regel weniger stark.

Ablagerung durch Bewuchs

Besonders im Herbst kann das Schotterbett durch organische Bestandteile (Laubanfall) stark verschmutzt werden. Zusätzliche Vegetationsrückstände erhöhen den Verschmutzungsgrad im Schotterbett.

Aufgrund der Minderung der Tragfähigkeit des Schotterbetts durch eine Verschmutzung ist auf eine ausreichende Reinigung der Bettung zu achten. Besonders die Schotterbettflanken sollten möglichst keine Feinanteile enthalten, damit das anfallende Wasser ungehindert abfließen kann und das Schotterbett gut durchlüftet wird.

Abbildung 4-7: Defekter Durchlass [14]   **Abbildung 4-8: Zerstörte Entwässerungsleitung [13]**

4.3.2   Externe Ursachen

Externe Ursachen sind Bauwerke, wie zum Beispiel Lärmschutzwände oder in der Nähe des Bahnkörpers durchgeführte Baumaßnahmen, wie zurückgelassene Spundwände oder Erschütterungen, die am bereits bestehenden, eigentlich intakten Bahnkörper punktuelle Instabilitäten verursachen können (s.a. Abbildung 4-9 und Abbildung 4-10). Eine ungünstige Veränderung des Wasserlaufs sowie eine Stauung können durch die errichteten Fundamente oder zurückgelassenen Spundwände im Untergrund entstehen. Der Wassergehalt im Boden kann dann unbemerkt ansteigen [2], [72].

Abbildung 4-9: Abgetrennte Spundwand verbleibt im Boden [2]   **Abbildung 4-10: Neu errichtete Lärmschutzwände am bestehenden Gleis [2]**

Tabelle 4-1 gibt einen zusammenfassenden Überblick über die Ursachen, die zu einer punktuellen Instabilität führen können.

	Ursache	Zunahme von Verformungen über einen kurzen Zeitraum	Zunahme von Verformungen über einen längeren Zeitraum
interne Ursachen	**Überbeanspruchung**	---	Erhöhung der Achslasten Erhöhung der Zugüberläufe Erhöhung der Geschwindigkeit Änderung von Zugtypen
	konstruktive Ursache	fehlerhafte Dimensionierung der Systemkomponenten fehlerhafte Bauausführung fehlende Schutzschichten	fehlerhafte Dimensionierung der Systemkomponenten fehlerhafte Bauausführung wechselnde Steifigkeiten am Fahrweg
	Instandhaltung	unzureichende Entwässerung	Unstetigkeiten am Fahrzeug und Fahrweg fehlendes oder mangelhaftes Richten des Gleises fehlende oder mangelhafte Reinigung des Schotterbetts
externe Ursachen	**Baumaßnahmen**	starke Erschütterungen defekte Entwässerung veränderter Grundwasserhorizont	starke Erschütterungen defekte Entwässerung veränderter Grundwasserhorizont
	Bauwerke	defekte Entwässerung	defekte Entwässerung

Tabelle 4-1: Zeitliche Aufteilung der Verminderung der Gleislagequalität anhand der Ursachen für die Entstehung einer punktuellen Instabilität [73]

4.4 Einflussfaktoren auf den Prozessverlauf bei der Entstehung einer punktuellen Instabilität

Der Prozessverlauf bei der Entstehung sowie die Ausbreitung einer punktuellen Instabilität sind abhängig von deren Ursache, den Witterungseinflüssen, der Höhe der Verkehrsbelastung, den Eigenschaften des Bodens und dessen Zustandsform, der Qualität des Bahnkörpers vor der Entstehung einer punktuellen Instabilität sowie von den gegebenenfalls durchgeführten Instandhaltungsmaßnahmen. Die verschiedenen Einflussfaktoren sind in Abbildung 4-11 zusammengefasst. Die Abhängigkeiten zwischen den einzelnen Einflussfaktoren für den Prozessverlauf einer punktuellen Instabilität bedürfen einer umfangreichen Analyse, die einen über die vorliegende Arbeit hinausgehenden Forschungsbedarf benötigt.

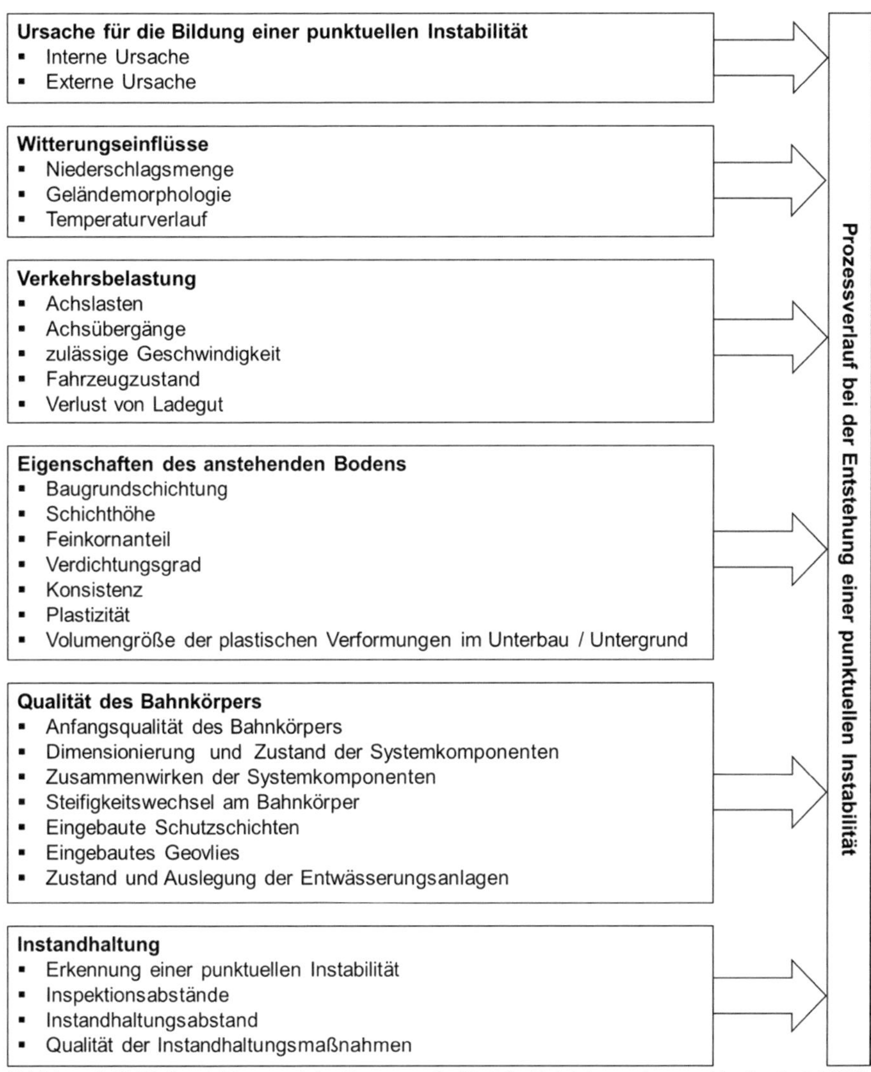

Abbildung 4-11: Einflussfaktoren auf den Prozessverlauf bei der Entstehung einer punktuellen Instabilität

4.5 Gleislage bei ausgeprägten punktuellen Instabilitäten

Eine fachgerechte Instandhaltung verbunden mit einer Erfassung der Gleislage für sinnvoll definierte Zeitabstände ist notwendig, um die Qualität des Bahnkörpers über einen möglichst langen Zeitraum (d.h. der veranschlagten Nutzungsdauer) gewährleisten zu können. Die Abnutzung des Bahnkörpers erfordert Instandhaltungsarbeiten, wie z.B. das Schienenschleifen und das Stopfen bzw. das Richten des Gleises. Je nach Qualität der ausgeführten Arbeiten werden dynamische Zusatzanregungen, die zur Verschlechterung der Gleislage und somit zur Bildung punktueller Instabilitäten führen, vermieden. Der Zustand der Entwässerungsanlagen sollte regelmäßig erfasst werden, da defekte Entwässerungsanlagen relativ häufig zu punktuellen Instabilitäten führen [72]. Die Identifizierung der Ursache einer punktuellen Instabilität ist notwendig, um einer erneuten Verschlechterung der Gleislage auch nach einer Instandsetzungsmaßnahme vorzubeugen.

Wird die zeitliche Entwicklung der Gleislage für eine typische punktuelle Instabilität betrachtet, ist festzustellen, dass die Längshöhe aufgrund der abnehmenden und damit wechselnden Steifigkeiten meist sehr stark betroffen ist [85], [102], [103], [104], [105]. Zudem kann sich die Längshöhe für die linke als auch für die rechte Schiene annähernd symmetrisch als periodischer Längshöhenfehler mit einer relativ kurzen Wellenlänge für eine typische punktuelle Instabilität entwickeln (s.a. Abbildung 4-13 und Anhang II) [85], [102], [103], [105]. Die Bildung eines periodischen Längshöhenfehlers ist in Abbildung 4-12 dargestellt und kann näherungsweise über eine Sinusfunktion beschrieben werden (s.a. Abbildung 4-13 und Abbildung 7-9). Dies erlaubt, aufgrund der Periodizität der vertikalen Änderung der Gleislage, die Verwendung des Ansatzes nach [54] (s.a. Abschnitt 7.2). Verursacht ein mangelhaft ausgeführter Schienenstoß an einer der beiden Schienen eine zusätzliche dynamische Anregung verschlechtert sich, überwiegend durch die Schotterzertrümmerung unter dem betroffenen Schienenstoß herbeigeführt, die Längshöhe entlang der Schiene. Eine Symmetrie entlang der Gleisachse bezogen auf die Gleislage sowie der Bodeneigenschaften ist folglich nicht mehr gegeben, wodurch die Höhe der auf den Unterbau / Untergrund einwirkenden Verkehrsbelastung entlang beider Schienen ebenfalls stark variieren kann. Eine Abbildung der Verkehrslasten ist dann über numerische Verfahren, wie beispielsweise einer Mehrkörpersimulation, möglich [70].

Wird eine punktuelle Instabilität nicht erkannt oder die Gleislage nur temporär durch Einbringung von Schotter gerichtet, bildet sich in Abhängigkeit von der Verkehrsbelastung ein zweiter markanter Längshöhenfehler, der sich zu einem periodischen Längshöhenfehler ausweiten kann (s.a. Abbildung 4-12). Der Austausch oder der Einbau von Schotter fördert zudem die Bildung von punktuellen Instabilitäten, da das Schottergefüge wieder verstärkt freies Porenvolumen besitzt, welches das Aufsteigen von feinkörnigem Bodenmaterial erleichtert. Bei ausreichendem Wassergehalt im Boden wirken sich die Eigenfrequenz, die Achslasten und -abstände, die Anzahl der Achsübergänge und die Geschwindigkeit der Fahrzeuge auf die Bildung eines periodischen Längshöhenfehlers aus [103].

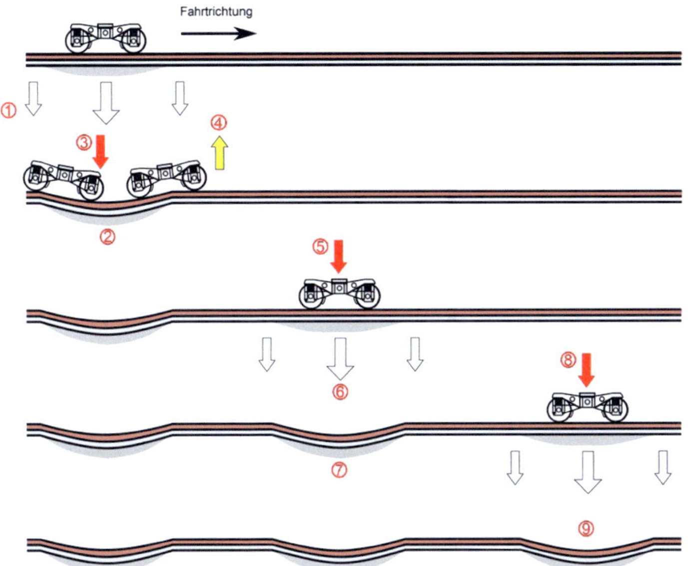

① Die Tragfähigkeit unter den Schwellen verschlechtert sich unter Verkehrsbelastung, wodurch Hohllagen enstehen.

③ Bei der Überfahrt des Gleislagefehlers steigen die Rad-Schiene-Kräfte für jedes Rad bei Erreichen des Tiefpunktes des vertikalen Gleislagefehlers deutlich an.

⑤ In Abhängigkeit von der Geschwindigkeit steigen die Rad-Schiene-Kräfte aufgrund der Fahrwerksreaktion direkt nach dem Gleislagefehler erneut an.

⑦ Ein zweiter vertikaler Gleislagefehler bildet sich, wenn der Gleislagefehler nicht fachgerecht instandgesetzt wird.

⑨ Es ensteht ein Prozessverlauf, der in regelmäßigen Abständen entlang der Strecke eine vertikale Verschlechterung der Gleislage verursacht. Es bildet sich ein periodischer Gleislagefehler.

② Hohllagen führen zur Bildung eines vertikalen Gleislagefehlers. Wird der Gleislagefehler nicht fachgerecht instandgesetzt, so nimmt die Verschlechterung der vertikalen Gleislage zu.

④ Die Rad-Schiene-Kräfte verringern sich, sobald der Zug innerhalb des vertikalen Gleislagefehlers aufklettert.

⑥ Die wiederholt vertikale Krafteintragung führt zu einer zeitlichen Verschlechterung der Tragfähigkeit unter den Schwellen, wodurch Hohllagen enstehen.

⑧ Aufgrund der Fahrwerksreaktion bildet sich direkt nach dem Gleislagefehler erneut ein dritter Gleislagefehler.

Abbildung 4-12: Entwicklung eines periodischen Längshöhenfehlers bei einer punktuellen Instabilität, in Anlehnung an [85]

Der Einfluss einer punktuellen Instabilität auf die Gleislage kann im schlimmsten Fall zur Entgleisung eines Zuges führen, selbst wenn die für die Entgleisung maßgebenden Toleranz- bzw. Grenzwerte für die zulässige Geschwindigkeit nach [15] nicht überschritten werden [102], [103]. Für die Beurteilung der Gleislage müssen die Gleislageparameter untereinander [102] sowie der zeitliche Verlauf der Verschlechterung der Gleislage Beachtung finden, um einer Entgleisung vorzubeugen [15]. Das Schienenfahrzeug wird je nach Aufbau, Gewicht und Geschwindigkeit durch den periodischen Längshöhenfehler zu einem Resonanzverhalten angeregt, wodurch ein

Aufschaukeln, insbesondere bei verhältnismäßig leichter oder keiner bzw. bezogen auf die Eigenfrequenz des Wagens ungünstigen Beladung, zum Entgleisen des Fahrzeugs führen kann [102]. Das Verhältnis von Wellenlänge zur Amplitude des Gleislagefehlers beeinflusst unter anderem die Fahrzeugreaktion bzw. die dynamische Zusatzanregung, die durch eine punktuelle Instabilität entsteht. Speziell typische punktuelle Instabilitäten können die Gleislage, je nach Ursache und Witterungsbedingungen, innerhalb eines kurzen Zeitraums stark negativ beeinträchtigen.

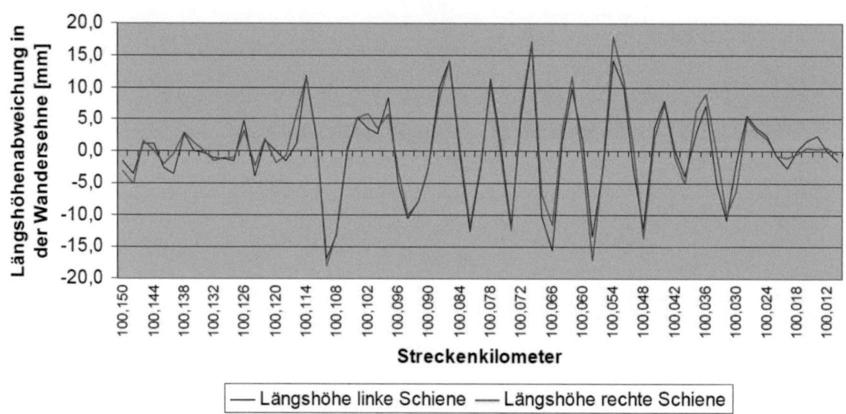

Abbildung 4-13: Längshöhenabweichung für eine punktuelle Instabilität [102]

5 Verfahren zur gleisdynamischen Modellierung einer punktuellen Instabilität

Die auf den Bahnkörper wirkenden zyklisch-dynamischen Kräfte setzen sich aus quasistatischen (niederfrequenten) und dynamischen (höherfrequenten) Einwirkungen zusammen. Charakterisiert werden die quasistatischen Einwirkungen durch die Radsatzlasten der Züge, die Fahrzeuggeschwindigkeit und die Wagen-, Achs-, und Drehgestellabstände [80]. Die resultierende Beanspruchung aus einer quasistatischen Beanspruchung kann nach dem Verfahren von Fryba [33], welches auf dem Verfahren nach Zimmermann [114] und dem Bettungsmodulverfahren nach Winkler [110] aufbaut, unter Erweiterung des Einflusses der Zuggeschwindigkeit ermittelt werden.

Die dynamischen Einwirkungen können vereinfacht mit einem Lasterhöhungsfaktor berücksichtigt werden. Die Gesamtbelastung wird durch Multiplikation des Lasterhöhungsfaktors mit der statischen Radkraft berechnet. Die bis in die 1980er Jahre entwickelten Ansätze sind in [23] zusammengefasst. Die Abweichung der Lasterhöhungsfaktoren für die unterschiedlichen Ansätze steigt deutlich mit zunehmender Geschwindigkeit (s.a. Anhang IV). Die Abbildung eines periodischen Längshöhenfehlers sowie die Berücksichtigung von Resonanzeffekten am Gleis ist mittels Lasterhöhungsfaktor allerdings nicht möglich, weshalb für die Abbildung einer punktuellen Instabilität bzw. eines periodischen Längshöhenfehlers die Ansätze für die Lasterhöhungsfaktoren keine Beachtung finden. Eine Zusammenstellung der verschiedenen Ansätze zur Berücksichtigung der dynamischen Einwirkungen, einschließlich des Ansatzes nach Fryba, findet sich in Anhang IV wieder.

Die dynamischen Einwirkungen, hervorgerufen durch die Wechselwirkung zwischen Fahrzeug und Fahrweg, wie Unstetigkeiten am Fahrweg und Fahrzeug, werden mit dem einfachen Frequenzbereichsverfahren nach Knothe [54], erweitert nach [106], berechnet. Mit Hilfe des Ansatzes für die Ermittlung höherfrequenter Einwirkungen werden die Fahrzeugrezeptanz, die Gleisrezeptanz und die Hertz`sche Kontaktsteifigkeit bestimmt. Durch Superposition der quasistatischen und dynamischen Einwirkungen lässt sich die Gesamtbelastung aus der Verkehrsbelastung analytisch bestimmen. Dabei können die Flächenpressung an der Schwellenunterkante, die maximale Einsenkung an der Schwellenunterkante sowie die Vertikalspannungen aus den Verkehrslasten für verschiedene Tiefen am Bahnkörper ermittelt werden [37], [106], [109].

5.1   Berechnung der quasistatischen Einwirkungen nach Fryba

Winkler entwickelte bereits 1867 das Bettungsmodulverfahren [110], bei dem das Verhältnis zwischen der Flächenpressung und der Einsenkung unter Last, die Größe der Steifigkeit bzw. des Bettungsmoduls beschrieben werden. In Verknüpfung mit der Theorie nach Zimmermann [114], eines unendlich langen Balkens auf kontinuierlicher elastischer Unterlage, ist es auf einfache Weise möglich, die Einwirkungen auf den Bahnkörper zu bestimmen. Die Querschwellen werden in einen idealisierten Langträger (Balken) umgewandelt, wodurch die eigentliche diskrete Lagerung in eine flächengleiche kontinuierliche Lagerung übertragen wird. Durch kontinuierlich steigende Geschwindigkeiten musste deren Einfluss auf das Verhalten des Gleises unter Last berücksichtigt werden. Fryba [33] führte deshalb Dämpfer ein, die abhängig von den Bodenverhältnissen (Unterbau und Untergrund einschließlich Schotterbett) erlauben, den Einfluss der Zuggeschwindigkeit abzubilden. Das Gleis wird als unendlich langer Balken (Langträger) modelliert, welcher kontinuierlich auf Federn und Dämpfern gelagert ist (s.a. Abbildung 5-1). Die Verkehrslasten sind zeitabhängige stationäre Belastungen. Es wird vorausgesetzt, dass das Gleis entlang der Gleisachse ein durchgehend symmetrisches Verhalten aufweist. Folglich wird die halbe Achslast bzw. die Radkraft für die Berechnung angesetzt [35]. Die Achslast verteilt sich somit gleichmäßig auf beide Schienen. Zudem muss die Auflagerfläche im Querschwellengleis identisch mit der Auflagerfläche des Langträgers sein.

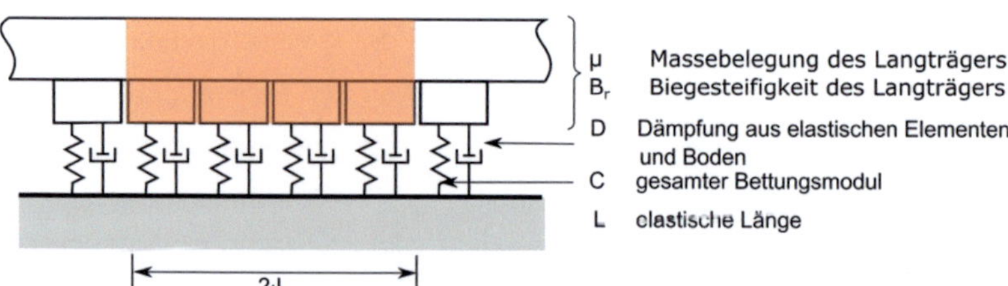

Abbildung 5-1: Ersatzmodell aus [106] nach [33] mit kontinuierlich gelagertem Balken auf Federn und Dämpfern

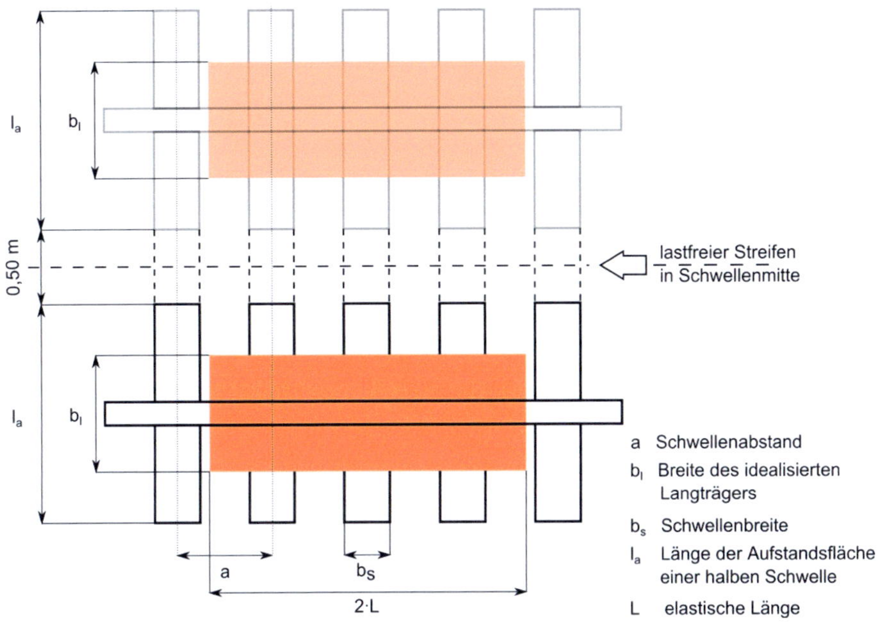

Abbildung 5-2: Ermittlung der Ersatzflächenlast nach Zimmermann [35]

Ausgehend von [37] und [106] wurden die Gleichungen 5.32, 5.33, 5.34, 5.35, 5.43, 5.44, 5.48 und 5.49 ergänzt.

Die Breite des idealisierten Langträgers berechnet sich aus der Aufstandsfläche der Schwelle und deren Abstand:

$$b_l = \frac{A_s}{2 \cdot a} = l_a \cdot \frac{b_s}{a} \qquad (5.1)$$

b_l	Breite des idealisierten Langträgers	[m]
A_s	Aufstandsfläche der Schwelle abzüglich eines lastfreien Streifens in Schwellenmitte	[m²]
a	Schwellenabstand	[m]
l_a	Länge der Aufstandsfläche einer halben Schwelle	[m]
b_s	Schwellenbreite	[m]

Aufgrund der Schwellenauflager wird in der Gleismitte bei einer Regelspurweite von 1435 mm ein lastfreier Streifen der Breite von 0,5 m angenommen. Der Schwellenabstand von Schwellenachse zu Schwellenachse beträgt für ein Betonquerschwellengleis in der Regel 60 cm, kann aber in Abhängigkeit von der zu erwartenden Verkehrsbelastung variieren [30]. Für ein Baugleis kann beispielsweise der Schwellenabstand mit über einem Meter angeordnet sein [75]. Die Aufstandsfläche der Schwelle kann sich mit der Verschlechterung der Gleislage oder mit der Schwellengröße maßgeblich ändern, weshalb diese gegebenenfalls für die Berechnung anzupassen ist.

Die elastische Länge ergibt sich aus der Biegesteifigkeit der Schiene, dem gesamten Bettungsmodul des Bahnkörpers sowie der Breite des idealisierten Langträgers und bildet dessen Grundwert, welcher sich mit der Abnahme des Bettungsmoduls vergrößert. Die Biegesteifigkeit der Schiene variiert in Abhängigkeit von dem Flächenträgheitsmoment bzw. dem Querschnitt und der Bauart der Schiene (Schienenprofil). Es wird der gesamte Bettungsmodul für die Berechnung der elastischen Länge angesetzt.

$$L = \sqrt[4]{\frac{4 \cdot E_r \cdot I_r}{C \cdot b_l}} \qquad (5.2)$$

L elastische Länge   [m]

E_r Elastizitätsmodul des Schienenstahls   [MN/m²]

I_r Flächenträgheitsmoment der Schiene   [m⁴]

C gesamter Bettungsmodul   [MN/m³]

Der Vertikalspannungszeitverlauf an der Schwellenunterkante ergibt sich nach [33] aus [37]:

$$p_{(x,t)} = \frac{Q}{2 \cdot b_l \cdot L} \cdot \left[\frac{2}{a_1(D_1^2 + D_2^2)} e^{-a_0 \frac{x}{L}} \cdot \left(D_1 \cos a_1 \frac{x}{L} + D_2 \sin a_1 \frac{x}{L} \right) \right] \quad f\ddot{u}r\ x \geq 0 \quad (5.3)$$

$$p_{(x,t)} = \frac{Q}{2 \cdot b_l \cdot L} \cdot \left[\frac{2}{a_2(D_3^2 + D_4^2)} e^{a_0 \frac{x}{L}} \cdot \left(D_3 \cos a_2 \frac{x}{L} - D_4 \sin a_2 \frac{x}{L} \right) \right] \quad f\ddot{u}r\ x < 0 \quad (5.4)$$

$p_{(x,t)}$ Vertikalspannungszeitverlauf an der Schwellenunterkante   [kN/m²]

x horizontaler Abstand zum Lastangriffspunkt   [m]

Q statische Radkraft   [kN]

a_0, a_1, a_2 Faktoren in Abhängigkeit vom dynamischen Fall sowie der   [-]

bezogenen Geschwindigkeit und dem Dämpfungsverhältnis

D_1, D_2, D_3, D_4 Dämpfungsfaktoren in Abhängigkeit von a_0, a_1 und a_2 [-]

Nachfolgend werden die einzelnen Parameter der Gleichungen 5.3 und 5.4 näher erläutert.

Ausgehend von der betrachtenden Radkraft befindet sich der Lastangriffspunkt bei x = 0 m. Je nach Position vom Lastangriffspunkt muss eine der obigen beiden Formeln 5.3 und 5.4 gewählt werden. Der Vertikalspannungszeitverlauf wird für einzelne Punkte entlang einer Betrachtungslänge unter Beachtung der einwirkenden Radkräfte und deren horizontalen Abständen berechnet.

Die Radkraft ergibt sich aus der Masse einer Lokomotive oder eines Wagens sowie aus der Anzahl der Achsen des Schienenfahrzeugs, wodurch sich die Gesamtlast eines Fahrzeugs auf mehrere Achsen / Räder verteilt. Sind die genauen Achslasten nicht bekannt, können Lastbilder nach [22] bzw. [83] gewählt werden, die typische Achslasten und -abstände für unterschiedliche Zugtypen ausweisen.

Um die Steifigkeits- sowie die Dämpfungsverhältnisse am Bahnkörper bestimmen zu können, müssen der Bettungsmodul sowie die bodendynamischen Kennwerte bekannt sein. Die Faktoren a_0, a_1 und a_2 werden in Abhängigkeit von dem dynamischen Fall sowie der bezogenen Geschwindigkeit α und dem Dämpfungsverhältnis β bestimmt. Anschließend werden die Faktoren D_1, D_2, D_3 und D_4 berechnet.

Faktoren D_1 - D_4:

$$D_1 = a_0 \cdot a_1 \tag{5.5}$$

$$D_2 = a_0^2 - \frac{1}{4} \cdot (a_1^2 - a_2^2) \tag{5.6}$$

$$D_3 = a_0 \cdot a_2 \tag{5.7}$$

$$D_4 = a_0^2 + \frac{1}{4} \cdot (a_1^2 - a_2^2) \tag{5.8}$$

Faktoren a_0 - a_2:

$$a_0 = \sqrt{1 - \alpha^2} \tag{5.9}$$

$$a_{1,2} = \sqrt{1 + \alpha^2 \pm 2 \cdot \alpha \cdot \beta \cdot \sqrt{\frac{1}{1 - \alpha^2}}} \tag{5.10}$$

| α | bezogene Geschwindigkeit | [-] |
| β | Dämpfungsverhältnis | [-] |

Die bezogene Geschwindigkeit gibt das Verhältnis von Zuggeschwindigkeit zur kritischen Geschwindigkeit bzw. Rayleighwellengeschwindigkeit an.

$$\alpha = \frac{V_{Zug}}{c_r} \tag{5.11}$$

| V_{Zug} | Zuggeschwindigkeit | [km/h] |
| c_r | kritische Geschwindigkeit / Rayleighwellengeschwindigkeit | [km/h] |

Die Rayleighwellengeschwindigkeit ergibt sich nach [37] und [106] für einen homogenen Boden aus der Querdehnzahl, der Dichte sowie dem Schubmodul bzw. bei einer heterogenen Baugrundschichtung aus der mittleren Querdehnzahl, der mittleren Dichte sowie dem sich daraus ergebenden mittleren Schubmodul nach [106].

$$c_r \approx \frac{0,87 + 1,12 \cdot v}{1 + v} \cdot \sqrt{G \cdot \frac{10^3}{\rho}} \cdot 3,6 \tag{5.12}$$

v	Querdehnzahl	[-]
G	Schubmodul des Bodens (Unterbau / Untergrund einschließlich Schotterbett)	[MN/m²]
ρ	Dichte des Bodens	[g/cm³]

Rayleighwellen breiten sich entlang der Erdoberfläche aus und verursachen eine elliptisch-senkrechte Bewegung der Bodenteilchen zur Oberfläche. Die Rayleighwellengeschwindigkeit gibt die Ausbreitungsgeschwindigkeit einer Rayleighwelle an. Abhängig von der Schwinggeschwindigkeit, der Schwingbeschleunigung und dem Schwingweg erhöhen sich die Beanspruchungen auf das Gesamtsystem Bahnkörper [68]. Je weicher ein Boden ist, desto kleiner wird die Rayleighwellengeschwindigkeit, sodass das Verhältnis der Zuggeschwindigkeit zur kritischen Geschwindigkeit zunimmt.

Ist die Zuggeschwindigkeit größer oder gleich der Rayleighwellengeschwindigkeit, führt dies zu Resonanzeffekten am Bahnkörper, wodurch verhältnismäßig große bleibende Verformungen am Bahnkörper entstehen können.

Nach [37] sind für den praktischen Fall $\alpha < 1$ und $\beta < 1$ von Relevanz, wobei von [35] empfohlen wird β mit einem maximalen Wert von 0,5 anzusetzen. Für den Nachweis der dynamischen Stabilität am Bahnkörper nach [37] und [106] muss $\alpha \leq 0,5$ sein. Diese Bedingung kann in der Regel eingehalten werden, da sich die zugelassene Fahrzeuggeschwindigkeit nach den Untergrundverhältnissen und somit an der Gleislage orientiert [37]. Für punktuelle Instabilitäten kann jedoch eine Abweichung auftreten, da punktuelle Instabilitäten auch bei Neubaustrecken in einem relativ kurzen Zeitraum entstehen können.

Den Einfluss der bezogenen Geschwindigkeit auf den Verlauf der Vertikalspannung zeigt Abbildung 5-3. Für $\alpha = 0$ ergibt sich der statische Fall nach [114]. Vergrößert sich der Wert für α, nimmt die maximale Spannung zu und rückt vom Lastangriffspunkt ab. Zudem erhöhen sich die abhebenden Spannungen bei $x \approx 1,25$ m [37].

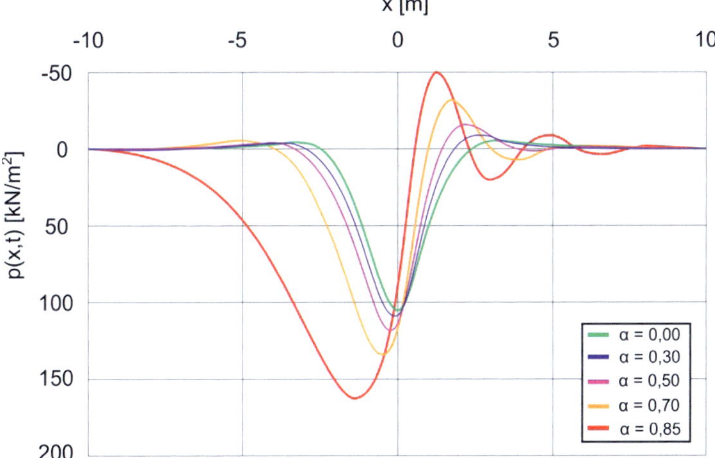

Abbildung 5-3: Einfluss der bezogenen Geschwindigkeit auf den Verlauf der Vertikalspannung an der Schwellenunterkante [37] (α – bezogene Geschwindigkeit)

Das Dämpfungsverhältnis gibt das Verhältnis der vorhandenen Dämpfung zur kritischen Dämpfung an:

$$\beta = \frac{D_b}{D_{krit}} \tag{5.13}$$

D_b	Dämpfung des Bodens (Unterbau / Untergrund einschließlich Schotterbett)	[Ns/m]

D_{krit}	kritische Dämpfung des Bodens (Unterbau / Untergrund einschließlich Schotterbett)	[Ns/m]

Dabei berechnet sich die vorhandene Dämpfung aus den bodendynamischen Kennwerten und dem Ersatzradius r_0:

$$D_b = \frac{3{,}4 \cdot r_0 2}{(1- \nu)} \cdot \sqrt{\rho \cdot G \cdot 10^9} \tag{5.14}$$

r_0	Ersatzradius für die flächengleiche Kreislast des idealisierten Langträgers	[m]

Der Ersatzradius ergibt sich aus der Fläche des idealisierten Langträgers, welche nach [112] in eine flächengleiche Kreisfläche umgewandelt wird (s.a. Abbildung 5-5):

$$r_0 = \sqrt{2 \cdot L \cdot b_l / \pi} \tag{5.15}$$

Der Schubmodul errechnet sich zu:

$$G = C_b \cdot (1 - \nu) \cdot \sqrt{\pi/8} \cdot \sqrt{L \cdot b_l} \tag{5.16}$$

C_b	Bettungsmodul des Bodens	[MN/m³]

Die kritische Dämpfung kann aus der elastischen Länge, dem Bettungsmodul des Bodens, der Breite des idealisierten Langträgers und aus der Massebelegung bestimmt werden:

$$D_{krit} = 4 \cdot L \cdot \sqrt{C_b \cdot 10^6 \cdot b_L \cdot \mu} \tag{5.17}$$

μ	Massebelegung des Langträgers bzw. einer Schiene und der halben Schwelle	[kg/m]

Die Massebelegung für den idealisierten Langträger berechnet sich aus der Massebelegung der Schiene und der halben Schwellenmasse (s.a. Abbildung 5-1):

$$\mu = \mu_r + 0{,}5 \cdot \mu_s \tag{5.18}$$

μ_r	Massebelegung der Schiene	[kg/m]
$\mu_s = \dfrac{m_s}{a}$	Massebelegung der Schwelle	[kg/m]
m_s	Schwellenmasse	[kg]

a Schwellenabstand   [m]

Die Vertikalspannungen können für verschiedene Tiefen nach dem in Abbildung 5-4 enthaltenem Prinzip unter Einfluss des Lastausbreitungswinkels berechnet werden.

In Abhängigkeit vom Zustand und Aufbau des Schotterbetts kann der Lastausbreitungswinkel variieren (s.a. Anhang III). Für die analytischen Berechnungen der Vertikalspannungen für verschiedene Tiefen am Bahnkörper (s.a. Anhang XIII, Abbildung XIII-2) findet der Ansatz für die Berechnung des Lastausbreitungswinkels nach [107] Verwendung, da dieser unabhängig vom Aufbau des Bahnkörpers und dem experimentellen Versuchsaufbau im Labor ist. Weiterhin kann die Verschmutzung des Schotterbetts mittels des Wertes der Querdehnzahl berücksichtigt werden.

Der Lastausbreitungswinkel variiert für Gleichungen 5.19 und 5.20 zwischen 58° und 65°.

$$\theta = \arctan(\pi/2) \cdot (1 - v)/(1 - 2 \cdot v) \qquad \text{für } v \leq 1/3 \text{ und} \tag{5.19}$$

$$\theta = \arctan(\pi/2) \cdot (1 - v) \qquad \text{für } v > 1/3 \tag{5.20}$$

θ Lastausbreitungswinkel   [°]

v Querdehnzahl   [-]

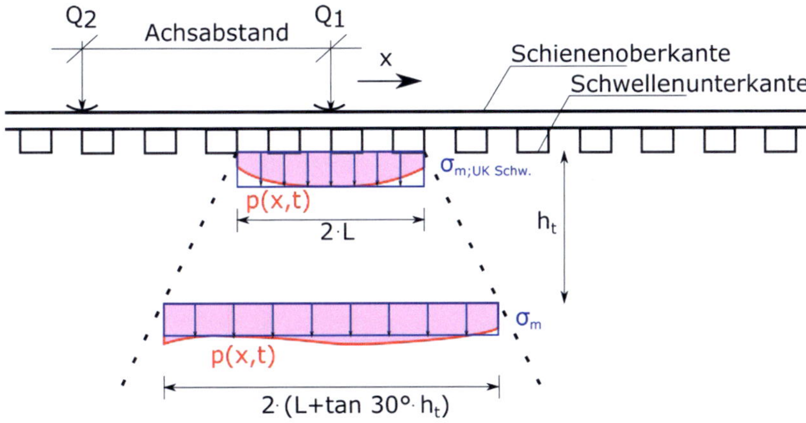

Abbildung 5-4: Berechnung der Vertikalspannungen unter Berücksichtigung der lastverteilenden Wirkung in Längsrichtung, in Anlehnung an [106]

$$\sigma_{m,UK\ Schw.} = \frac{\int p(x,t)dx}{2 \cdot L} \tag{5.21}$$

$$\sigma_m = \frac{\int p(x,t)dx}{2 \cdot (L + tan30° \cdot h_t)} \tag{5.22}$$

$\sigma_{m,UK\ Schw.}$	Vertikalspannung an der Schwellenunterkante unter Berücksichtigung der lastverteilenden Wirkung in Längsrichtung	[kN/m²]
σ_m	Vertikalspannung für verschiedene Tiefen am Bahnkörper unter Berücksichtigung der lastverteilenden Wirkung in Längsrichtung	[kN/m²]
$p(x,t)$	Vertikalspannungszeitverlauf an der Schwellenunterkante	[kN/m²]
L	elastische Länge	[m]
h_t	Tiefe ausgehend von Schwellenunterkante	[m]

5.2 Konusmodell

Liegt ein Boden mit einer heterogenen Schichtung vor, können die bodendynamischen Kennwerte für eine vereinfachte, analytische Berechnung mit dem Konusmodell nach [1] und [112] gemittelt werden. Der Boden wird als linear-elastischer Halbraum betrachtet. Für die zu berechnende Mittelung müssen die Bodenkennwerte der einzelnen Schichten sowie deren Höhen bekannt sein. Diese können mittels Bohrungen und Aufschlüssen aufwendig bestimmt werden (s.a. Abschnitt 3.2.1). Beispielberechnungen sind in [106] und [109] enthalten.

Die Bodenkennwerte für einen homogenen Halbraum berücksichtigen das Schotterbett, den Unterbau und den Untergrund am Bahnkörper.

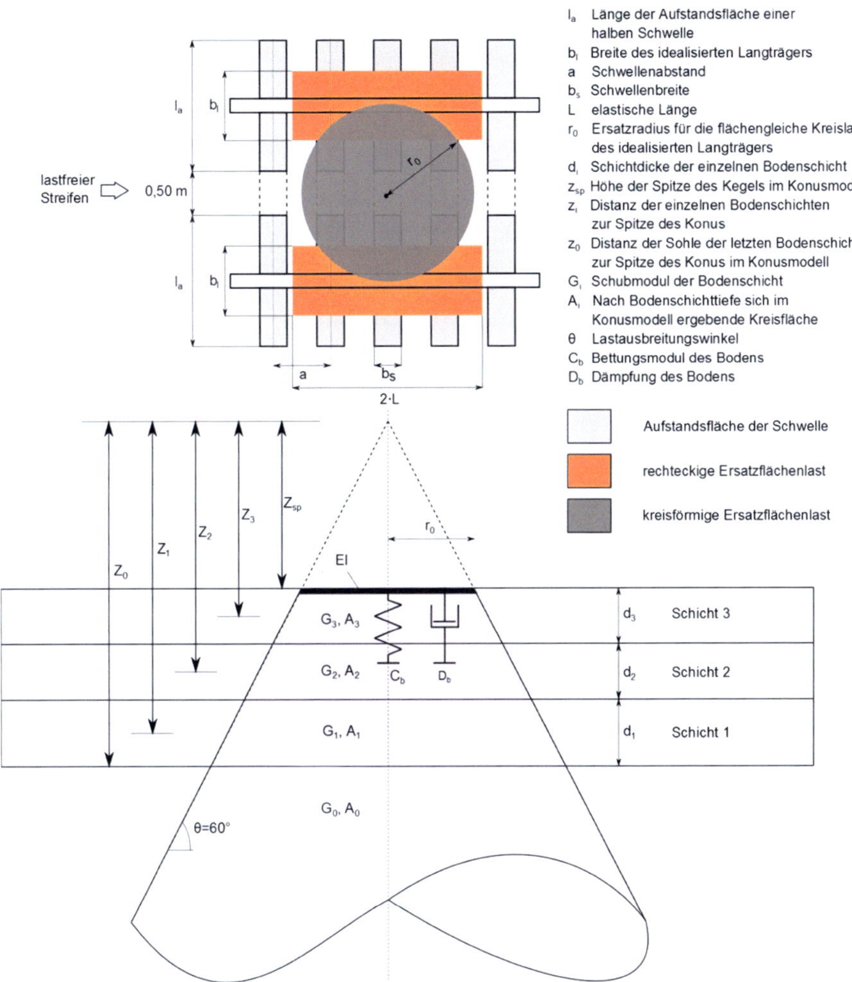

Abbildung 5-5: Prinzip des Konusmodells aus [109] nach [1] und [112]

Die rechteckige Aufstandsfläche des idealisierten Langträgers wird in eine flächengleiche Kreisfläche transformiert (s.a. Abbildung 5-5). Die Höhe der Spitze des Kegels bis zur Schwellenunterkante kann nach Gleichung 5.23 berechnet werden. Der Lastausbreitungswinkel beträgt gemäß [37], [106] und [109] für einen intakten Bahnkörper 60°.

Daraus ergibt sich:

$$z_{sp} = tan(60°) \cdot r_0 = \sqrt{6 \cdot L \cdot b_l / \pi} \tag{5.23}$$

z_{sp} Höhe der Spitze des Kegels im Konusmodell   [m]

Für die Berechnung der gemittelten Bodenkennwerte müssen die Distanzen z_i der einzelnen Schichten zur Spitze und deren Kreisflächen A_i innerhalb des Kegels bekannt sein.

$$z_i = z_{sp} + \frac{d_i}{2} + d_{i+1} + \cdots d_n \quad f\ddot{u}r \ i = 1, ..., n \tag{5.24}$$

z_i — Distanz der einzelnen Bodenschichten zur Spitze des Konus — [m]

d_i — Schichtdicke der einzelnen Bodenschicht — [m]

$$z_0 = z_{sp} + \sum_i d_i \quad f\ddot{u}r \ i = 1, ..., n \tag{5.25}$$

z_0 — Distanz der Sohle der letzten Bodenschicht zur Spitze des Konus im Konusmodell — [m]

$$A_i = z_i^2 \cdot b_l \cdot \frac{2 \cdot L}{z_{sp}^2} \quad f\ddot{u}r \ i = 0, ..., n \tag{5.26}$$

A_i — Kreisfläche, die sich nach Bodenschichttiefe im Konusmodell ergibt — [m²]

Die mittlere Dichte und die Querdehnzahl werden in Abhängigkeit von den Schichtdicken und der Bodenkennwerte berechnet:

$$\rho_m = \frac{\dfrac{\rho_0 \cdot z_0}{A_0} + \sum_i \dfrac{\rho_i \cdot d_i}{A_i}}{\dfrac{z_0}{A_0} + \sum_i \dfrac{d_i}{A_i}} \quad f\ddot{u}r \ i = 1, ..., n \tag{5.27}$$

ρ_m — mittlere Dichte — [g/cm³]

ρ_i — Dichte der jeweiligen Bodenschicht — [g/cm³]

$$v_m = \frac{\dfrac{v_0 \cdot z_0}{A_0} + \sum_i \dfrac{v_i \cdot d_i}{A_i}}{\dfrac{z_0}{A_0} + \sum_i \dfrac{d_i}{A_i}} \quad f\ddot{u}r \ i = 1, ..., n \tag{5.28}$$

v_m — mittlere Querdehnzahl — [-]

v_i — Querdehnzahl der jeweiligen Bodenschicht

Der mittlere Schubmodul G_m wird über die mittlere Querdehnzahl, die elastische Länge und die Breite des idealisierten Langträgers nach Gleichung 5.29 ermittelt:

$$G_m = C_b \cdot (1 - v_m) \cdot \sqrt{\pi/8} \cdot \sqrt{L \cdot b_l} \tag{5.29}$$

G_m	mittlerer Schubmodul des Bodens (Unterbau / Untergrund einschließlich Schotterbett)	[MN/m²]

Die Steifigkeit des Bodens kann über den Bettungsmodul des Bodens und der Aufstandsfläche des idealisierten Langträgers berechnet werden:

$$k_b = C_b \cdot 10^6 \cdot b_l \cdot 2 \cdot L \tag{5.30}$$

k_b	Federsteifigkeit des Bodens (Unterbau / Untergrund einschließlich Schotterbett)	[N/m]

5.3 Berechnung der dynamischen Einwirkungen nach Knothe

Für einen periodischen Längshöhenfehler am Gleis, der durch eine punktuelle Instabilität entsteht, wird das Verfahren nach [54] angewandt, durch das sich eine harmonische Anregung in vertikaler Richtung aufgrund eines periodischen Längshöhenfehlers näherungsweise abbilden lässt.

Das einfache Frequenzbereichsverfahren nach Knothe 146[54] dient zur analytischen Berechnung der Interaktion zwischen Fahrzeug und Fahrweg in vertikaler Richtung bei Unstetigkeitsstellen am Fahrzeug (Flachstellen bzw. unrunde Räder) und Fahrweg (Schienenfehler). Ein Abheben des Rades sowie Wagenkastenbewegungen aufgrund eines periodischen Längshöhenfehlers sind mit dem hier vorgestellten Verfahren jedoch nicht abbildbar [54]. Es wird ein Band mit einer harmonisch verlaufenden Unebenheit sowie der Amplitude $\Delta\hat{z}$ zwischen der Schiene und dem Radsatz gezogen. Das Fahrzeug- und das Gleismodell werden dabei festgehalten (s.a. Abbildung 5-6). Die Kontaktbedingungen für das Modell nach Abbildung 5-6 ergeben bei positiver Unebenheit bzw. Amplitude der Störgröße $\Delta\hat{z}(t)$ eine Verschiebung der Schiene nach unten $\Delta\hat{w}_r(t)$, eine Verschiebung des Rades $\Delta\hat{w}_w(t)$ nach oben und bewirken eine Deformation der Hertz`schen Kontaktfeder $\Delta\hat{\delta}(t)$.

$$\Delta\hat{z}(t) = \Delta\hat{w}_r(t) - \Delta\hat{w}_w(t) + \Delta\hat{\delta}(t) \tag{5.31}$$

$\Delta\hat{z}$	Unebenheit bzw. Störgröße in vertikaler Richtung	[m]
$\Delta\hat{w}_r$	Verschiebung der Schiene in vertikaler Richtung	[m]

$\Delta\hat{w}_w$	Verschiebung des Rades in vertikaler Richtung	[m]
$\Delta\hat{\delta}$	Deformation der Hertz`schen Kontaktfeder	[m]

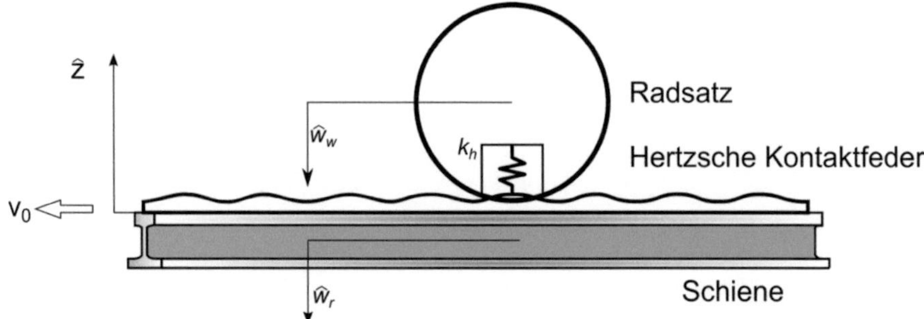

Abbildung 5-6: Prinzip des einfachen Frequenzbereichsverfahrens nach Knothe [54]

Das Fahrzeug wird als Mehrkörpersystem modelliert, das mit Hilfe von parallel geschalteten Federn und Dämpfern die jeweiligen Massen miteinander verbindet (Drei-Masse-Schwinger). Dabei wird von einer Symmetrie des Gleises entlang der Gleisachse ausgegangen, weshalb die statische Radkraft bzw. die anteiligen Massen der Fahrzeugkomponenten angesetzt werden müssen (s.a. Abbildung 5-7).

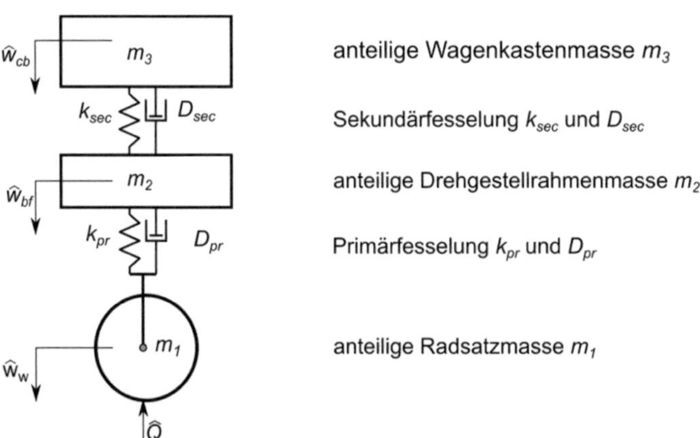

Abbildung 5-7: Fahrzeugmodell als Drei-Masse-Schwinger mit halber Radsatzmasse, viertel Drehgestellmasse und achtel Wagenkastenmasse, in Anlehnung an [54] und [106]

Berechnung der anteiligen Wagenkastenmasse:

$$m_3 = \frac{m_{WK}}{n_{RW}}$$

(5.32)

m_3 anteilige Wagenkastenmasse pro Rad   [kg]

m_{WK} Masse des Wagenkastens   [kg]

n_{RW} Anzahl der Räder pro Lokomotive oder Wagen   [-]

Berechnung der anteiligen Drehgestellrahmenmasse:

$$m_2 = \frac{m_{DG}}{n_{RD}}$$

(5.33)

m_2 anteilige Drehgestellrahmenmasse pro Rad   [kg]

m_{DG} Masse des Drehgestells   [kg]

n_{RD} Anzahl der Räder pro Drehgestell   [-]

Berechnung der anteiligen Radsatzmasse:

$$m_1 = \frac{m_{RS}}{2}$$

(5.34)

m_1 anteilige Radsatzmasse pro Rad   [kg]

m_{RS} Masse des Radsatzes   [kg]

Die statische Radkraft aus den anteiligen Massen einer Lokomotive oder eines Wagens berechnet sich zu:

$$Q = \frac{(m_1 + m_2 + m_3) \cdot g}{1000}$$

(5.35)

g Erdbeschleunigung   [m/s²]

Die Bewegungsgleichung für das Fahrzeugmodell kann nach Abbildung 5-7 aufgestellt werden und ergibt sich zu:

$$\begin{bmatrix} -\Omega^2 m_3 + i\Omega D_{sec} + k_{sec} & -i\Omega D_{sec} - k_{sec} & 0 \\ -i\Omega D_{sec} - k_{sec} & -\Omega^2 m_2 + i\Omega(D_{sec} + D_{pr}) + (k_{sec} + k_{pr}) & -i\Omega D_{pr} - k_{pr} \\ 0 & -i\Omega D_{pr} - k_{pr} & -\Omega^2 m_1 + i\Omega D_{pr} + k_{pr} \end{bmatrix} \cdot$$

$$\begin{bmatrix} \Delta\hat{w}_{cb} \\ \Delta\hat{w}_{bf} \\ \Delta\hat{w}_{w} \end{bmatrix} = \begin{bmatrix} 0 \\ 0 \\ -\Delta\hat{Q} \end{bmatrix} \tag{5.36}$$

i	imaginäre Einheit	$[\sqrt{-1}]$
$\Omega = 2 \cdot \pi \cdot f$	Winkelgeschwindigkeit	$[1/s]$
$f = \dfrac{v_{Zug}}{\lambda}$	Erregerfrequenz resultierend aus dem Verhältnis der Zuggeschwindigkeit und der Wellenlänge der Unebenheit	$[1/s]$
λ	Wellenlänge der Unebenheit	$[m]$
v_{Zug}	Zuggeschwindigkeit	$[m/s]$
D_{sec}	Dämpfungseigenschaft der Sekundärfesselung	$[Ns/m]$
k_{sec}	Federsteifigkeit der Sekundärfesselung	$[N/m]$
D_{pr}	Dämpfungseigenschaft der Primärfesselung	$[Ns/m]$
k_{pr}	Federsteifigkeit der Primärfesselung	$[N/m]$
$\Delta\hat{w}_{cb}$	Verschiebung des Wagenkastens in vertikaler Richtung	$[m]$
$\Delta\hat{w}_{bf}$	Verschiebung des Drehgestellrahmens in vertikaler Richtung	$[m]$
$\Delta\hat{Q}$	komplexe Radkraftschwankung	$[N]$

Die Fahrzeugrezeptanz kann durch Lösen der Bewegungsgleichung sowie der Bildung des Verhältnisses von der Kraft $-\Delta\hat{Q}$ und der Verschiebung $\Delta\hat{w}_w$ berechnet werden (s.a. Anhang V), wobei die Kraft in Richtung des Rades zeigt und deshalb negativ angesetzt wird.

$$H_w(i\Omega) = -\frac{\Delta\hat{w}_w}{\Delta\hat{Q}} \tag{5.37}$$

$H_w(i\Omega)$	Fahrzeugrezeptanz	$[m/N]$

Die Eingangsrezeptanz eines Gleises gibt die Nachgiebigkeit des Gleises bzw. die Bewegung des Schienenkopfs unter Lasteinwirkung am Kraftangriffspunkt an. Das Gleis wird als Zweischichtenmodell abgebildet, sodass der Schiene und der Schwelle jeweils eine Massebelegung zugewiesen werden kann.

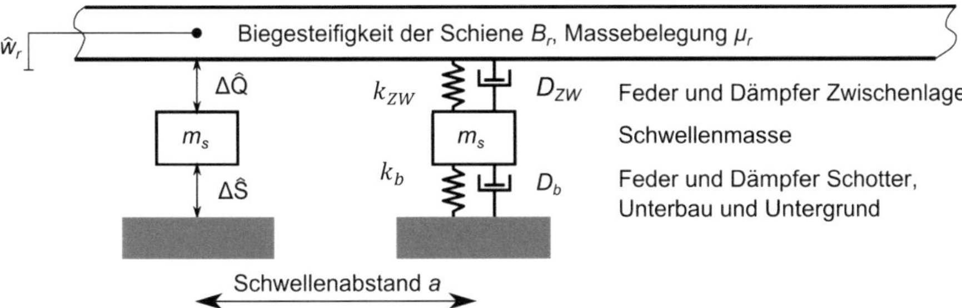

Abbildung 5-8: Gleismodell für ein Querschwellengleis in Schotterbauweise, in Anlehnung an [54]

Für das dargestellte System in Abbildung 5-8 wird die Bewegungsgleichung bei harmonischer Belastung aufgestellt und in ein Gleichungssystem überführt, um die dynamische Bettungssteifigkeit zu bestimmen.

$$\beta_{dyn} = \frac{[-\Omega^2\mu_s + i\Omega(D_{ZW} + D_b)/a + (k_{ZW} + k_b)/a] \cdot [-\Omega^2\mu_r + i\Omega D_{ZW}/a + k_{ZW}/a]}{[-\Omega^2\mu_s + i\Omega(D_{ZW} + D_b)/a + (k_{ZW} + k_b)/a]}$$
$$- \frac{[i\Omega D_{ZW}/a + k_{ZW}/a]^2}{[-\Omega^2\mu_s + i\Omega(D_{ZW} + D_b)/a + (k_{ZW} + k_b)/a]} \tag{5.38}$$

β_{dyn}	dynamische Bettungssteifigkeit	[N/m²]
μ_r	Massebelegung der Schiene	[kg/m]
μ_s	Massebelegung der Schwelle	[kg/m]
D_{zw}	Dämpfungseigenschaft der Zwischenlage	[Ns/m]
k_{zw}	Federsteifigkeit der Zwischenlage	[N/m]
D_b	Dämpfung des Bodens (Unterbau / Untergrund einschließlich Schotterbett)	[Ns/m]
k_b	Federsteifigkeit des Bodens (Unterbau / Untergrund einschließlich Schotterbett)	[N/m]

Die Gleisrezeptanz lässt sich anschließend aus der dynamischen Bettungssteifigkeit und der Biegesteifigkeit der Schiene bestimmen.

$$H_r(i\Omega) = \frac{1}{\sqrt[4]{64 \cdot \beta_{dyn}^3 \cdot B_r \cdot 10^6}}$$

(5.39)

$H_r(i\Omega)$	Gleisrezeptanz	[m/N]
B_r	Biegesteifigkeit der Schiene	[MNm²]

Für die Berechnung der Kontaktsteifigkeit müssen der Ersatzradius von 0,587 m (aus [37] und [54] für das Radprofil S1002 und eine Schiene UIC 60), der Elastizitätsmodul sowie die Querdehnzahl des Schienenstahls bekannt sein.

$$k_h = \frac{1.5 \cdot Q \cdot 10^3}{\sqrt[3]{\frac{9}{4} \cdot \frac{Q^2 \cdot (1 - \nu_r^2)^2}{E_r^2 \cdot 10^3 \cdot R_h}}}$$

(5.40)

k_h	Hertz`sche Kontaktsteifigkeit	[N/m]
E_r	Elastizitätsmodul des Schienenstahls	[MN/m²]
ν_r	Querdehnzahl des Schienenstahls	[-]
R_h	Ersatzradius in der Kontaktfläche zwischen Rad und Schiene	[m]

Die komplexe Radkraft zwischen Rad und Schiene berechnet sich in Abhängigkeit von der Fehleramplitude, der Fahrzeug- und Gleisrezeptanz und der Hertz`schen Kontaktsteifigkeit.

$$\Delta\hat{Q} = \frac{\Delta\hat{z}}{H_r(i\Omega) + H_w(i\Omega) + \frac{1}{k_h}}$$

(5.41)

Die Radkraftschwankung wird aus der komplexen Radkraft, die aus den einzelnen Unebenheiten resultiert, bestimmt.

$$\Delta Q(t) = \Delta\hat{Q} \cdot e^{i\Omega t} \cdot 10^{-3}$$

(5.42)

$\Delta Q(t)$	Radkraftschwankung	[kN]

Die Radkraftschwankung für einen Achsübergang berechnet sich aus der Radkraftschwankung für einen Radumlauf / Betrachtungslänge und der entsprechenden Dämpfungsfunktion in Abhängigkeit von dem Lastangriffspunkt.

$$\Delta Q(x,t) = \Delta Q(t) \cdot e^{\left(-\frac{x}{L_{dyn}}\right)} \cdot \left(\cos\left(\frac{x}{L_{dyn}}\right) + \sin\left(\frac{x}{L_{dyn}}\right)\right) \quad f\ddot{u}r \ x \geq 0 \tag{5.43}$$

$$\Delta Q(x,t) = \Delta Q(t) \cdot e^{\left(\frac{x}{L_{dyn}}\right)} \cdot \left(\cos\left(\frac{x}{L_{dyn}}\right) - \sin\left(\frac{x}{L_{dyn}}\right)\right) \quad f\ddot{u}r \ x < 0 \tag{5.44}$$

$\Delta Q(x,t)$ Radkraftschwankung für einen Achsübergang   [kN]

Die dynamische elastische Länge ergibt sich aus der Biegesteifigkeit der Schiene und der dynamischen Bettungssteifigkeit.

$$L_{dyn} = \sqrt[4]{4 \cdot B_r \cdot 10^6 / \beta_{dyn}} \tag{5.45}$$

L_{dyn} elastische Länge bei dynamischer Bettungssteifigkeit   [m]

Die harmonische Belastung, die von der Schwelle auf den Schotter wirkt, wird als Schotterkraftschwankung bezeichnet. Die komplexe Schotterkraftschwankung berechnet sich aus der Steifigkeit und der Dämpfung des Bodens, der Gleisrezeptanz und der komplexen Radkraftschwankung.

$$\Delta \hat{S} = \frac{(i\Omega D_b + k_b) \cdot (i\Omega D_{ZW} + k_{ZW})}{-\Omega^2 m_s/2 + i\Omega(D_{ZW} + D_b) + (k_{ZW} + k_b)} \cdot H_r(i\Omega) \cdot \Delta \hat{Q} \tag{5.46}$$

$\Delta \hat{S}$ komplexe Schotterkraftschwankung   [N]

Die Schotterkraftschwankung wird anschließend aus der komplexen Schotterkraftschwankung berechnet.

$$\Delta S(t) = \Delta \hat{S} \cdot e^{i\Omega t} \cdot 10^{-3} \tag{5.47}$$

$\Delta S(t)$ Schotterkraftschwankung   [kN]

Die Schotterkraftschwankung für einen Achsübergang berechnet sich aus der Schotterkraftschwankung für einen Radumlauf und der entsprechenden Dämpfungsfunktion in Abhängigkeit von dem Lastangriffspunkt.

$$\Delta S(x,t) = \Delta S(t) \cdot e^{\left(-\frac{x}{L_{dyn}}\right)} \cdot \left(\cos\left(\frac{x}{L_{dyn}}\right) + \sin\left(\frac{x}{L_{dyn}}\right)\right) \quad f\ddot{u}r \ x \geq 0 \tag{5.48}$$

$$\Delta S(x,t) = \Delta S(t) \cdot e^{\left(\frac{x}{L_{dyn}}\right)} \cdot \left(\cos\left(\frac{x}{L_{dyn}}\right) - \sin\left(\frac{x}{L_{dyn}}\right)\right) \quad f\ddot{u}r \ x < 0 \tag{5.49}$$

$\Delta S(x,t)$	Schotterkraftschwankung für einen Achsübergang	[kN]

Die Vertikalspannungen für verschiedene Tiefen am Bahnkörper werden nach [37] und [106] für einen Lastausbreitungswinkel von 60° berechnet. In [106] ist für die Gleichungen 5.50 und 5.51 der imaginäre Anteil nicht angegeben. Aus Gründen der Vollständigkeit wurde dieser hier für die beiden Gleichungen ergänzt.

$$\Delta\sigma_{m,UK\,Schw.}(x,t) = \frac{-\Delta\hat{S}\cdot 10^{-3}\cdot e^{i\Omega t}}{2\cdot b_L\cdot(L_{dyn}+tan30°\cdot h_t)}\cdot e^{-\frac{x}{L_{dyn}}}\cdot\left(cos\frac{x}{L_{dyn}}+sin\frac{x}{L_{dyn}}\right)$$

$$\text{(5.50)}$$

$$\text{für } x \geq 0$$

$$\Delta\sigma_{m,UK\,Schw.}(x,t) = \frac{-\Delta\hat{S}\cdot 10^{-3}\cdot e^{i\Omega t}}{2\cdot b_L\cdot(L_{dyn}+tan30°\cdot h_t)}\cdot e^{\frac{x}{L_{dyn}}}\cdot\left(cos\frac{x}{L_{dyn}}-sin\frac{x}{L_{dyn}}\right)$$

$$\text{(5.51)}$$

$$\text{für } x < 0$$

$\sigma_{m,UK\,Schw.}$	Vertikalspannung an der Schwellenunterkante unter Berücksichtigung der lastverteilenden Wirkung in Längsrichtung	[kN/m²]
L_{dyn}	elastische Länge bei dynamischer Bettungssteifigkeit	[m]
h_t	Tiefe ausgehend von Schwellenunterkante	[m]
x	horizontaler Abstand zum Lastangriffspunkt	[m]
t	Zeit	[s]

6 Verfahren zur Abschätzung der Bodenkennwerte

Die Erfassung der Bodenkennwerte bei heterogenen Bodenverhältnissen ist aufgrund des linienförmigen Verlaufs der Bahnstrecken recht aufwendig und kostenintensiv. Nachfolgend wird ein einfaches Verfahren vorgestellt, das anhand des Bettungsmoduls des Bodens eine qualifizierte Abschätzung der Bodenkennwerte ermöglicht. Die Bodenparameter können zerstörungsfrei anhand der gemessenen Schieneneinsenkung bestimmt werden. Ein erster Ansatz des Verfahrens, der im Folgenden weiter optimiert wird (s.a. [71]), wurde durch den Verfasser in [72], [74] und in [86] veröffentlicht. Es wird eine empirische Korrelation zwischen dem Bettungsmodul des Bodens mit den Bodenparametern Querdehnzahl und Dichte des Bodens erzeugt, wobei der zweidimensionale Ansatz um den Einfluss des Wassergehalts bzw. die Zustandsform des Bodens als dritte Dimension in einem zusätzlichen Schritt erweitert wird. Idealisiert wird, wie auch in [1] und [112] bei einer heterogenen Bodenschichtung, ein homogenes linear-elastisches Bodenverhalten unterstellt.

6.1 Bettungsmodul in Abhängigkeit von der Qualität des Bahnkörpers

Über den Bettungsmodulwert wurde in [27], [30], [35], [65] und [67] eine Korrelation zur Qualität des Bahnkörpers erzeugt, die anhand der Untergrundverhältnisse beschrieben wird. Die in [27] und [65] angegebenen Werte stammen aus Veröffentlichungen aus den Jahren 1990 und 1999. Zu dieser Zeit wurden relativ steife Zwischenlagen am Standardgleis eingebaut, die wenig Einfluss auf die gemessene Schieneneinsenkung nahmen. Bei Betrachtung der in [27] und [65] angegebenen Werte, wird ersichtlich, dass diese zum größten Teil aus der Elastizität des Untergrunds, Unterbaus und dem Schotterbett resultieren (s.a. Abbildung 6-1). Es kann deshalb angenommen werden, dass der gesamte Bettungsmodul der damaligen Zeit annähernd dem heutigen Bettungsmodul des Bodens entspricht. Basierend auf dieser Annahme wurde in dieser Arbeit eine Korrelation zwischen den Bodenkennwerten Querdehnzahl und Dichte mit dem Bettungsmodulwert des Bodens anhand von Erfahrungswerten aus der Literatur erstellt.

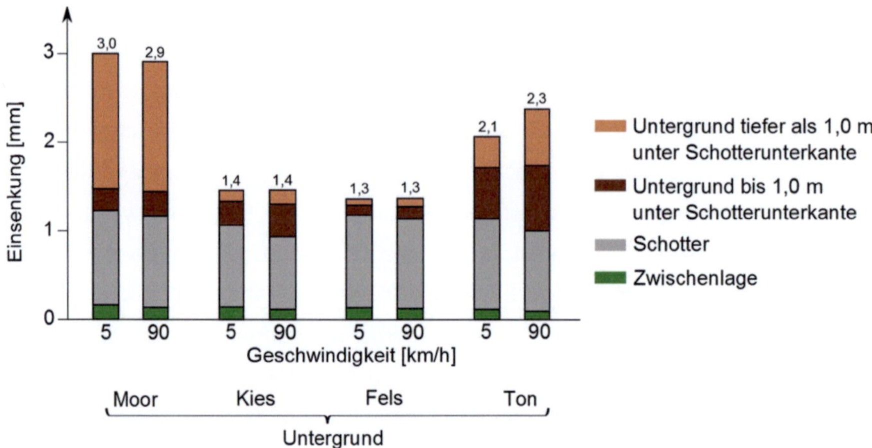

Abbildung 6-1: Gemessene Einsenkung in Abhängigkeit von den Untergrundverhältnissen [26]

Aus den Beschreibungen der verschiedenen Qualitätszustände des Bahnkörpers, enthalten in den Tabellen VII-1 bis VIII-6 in Anhang VII und Anhang VIII, kann geschlossen werden, dass die Qualität des Bahnkörpers abhängig von der Größe des Bettungsmodulwerts ist, wobei bei 20 MN/m³ von einer sehr schlechten Qualität und ab einem Bettungsmodulwert von 150 MN/m³ von einer sehr guten Qualität des Bahnkörpers ausgegangen werden kann. Als schlechter Untergrund gelten organische und bindige Böden, wohingegen mit steigender Qualität des Bahnkörpers nichtbindige Böden sowie mineralisch gebundene Tragschichten im Untergrund zu finden sind. Werden den Beschreibungen der Untergrundverhältnisse Querdehnzahlen und Dichten für die einzelnen Bodenarten zugeordnet, so sind mit der Zunahme des Bettungsmodulwerts eine Abnahme der Querdehnzahl sowie ein Anstieg der Dichte zu erkennen (s.a. Anhang VII und Anhang VIII). Dies resultiert zum Einen aus den Bodenverhältnissen und zum Anderen aus der Einbauqualität des Unterbaus und des Schotterbetts.

Zur weiteren Optimierung des Ansatzes aus [74] wurden die Bettungsmodulwerte für Böden bzw. Unterbauten / Untergründe mit geringer Steifigkeit nach Tabelle 6-1 in die Approximation der Kurvenverläufe einbezogen. Es wird von den maximal angegebenen Bettungsmodulwerten ausgegangen, da der Einfluss des Wassergehalts bei bindigen Böden sowie die Lagerungsdichte zunächst nicht berücksichtigt werden.

Bettungsmodul des Untergrunds [MN/m³]	Beschreibung der Untergrundverhältnisse
7 – 27	organischer oder schluffiger Ton
14 – 28	Ton mit geringer Plastizität, plastische Schluffe, weicher Ton
14 – 42	halbfester Ton, Ton mit hoher Plastizität
14 – 56	Schluff, toniger Schluff
55 – 56	gleichförmiger Sand
27 – 81	toniger oder schluffiger Sand
54 – 81	Sand, kiesiger Sand
27 – 81	toniger Kies
27 – 108	schluffiger Kies
67 – 137	Kies, Kies-Sand-Gemisch
235	Fels
435	Betonsohle

Tabelle 6-1: Bettungsmodulwerte des Unterbaus / Untergrunds nach Anhang VI

6.2 Approximation der Querdehnzahl und der Feuchtdichte in Abhängigkeit vom Bettungsmodul des Bodens

Die Approximation der Feuchtdichte und der Querdehnzahl mit dem Bettungsmodul des Bodens erfolgt schrittweise anhand der angegebenen Bettungsmodulwerte aus Anhang VII und Anhang VIII sowie Tabelle 6-1, beginnend mit den Werten für eine schlechte Qualität des Bahnkörpers bis hin zu den Werten für eine sehr gute Qualität.

6.2.1 Sehr schlechte Untergrundverhältnisse (C = 20 < 50 MN/m³)

Für einen sehr schlechten Untergrund wird nach [30], [35], [67] ein Bettungsmodulwert zwischen 20 und < 50 MN/m³ für organische Böden, weiche Tone und gleichkörnige Sande angegeben.

Der Bettungsmodulwert von **20 MN/m³** entspricht der Untergrenze für einen sehr schlechten Untergrund mit einer geringen Tragfähigkeit. Es wird die Querdehnzahl von **0,49** für gesättigte grob-, feinkörnige und organische Böden angenommen [18], [106].

Organische Böden sind als Baugrund nicht geeignet (s.a. Abschnitt 3.2.2). Zusätzliche Maßnahmen, wie beispielsweise eine Bodenverbesserung, Tiefgründungen oder eine ausreichende Überdeckung von Weichschichten durch deutlich tragfähigere Schichten sind erforderlich, um die Verkehrslasten auf eine organische Bodenschicht hinreichend zu dämpfen.

Die Dichte eines organischen Bodens variiert zwischen 0,8 g/cm³ und 1,6 g/cm³ stark, wobei eine Dichte von 1,05 g/cm³ (weicher Torf) für einen wenig tragfähigen Moorboden steht. Da davon auszugehen ist, dass zur Dämpfung der Verkehrslasten auf den organischen Boden Zusatzmaßnahmen getroffen werden, wird für einen Bettungsmodulwert von 20 MN/m³ der Bereich der Feuchtdichte zwischen **1,30 g/cm³** (halbfester Torf) und **1,60 g/cm³** (Mudde, weicher Faulschlamm) festgelegt.

Der Bettungsmodulwert von **28 MN/m³** entspricht nach Tabelle 6-1 einem weichen Ton, einem Ton mit geringer und mittlerer Plastizität und einem organischen sowie schluffigen Ton. Nach Anhang VII und Anhang VIII wird ein Bereich der Querdehnzahl zwischen **0,40** (untere Grenze für organische Böden) und **0,45** (obere Grenze für Ton und organische Böden) und eine Dichte zwischen **1,50 g/cm³** (weichplastisch Ton) und **1,90 g/cm³** (obere Grenze für weichen Ton) angenommen.

6.2.2   Schlechte Untergrundverhältnisse (C = 50 < 100 MN/m³)

Für einen schlechten Untergrund wird nach [30], [35], [65], [67] ein Bettungsmodulwert zwischen 50 < 100 MN/m³ für bindige, weiche bis halbfeste Böden und lockere Sande angegeben.

In Tabelle 6-2 wird ein Bettungsmodulwert von 42 MN/m³ für einen halbfesten Ton bzw. einen Ton mit ausgeprägter Plastizität angegeben. Nach den in [30], [65] und [67] genannten Beschreibungen besitzt jedoch ein steifer Boden in etwa einen Bettungsmodulwert von 50 MN/m³, was der oberen Grenze für einen sehr schlechten Untergrund entspricht. Nach [35] besitzt ein halbfester Ton oder Schluff mindestens einen Bettungsmodulwert von ≥ 50 MN/m³. Der Bettungsmodulwert für einen steifen Ton wird deshalb auf **50 MN/m³** festgelegt. Die Querdehnzahl beträgt **0,40** (steifer Ton). Die Feuchtdichte für einen steifen Ton variiert in diesem Fall zwischen **1,70 g/cm³** und **2,00 g/cm³**.

Nach Tabelle 6-2 besitzt ein gleichförmiger Sand einen Bettungsmodulwert von 56 MN/m³ mit den Dichten nach Anhang VIII von 1,60 bis 1,90 g/cm³ (enggestufter Sand).

Für einen Schluff wird ebenfalls ein Bettungsmodulwert von 56 MN/m³ angegeben. Die Dichte variiert zwischen 1,80 g/cm³ und 2,10 g/cm³ (obere Grenze für Schluff). Für einen Bettungsmodulwert von **56 MN/m³** werden für die Dichte als Untergrenze für einen enggestuften Sand **1,60 g/cm³** und als Obergrenze für einen Schluff **2,10 g/cm³** festgelegt. Die Querdehnzahl für Schluff variiert, je nach Wassergehalt und dem Sandanteil, zwischen 0,35 und 0,45. Für Schluff wird eine Querdehnzahl zwischen **0,40** und **0,35** (unterer Bereich der Querdehnzahl für Schluff) festgelegt.

Dem Bettungsmodulwert von **81 MN/m³** können ein Sand-Schluff-Gemisch sowie ein lockerer Sand zugewiesen werden. Die Querdehnzahl variiert dann zwischen **0,35** (Untergrenze für Schluff mit großem Sandanteil) und **0,32** (mitteldichter Sand). Der Bereich der Dichte wird zwischen **1,80 g/cm³** (toniger oder schluffiger Sand, große Festigkeit) und **2,10 g/cm³** (obere Grenze für kiesigen Sand) bestimmt.

6.2.3 Gute Untergrundverhältnisse (C = 100 < 150 MN/m³)

Für einen guten Untergrund werden nach Anhang VII und Anhang VIII nichtbindige Böden (Grobsand bis Kies), nichtbindige Böden mit Beimengungen von Ton und Schluff sowie ein Tragsystem mit einer Schutzschicht genannt. Die Querdehnzahl wird für einen Bettungsmodul von **100 MN/m³** zwischen **0,32** und **0,28** (mitteldichter bis dichter Sand) festgelegt.

Die Dichte wird im Bereich zwischen **1,90 g/cm³** (mitteldichter Sand) und **2,10 g/cm³** (dichter Sand) bestimmt.

Ein Bettungsmodulwert von **108 MN/m³** wird nach Tabelle 6-1 einem schluffigen Kies zugeordnet, dessen Dichte zwischen **1,90 g/cm³** (Kies-Ton- oder Kies-Schluff-Gemisch, mittlere Festigkeit) und **2,40 g/cm³** (sandiger Kies mit Schluff oder Tonbeimengungen) variiert.

Für einen Bettungsmodul von **137 MN/m³** wird nach Tabelle 6-1 ein Kies-Sand-Gemisch angegeben, dessen angenommene Dichte zwischen **1,80 g/cm³** (intermittierend gestuftes oder weit gestuftes Kies-Sand-Gemisch, mittlere Festigkeit) und **2,25 g/cm³** (Kies-Sand-Gemisch) liegt.

6.2.4 Sehr gute Untergrundverhältnisse (C = 150 < 300 MN/m³)

Für einen sehr guten Untergrund werden nach Anhang VII und Anhang VIII nichtbindige Böden (Kiessand, Schutzschicht) sowie Felsgestein angegeben.

Für einen sandigen Kies, einen reinen Kies und eine Schutzschicht kann ein Bettungsmodulwert von **150 MN/m³** angenommen werden. Der Wert der Querdehnzahl variiert zwischen **0,30** (obere Grenze für Kies) und **0,20** (untere Grenze für Kies) sowie der Wert der Dichte zwischen **2,00 g/cm³** (untere Grenze für Grobkies und sandigen Kies, der das Korngerüst sprengt) und **2,30 g/cm³** (Trag-, bzw. Frostschutz-schicht, sandiger Kies mit wenig Feinkorn).

Für einen Bettungsmodulwert von **235 MN/m³** wird nach Tabelle 6-1 ein Felsgestein angegeben. Der Wert der Querdehnzahl wird zwischen **0,25** und **0,20** für weniger hartes Felsgestein angenommen. Die Dichte für Felsgestein variiert stark zwischen 2,00 g/cm³ und 3,10 g/cm³. Der Bereich für die Dichte wird zwischen **2,00 g/cm³** (weicher Fels) und **2,60 g/cm³** (obere Grenze für Beton) festgelegt, da für einen Bettungsmodulwert von 235 MN/m³ zunächst nicht von einem sehr harten Felsgestein auszugehen ist.

6.2.5 Betonsohle bzw. verdichteter Untergrund (C = 300 - 435 MN/m³)

Für einen Bettungsmodulwert zwischen **300 MN/m³** und **435 MN/m³** werden ein intensiv verdichteter Erdkörper (maximale Steifigkeit eines Erdkörpers), Fels und Beton angegeben. Die Querdehnzahl variiert zwischen **0,20** (nichtbindige Böden, Normalbeton) und **0,15** (sehr hartes Felsgestein). Die Dichte entspricht mindestens einer Dichte von **2,30 g/cm³** (Schutzschicht) und erreicht einen maximalen Wert von **3,10 g/cm³** (sehr harter Fels).

6.2.6 Approximierte Verläufe der Querdehnzahl und der Dichte in Abhängigkeit vom Bettungsmodul des Bodens

Die Bodenkennwerte Querdehnzahl und Dichte in Abhängigkeit von dem Bettungs-modulwert des Bodens sind in Tabelle 6-2 zusammengefasst. Anhand der festgeleg-ten Grenzwerte wurden die Verläufe mit der Software MATLAB (MATrix LABoratory [100]) mittels der Kurvenfitfunktion erzeugt und in Abbildung 6-2 sowie in Abbildung 6-3 dargestellt.

Die Fehlerquadratsumme bzw. Residuenquadratsumme (RSS), welche die Summe der Abweichung der Fehlerquadrate zwischen der erzeugten Funktion und den ge-setzten Punkten bezogen auf die vertikale Achse beschreibt, beträgt für den Verlauf der Querdehnzahl 0,0163 und für den Verlauf der Dichte 1,356. Für die Approximati-on von Kurvenverläufen ist eine Minimierung der Fehlerquadratsumme anzustreben.

Bettungsmodulwert [MN/m³]	Querdehnzahl [-]	Feuchtdichte [g/cm³]	Beschreibung des Bodens
20	0,49	1,30 - 1,60	Boden gesättigt
28	0,45 - 0,40	1,50 - 1,90	weicher Ton, organischer Boden
50	0,40	1,70 - 2,00	steifer bis halbfester Ton
56	-	1,60 - 1,90	gleichförmiger / enggestufter Sand
56	0,40 - 0,35	1,80 - 2,10	Schluff / fester, bindiger Boden
81	0,35 - 0,32	1,80 - 2,10	Sand-Schluff-Gemisch (fest), kiesiger Sand
100	0,32 - 0,28	1,90 - 2,25	dichter Sand
108	-	1,90 - 2,40	schluffiger Kies
137	-	1,80 - 2,25	Kies-Sand-Gemisch
150	0,30 - 0,20	2,00 - 2,30	sandiger Kies, Kies, Schutzschicht
235	0,25 - 0,20	2,00 - 2,60	Fels (weich bis hart), bis Untergrenze Beton
300	0,20	2,30 - 2,60	Betonsohle
350	0,20 - 0,15	2,30 - 2,60	Fels, Betonsohle, intensiv verdichteter Erdkörper
400	0,20 - 0,15	2,60 - 3,10	Betonsohle, sehr harter Fels
435	0,20	2,60	Betonsohle

Tabelle 6-2: Einteilung der Bodenkennwerte nach dem Bettungsmodulwert des Bodens

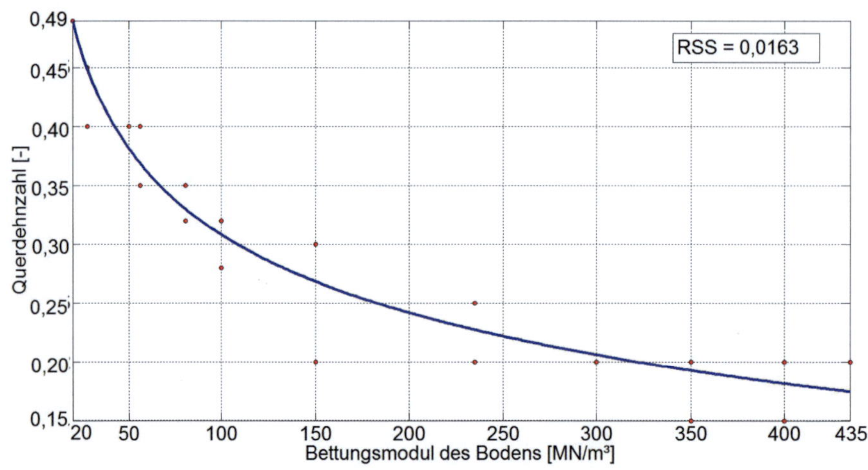

Abbildung 6-2: Approximierter Verlauf der Querdehnzahl in Abhängigkeit vom Bettungsmodul des Bodens

Für den Verlauf der Querdehnzahl in Abhängigkeit vom Bettungsmodul des Bodens wird folgende Funktion abgeleitet [71]:

$$\nu = 1{,}362 \cdot C_b^{-0{,}142} - 0{,}4 \qquad C_b \in (20, 435) \tag{6.1}$$

C_b Bettungsmodul des Bodens   [MN/m³]

ν Querdehnzahl   [-]

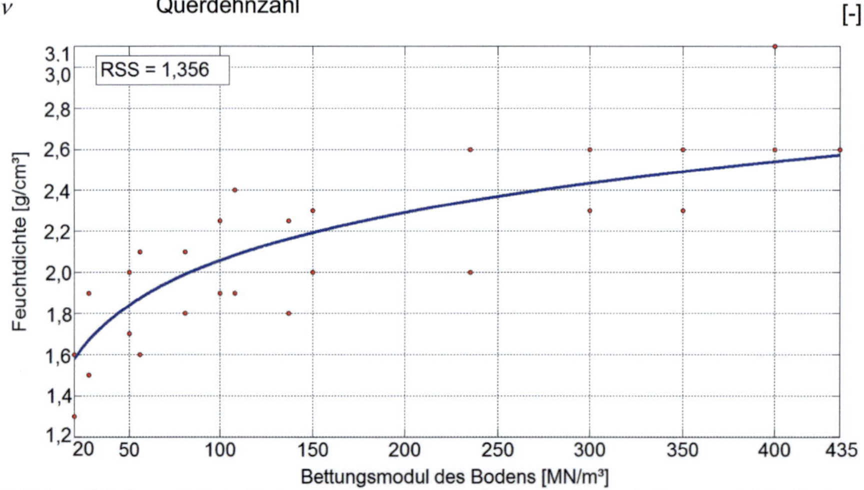

Abbildung 6-3: Approximierter Verlauf der Feuchtdichte in Abhängigkeit vom Bettungsmodul des Bodens

Für den Verlauf der Feuchtdichte in Abhängigkeit vom Bettungsmodul des Bodens ergibt sich folgende approximierte Gleichung [71]:

$$\rho_f = 2{,}05 \cdot C_b^{0{,}1} - 1{,}191 \qquad C_b \in (20, 435) \tag{6.2}$$

ρ_f Feuchtdichte [g/cm³]

Bei der Berücksichtigung von organischen Böden nimmt die Dichte für einen Bettungsmodulwert des Bodens von 20 MN/m³ stark ab (untere Grenze von 1,3 g/cm³). Für die Betrachtung von punktuellen Instabilitäten orientiert sich der Kurvenverlauf jedoch an der unteren Grenze der Dichte von bindigen Böden, weshalb der Kurvenverlauf in Abbildung 6-3 bei etwa 1,6 g/cm³ (~ weicher Ton) beginnt. Für die Betrachtung von organischen Böden kann die Funktion, enthalten in Abbildung X-1, Anwendung finden. Unter Berücksichtigung von organischen Böden bei der Approximation des Kurvenverlaufs in Anhang X ergibt sich eine leicht geringere Fehlerquadratsumme von 1,314 im Vergleich zum Kurvenverlauf in Abbildung 6-3.

Ist der Bettungsmodul des Bodens bekannt, können mit Hilfe der Funktionen 6.1 und 6.2 auf einfache Weise die Bodenkennwerte Querdehnzahl und Dichte berechnet werden.

6.3 Berücksichtigung des Wassergehalts bei bindigen Böden und Böden mit Feinkornanteil

Um den Einfluss des Wassergehalts bzw. der Konsistenz auf den Wert des Bettungsmoduls sukzessiv untersuchen zu können, werden der Verlauf der Querdehnzahl und der Verlauf der Feuchtdichte in Abhängigkeit von der Größe des Bettungsmoduls nach Bodenarten (s.a. Tabelle 6-2) unterteilt, wobei von einem fließenden Übergang bei den einzelnen Grenzen auszugehen ist.

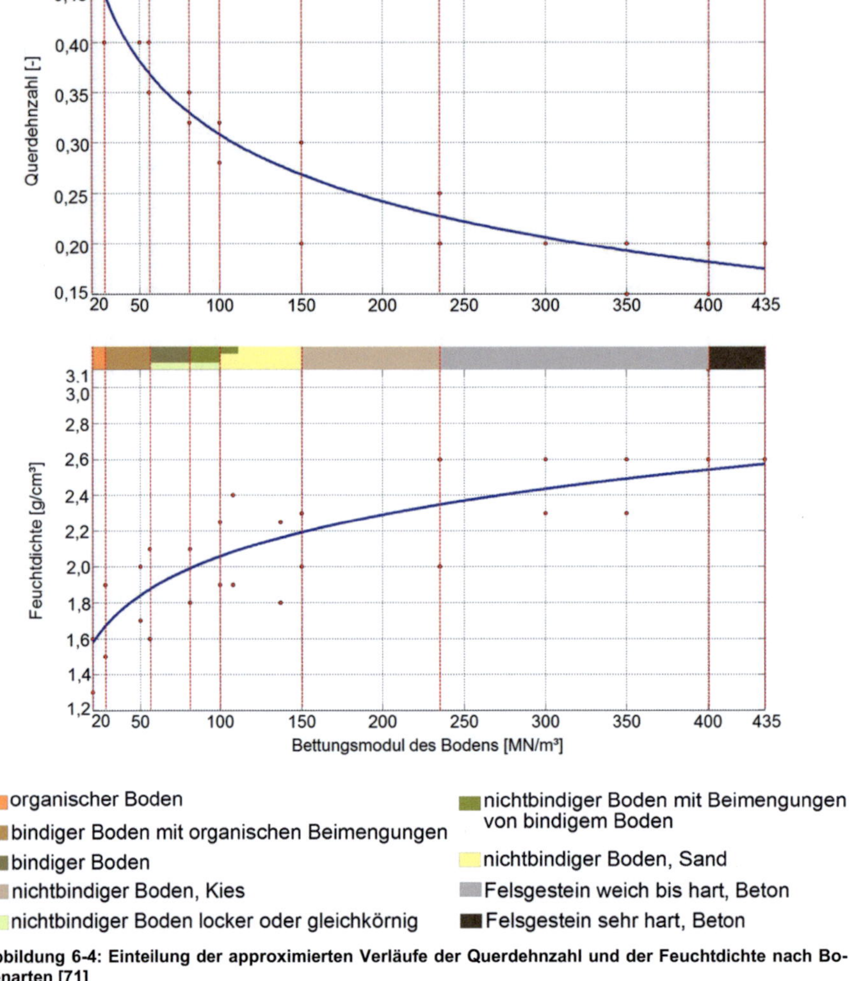

Abbildung 6-4: Einteilung der approximierten Verläufe der Querdehnzahl und der Feuchtdichte nach Bodenarten [71]

Unter der Annahme, dass die in Abbildung 6-4 dargestellten Verläufe der Querdehnzahl und der Dichte in Abhängigkeit von dem Bettungsmodul des Bodens für den natürlichen Wassergehalt angegeben sind, können beide Verläufe um eine dritte Dimension, den Einfluss des Wassergehalts bzw. den Einfluss der Zustandsform des Bodens in Bezug auf den Wert des Bettungsmoduls des Bodens erweitert werden. Den verschiedenen Zustandsformen eines bindigen Bodens werden zunächst Bettungsmodulwerte sowie entsprechende Querdehnzahlen und Dichten nach Anhang

VII und Anhang VIII sowie Tabelle 6-1 zugeordnet. Anschließend werden die in Abbildung 6-2 und Abbildung 6-3 approximierten Verläufe bzw. die daraus resultierenden Gleichungen 6.1 und 6.2 für die Beschreibung des Einflusses des Wassergehalts auf den Bettungsmodulwert sowie der Bodenkennwerte verwendet (s.a. Tabelle 6-3). Die in Anhang VII und Anhang VIII sowie in Tabelle 6-1 aufgelisteten Kennwerte berücksichtigen die verschiedenen Zustandsformen von bindigen Böden mit den entsprechenden Bettungsmodulwerten. Dies spiegelt sich folglich in Abbildung 6-2 und Abbildung 6-3 wieder und kann ebenfalls für die Beschreibung des Einflusses des Wassergehalts auf einen bindigen Boden genutzt werden.

Für gesättigte, bindige Böden wird nach [18] und [106] eine Querdehnzahl von 0,49 angenommen sowie ein Bettungsmodulwert von 20 MN/m³ zugeordnet.

6.3.1 Einfluss des Wassergehalts auf organische Böden, bindige Böden mit organischen Beimengungen und bindige Böden

Der Wassergehalt organischer Böden variiert sehr stark (s.a. Anhang IX). Torf besitzt in der Regel einen deutlich höheren Wassergehalt im Vergleich zu Humus / Mutterboden, dessen Wassergehalt vergleichsweise gering ausfällt[71].

Der Wert der Querdehnzahl reicht insgesamt für bindige Böden von 0,35 bis 0,49.

Für einen flüssigen, bindigen Boden wird eine Querdehnzahl von **0,49** und ein Bettungsmodulwert von 20 MN/m³ angenommen.

Der Bettungsmodul wird für einen bindigen Boden mit organischen Beimengungen und einem weichen Ton nach Tabelle 6-1 mit einem Wert von ≤ **28 MN/m³** (nach Tabelle 6-1 obere Grenze für einen weichen Ton) angegeben. Einem weichen Ton kann nach Anhang VII eine Querdehnzahl von **0,45** zugeordnet werden.

Ein steifer Ton besitzt einen Bettungsmodulwert von **50 MN/m³** und nach Anhang VII eine Querdehnzahl von **0,40.**

Für die untere Grenze für Schluff und nichtbindige Böden wird nach Anhang VII eine Querdehnzahl von **0,35** angegeben, die in etwa einem festen, bindigen Boden entspricht. Der Bettungsmodul wird mit **56 MN/m³** für Schluff angegeben. Die obere Grenze für einen rein bindigen Boden bzw. den Beginn von nichtbindigen Böden mit Beimengungen von bindigen Böden bildet der Bettungsmodulwert von **81 MN/m³**, der einem Sand-Schluff-Gemisch entspricht und dem nach Gleichung 6.1 eine Querdehnzahl von 0,3297 zugeordnet werden kann.

Wasser weist eine kleinere Dichte (~ 1 g/cm³) als die Festsubstanz des Bodens auf, weshalb die Dichte bei einer Konsistenzänderung hin zum flüssigen Bereich abnimmt (wenn unterstellt wird, dass im Boden keine Hohlräume vorhanden sind), da der Anteil an Festsubstanz sich bei gleich bleibendem Volumen verringert.

Für ein Sand-Schluff-Gemisch bzw. die obere Grenze für bindige Böden wird eine Dichte zwischen **1,80 g/cm³** und **2,20 g/cm³** angenommen.

Ein weicher Ton wird mit einer Dichte zwischen **1,50 g/cm³** und **1,90 g/cm³**, ein steifer Ton mit einer Dichte von **1,70 g/cm³** und **2,00 g/cm³** sowie ein halbfester Ton mit einer Dichte zwischen **1,90 g/cm³** und **2,10 g/cm³** angegeben. Die untere Grenze der Dichte liegt zwischen **1,30 g/cm³** und **1,60 g/cm³**.

Tabelle 6-3 gibt den Bettungsmodul des Bodens in Abhängigkeit von der Zustandsform sowie die zugehörigen angenommenen und berechneten Bodenkennwerte an, wobei sich eine annähernde Übereinstimmung für die angenommenen und berechneten Werte der Querdehnzahl herausstellt. Die berechneten Werte der Dichte weichen - bis auf den Wert der Dichte für einen Schluff bzw. festen bindigen Boden - nicht von dem Bereich der aus der Literatur angegebenen Werte ab. Die Abweichung bei Schluff bzw. fester bindiger Boden ist durch den Einfluss eines gleichförmigen / enggestuften Sandes zu erklären, der ebenfalls nach Tabelle 6-1 mit einem Bettungsmodulwert von 56 MN/m³ angegeben wird und dessen Dichte zwischen 1,60 g/cm³ und 1,90 g/cm³ variiert. Da bei der Approximation des Kurvenverlauf aus Abbildung 6-3 zum Einen ein gleichförmiger / enggestufter Sand und zum Anderen ein Schluff / fester, bindiger Boden berücksichtigt wurden, entsteht somit nach Gleichung 6.2 ein abweichender Wert für die Dichte für einen Schluff bzw. festen bindigen Boden.

Bettungsmodulwert [MN/m³]	Querdehnzahl [-]	Querdehnzahl nach Gleichung 6.1 [-]	Beschreibung des Bodens
20	0,49	0,49	gesättigter Boden
28	0,45	0,45	weicher Ton
50	0,40	0,38	steifer Ton
56	0,35	0,37	Schluff / fester bindiger Boden
81	-	0,3297	Sand-Schluff-Gemisch
Bettungsmodulwert [MN/m³]	**Dichte [g/cm³]**	**Dichte nach Gleichung 6.2 [-]**	**Beschreibung des Bodens**
20	1,30 - 1,60	1,58	gesättigter Boden
28	1,50 - 1,90	1,67	weicher Ton
50	1,70 - 2,00	1,84	steifer Ton
56	1,90 - 2,10	1,88	Schluff / fester bindiger Boden
81	1,80 - 2,20	1,99	Sand-Schluff-Gemisch

Tabelle 6-3: Bodenkennwerte für bindige Böden nach deren Zustandsform

Abbildung 6-5 zeigt die Einteilung der einzelnen Zustandsformen des Bodens von weich, steif halbfest und fest in Abhängigkeit vom Bettungsmodul des Bodens mit den zugehörigen Verläufen zur Bestimmung der Bodenkennwerte nach Gleichung 6.1 und 6.2. Der Übergang zwischen den eingeteilten Zustandsformen muss als fließend angesehen werden.

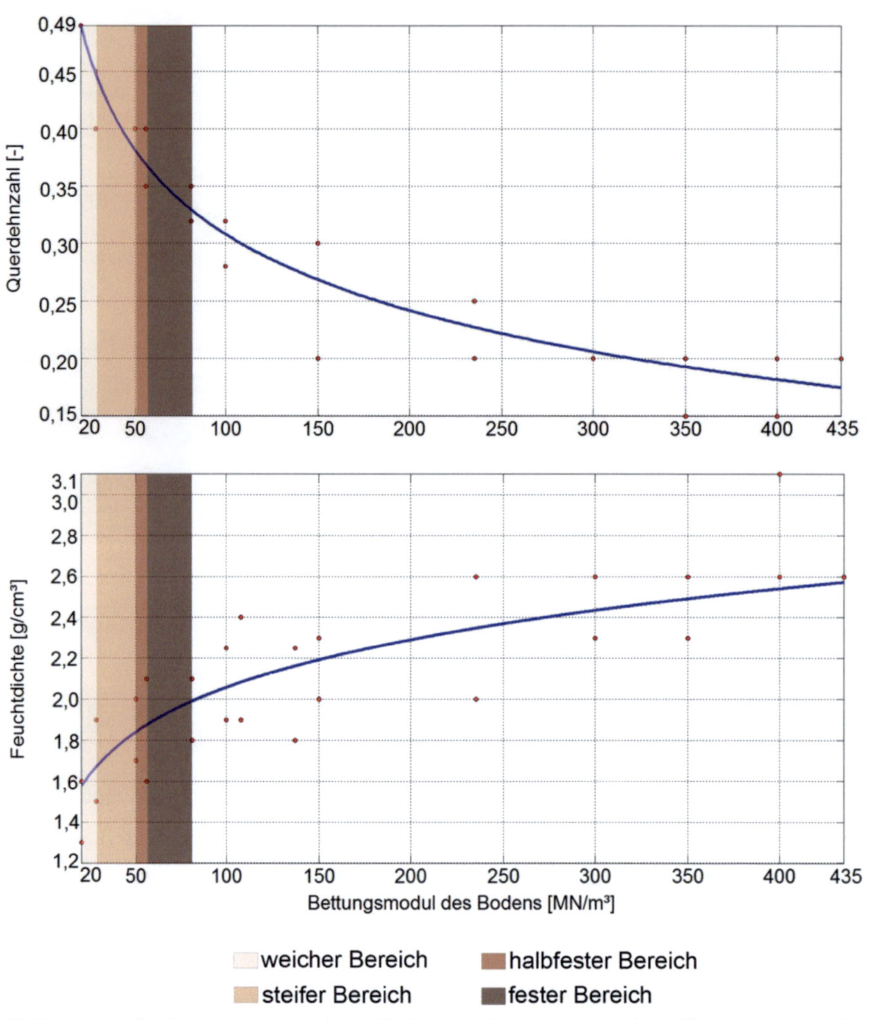

Abbildung 6-5: Einteilung der approximierten Verläufe der Querdehnzahl und der Dichte nach Zustandsform

Aus den Kurvenverläufen der Abbildung 6-4 und Abbildung 6-5 werden jeweils zwei Flächen erzeugt, welche die Querdehnzahl sowie die Dichte in Abhängigkeit vom Bettungsmodul des Bodens für unterschiedliche Zustandsformen darstellen.

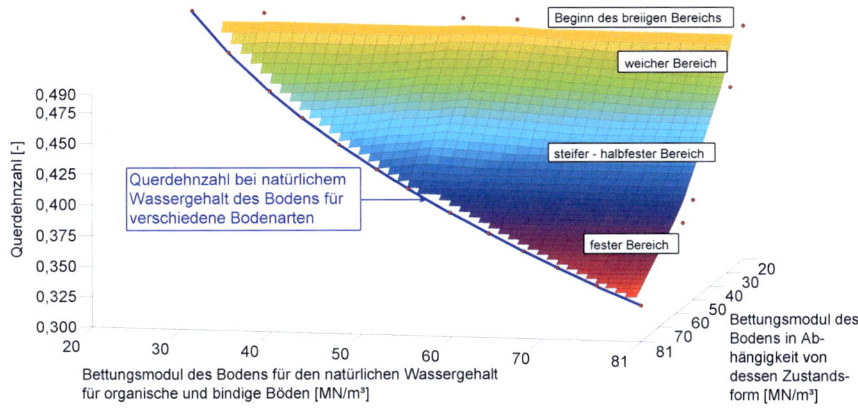

Abbildung 6-6: Querdehnzahl in Abhängigkeit vom Bettungsmodul des Bodens für den natürlichen Feuchtegehalt (blaue Linie) und der Zustandsform des Bodens für organische und bindige Böden [71]

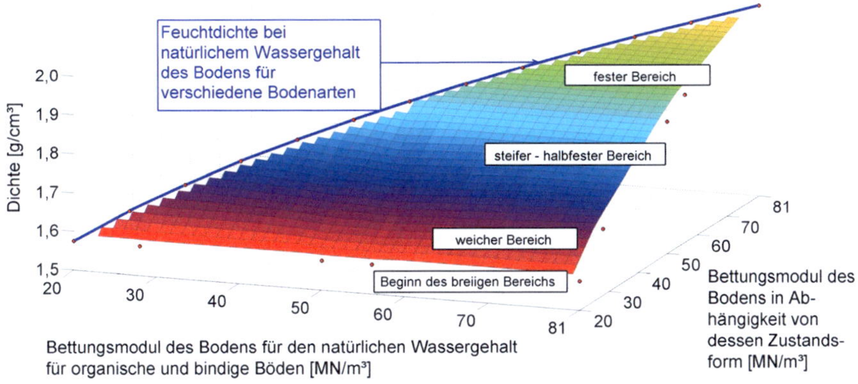

Abbildung 6-7: Dichte in Abhängigkeit vom Bettungsmodul des Bodens für den natürlichen Feuchtegehalt (blaue Linie) und der Zustandsform des Bodens für organische und bindige Böden

In Abbildung 6-6 und Abbildung 6-7 sind die Querdehnzahl und die Dichte jeweils in Abhängigkeit vom Bettungsmodul des Bodens für den natürlichen Feuchtegehalt (blaue Linie) und der Zustandsform des Bodens für organische und bindige Böden dargestellt. Die blau gekennzeichnete Linie gibt den Verlauf der Querdehnzahl bzw. der Dichte bei natürlichem Wassergehalt des Bodens für organische Böden sowie für bindige Böden mit und ohne organische Beimengungen an. Die angegebenen Bereiche für die Beschreibung der Zustandsformen „breiig „weich", „steif bis halbfest" und „fest" orientieren sich an den in Tabelle 6-3 angegebenen Bettungsmodulwerten. Die Grenzen zwischen den Bereichen sind als fließend zu betrachten.

Der Bereich der Fläche für den Bettungsmodul des Bodens vergrößert sich mit zunehmender Festigkeit des Bodens, da sich der Einfluss des Wassergehalts in Abhängigkeit von der Zustandsform des Bodens erhöht.

6.3.2 Einfluss des Wassergehalts bei nichtbindigen Böden mit Beimengungen von bindigem Boden

Ein nichtbindiger Boden mit Beimengungen aus bindigem Boden (toniger oder schluffiger Sand oder Kies) besitzt nach Tabelle 6-2 einen maximalen Bettungsmodulwert von 108 MN/m³. Der Einfluss des Wassers sinkt mit der Abnahme an bindigem Bodenanteilen bzw. die Tragfähigkeit steigt mit der Abnahme des Anteils an bindigem Boden [71]. Für einen Bettungsmodulwert von **81 MN/m³** wird ein Sand-Schluff-Gemisch bzw. für die obere Grenze für bindige Böden eine Querdehnzahl nach Tabelle 6-3 von **0,3297** sowie eine Dichte zwischen **1,80 g/cm³** und **2,20 g/cm³** angenommen. Für einen Bettungsmodulwert von **108 MN/m³** wird ein schluffiger Kies mit einer nach Gleichung 6.1 berechneten Querdehnzahl von 0,3005 und eine Dichte zwischen **1,90 g/cm³** und **2,40 g/cm³** festgelegt. Der Bettungsmodulwert von 108 MN/m³ stellt die obere Grenze für einen nichtbindigen Boden mit Beimengungen von bindigem Boden dar.

Tabelle 6-4 gibt den Bettungsmodulwert des Bodens in Abhängigkeit von der Zustandsform sowie die zugehörigen angenommenen und berechneten Bodenkennwerte an. Es zeigt sich eine gute Übereinstimmung für die angenommenen und berechneten Werte der Querdehnzahl sowie der Dichte.

Bettungsmodulwert [MN/m³]	Querdehnzahl [-]	Querdehnzahl nach Gleichung 6.1 [-]	Beschreibung des Bodens
81	-	0,3297	Sand-Schluff-Gemisch
108	-	0,3005	schluffiger Kies
Bettungsmodulwert [MN/m³]	**Dichte [g/cm³]**	**Dichte nach Gleichung 6.2 [-]**	**Beschreibung des Bodens**
81	1,80 - 2,20	1,9377	Sand-Schluff-Gemisch
108	1,90 - 2,40	2,0476	schluffiger Kies

Tabelle 6-4: Bodenkennwerte für bindige und nichtbindige Böden mit steigendem Anteil an nichtbindigem Boden

Aus dem Kurvenverlauf in Abbildung 6-2 und Abbildung 6-3 werden jeweils mit Hilfe der Angaben aus Tabelle 6-4 zwei Flächen erzeugt, die jeweils die Querdehnzahl sowie die Dichte in Abhängigkeit vom Bettungsmodul des Bodens für die unterschiedlichen Konsistenzgrenzen eines nichtbindigen Bodens mit Beimengungen aus bindigem Boden darstellen.

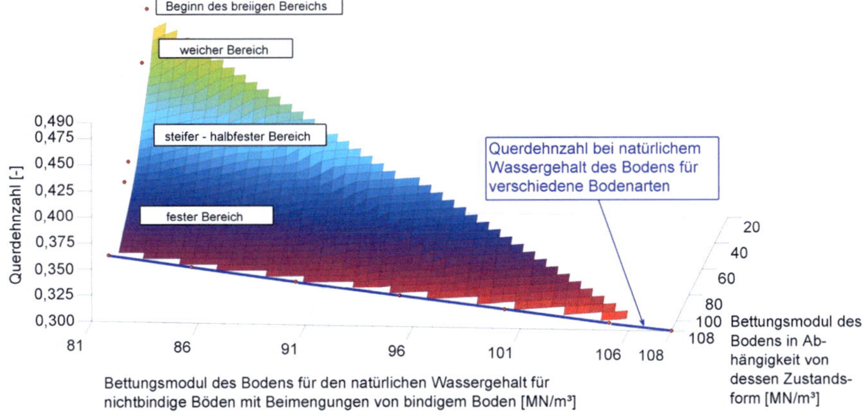

Abbildung 6-8: Querdehnzahl in Abhängigkeit vom Bettungsmodul des Bodens für den natürlichen Feuchtegehalt (blaue Linie) und der Zustandsform des Bodens für nichtbindige Böden mit Beimengungen von bindigem Boden [71]

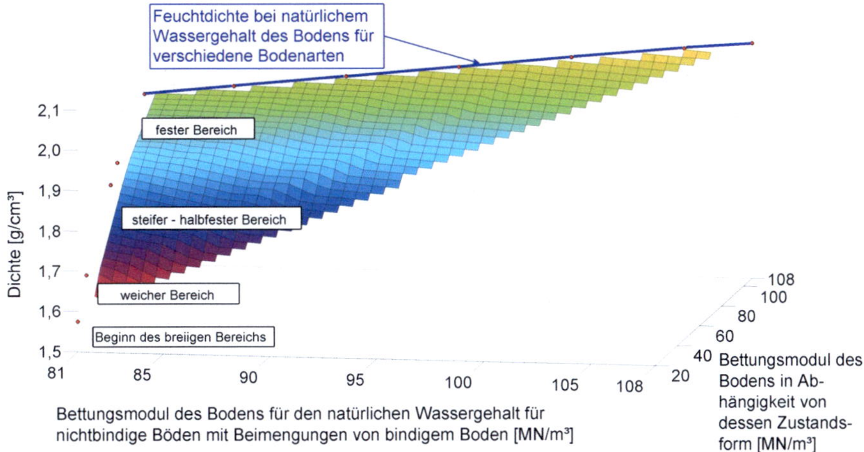

Abbildung 6-9: Dichte in Abhängigkeit vom Bettungsmodul des Bodens für den natürlichen Feuchtegehalt (blaue Linie) und der Zustandsform des Bodens für nichtbindige Böden mit Beimengungen von bindigem Boden

Abbildung 6-8 und Abbildung 6-9 stellen jeweils die Querdehnzahl bzw. die Dichte in Abhängigkeit vom Bettungsmodul des Bodens für den natürlichen Feuchtegehalt (blaue Linie) und die Zustandsform des Bodens für nichtbindige Böden mit Beimengungen von bindigem Boden dar. Die blaue Linie gibt den Verlauf der Querdehnzahl bzw. der Dichte bei natürlichem Wassergehalt des Bodens für nichtbindige Böden mit

Beimengungen von bindigem Boden an. Die angegebenen Bereiche für die Zustandsformen orientieren sich an den in Tabelle 6-3 angegebenen Bettungsmodulwerten.

Der Bereich der Fläche für den Bettungsmodul des Bodens verkleinert sich mit zunehmender Festigkeit des Bodens, da der Einfluss des Wassergehalts in Abhängigkeit von der Zustandsform des Bodens aufgrund des kontinuierlich steigenden Anteils an nichtbindigem Boden sinkt.

6.3.3 Einfluss des Wassergehalts bei nichtbindigen Böden

Für die Betrachtung der Querdehnzahl und Dichte eines nichtbindigen Bodens wird nach Abbildung 6-4 der Bereich des Bettungsmoduls zwischen **56 MN/m³** bis **235 MN/m³** ausgewählt.

Ein nichtbindiger Boden kann kein Wasser aufnehmen, sodass das Wasser unter Belastung sofort aus dem Boden gepresst wird. Die Tragfähigkeit für einen nichtbindigen Boden ist von der Lagerungsdichte und somit von der Korngröße, der Kornverteilung und der Größe der inneren Reibung zwischen den einzelnen Körnern (Reibungswinkel) abhängig [43], [87]. Ist ein nichtbindiger Boden locker gelagert, können später (unter Verkehrsbelastung) durch die Überwindung der Reibung und der scheinbaren Kohäsion (Porenwasserunterdruck) Setzungen auftreten, die das Korngefüge in eine dichtere Lagerung versetzen. Der Wassergehalt nimmt jedoch kaum Einfluss auf die Tragfähigkeit bzw. den Bettungsmodul bei nichtbindigen Böden [59], da die innere Reibung zwischen den Körnern auch bei nassem Zustand weitgehend bestehen bleibt. Die Querdehnzahl für einen nichtbindigen Boden schwankt zwischen 0,20 (dichtgelagerter Kies) und 0,35 (obere Grenze für Sand). Ist ein nichtbindiger Boden locker gelagert, feinkörnig und eng gestuft, nimmt die Querdehnzahl im Gegensatz zu einem dicht gelagerten, grobkörnigen und gut gestuften Boden einen relativ hohen Wert von 0,35 an. Ein verdichteter Untergrund kann eine Querdehnzahl von 0,20 besitzen. Mit Zunahme der Lagerungsdichte nimmt auch die Dichte des Bodens zu, da ein größerer Anteil an Festsubstanz vorhanden ist. Es wird davon ausgegangen, dass mit abnehmender Querdehnzahl Lagerungsdichte und Korngröße ansteigen, d.h. die Kornzusammensetzung nähert sich dem Idealzustand. Dies wird auch über den Verlauf entlang der Kurven in Abbildung 6-2 und Abbildung 6-3 entsprechend abgebildet.

7 Methodik und Anwendungsbereiche des Verfahrens zur Abschätzung der Bodenkennwerte

Im Folgenden wird die Vorgehensweise für das entwickelte Verfahren zur Abschätzung der Bodenkennwerte erläutert. Die sich daraus ergebenden Anwendungsbereiche werden anhand von ausgewählten Beispielen in den Abschnitten 7.1 bis 7.3 näher erläutert. Abschließend werden in Abschnitt 8.1 die Vor- und die Nachteile sowie Empfehlungen für die Anwendung des entwickelten Verfahrens in der Praxis dargelegt.

Die Systemeigenschaften des Bahnkörpers, wie die Biegesteifigkeit der Schiene sowie die Steifigkeiten / Bettungsmoduln der elastischen Elemente müssen bekannt sein und können z.B. direkt vor Ort bestimmt werden oder sich entsprechenden Herstellerangaben zu entnehmen [34]. Anhand der gemessenen Einsenkung der Schiene wird der gesamte Bettungsmodul berechnet und daraus der Bettungsmodul des Bodens abgeleitet. Anschließend können die Bodenkennwerte nach den Gleichungen 6.1 und 6.2 berechnet werden, anhand derer die Dämpfungsverhältnisse des anstehenden Bodens bestimmt werden können. Das Vorgehen sowie die möglichen Anwendungsbereiche für das entwickelte Verfahren sind in Abbildung 7-1 grob dargestellt [71]. Eine detaillierte Beschreibung der einzelnen Anwendungsbereiche sowie die zugehörigen Berechnungsabläufe sind in Anhang XI enthalten.

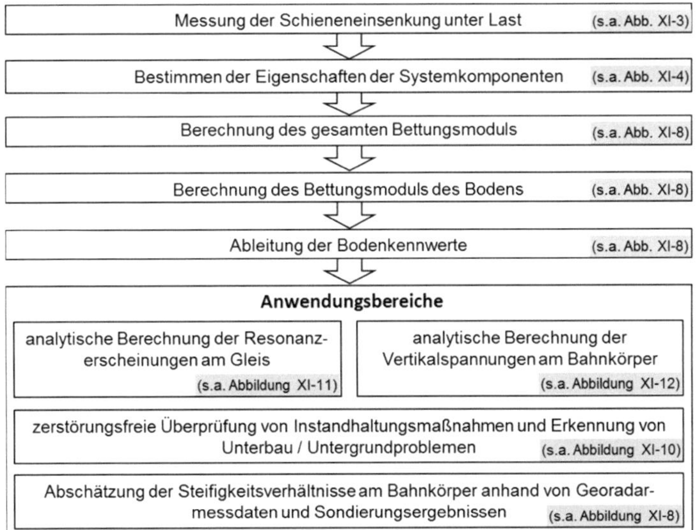

Abbildung 7-1: Methodik und Anwendungsbereiche des Verfahrens zur Abschätzung der Bodenkennwerte [71]

7.1 Analytische Berechnung der Resonanzerscheinungen am Gleis

Die für die analytischen Berechnungen verwendeten Parameter sind in Anhang XII enthalten und wurden zu weiten Teilen aus [106] entnommen. Es wurden die Gleisrezeptanzen für ein Gleis mit einer elastischen Zwischenlage für verschiedene Steifigkeitsverhältnisse des Bodens (35 MN/m³ als Mittelwert für einen sehr schlechten Untergrund, 75 MN/m³ als Mittelwert für einen schlechten Untergrund und 125 MN/m³ als Mittelwert für einen guten Untergrund) berechnet (s.a. Abbildung 7-2). Insgesamt zeigt sich eine Abnahme der Nachgiebigkeit des Gleises mit Zunahme der Steifigkeit des Bodens. Zudem verschieben sich sowohl der Tilgerpunkt (Antiresonanzpunkt) als auch der Resonanzpunkt mit Zunahme des Bettungsmoduls des Bodens leicht in einen niedrigeren Frequenzbereich. Großen Einfluss auf den Verlauf der Gleisrezeptanz, berechnet nach [54], nehmen die Eigenschaften der Zwischenlage (s.a. Abbildung 7-2). Eine Kalibrierung des Modellansatzes kann beispielsweise durch Rezeptanzmessungen erfolgen. Mittels Impulshammer wird das Gleis angeregt und die Rezeptanz per Beschleunigungsaufnehmer gemessen [88]. Abbildung XIII-1, enthalten in Anhang XIII, stellt ergänzend die Radkraftschwankung in Abhängigkeit von der Frequenz und der Größe verschiedener Unebenheiten dar.

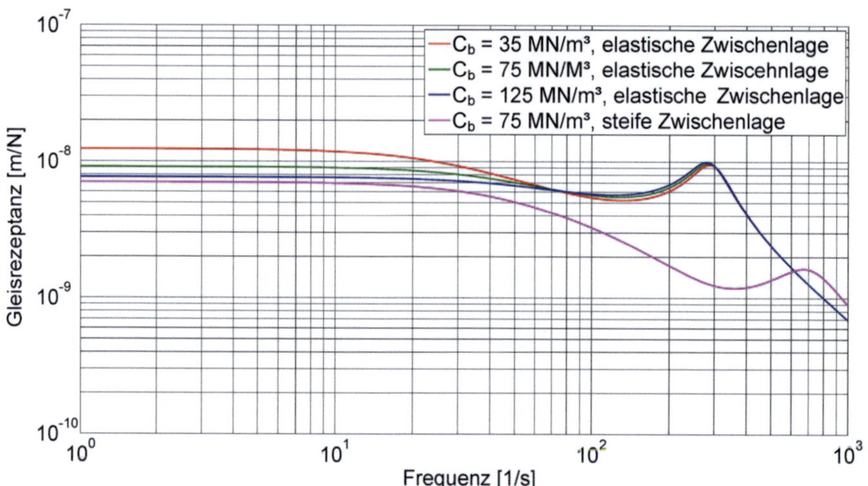

Abbildung 7-2: Gleisrezeptanzen bei elastischer und steifer Zwischenlage für unterschiedliche Bettungsmodulwerte des Bodens (C_b – Bettungsmodul des Bodens)

7.2 Analytische Berechnung der Vertikalspannungen am Bahnkörper für ein typisches unrundes Rad und einer punktuellen Instabilität

Nachfolgend werden nach den Verfahren von [33] und [54] erweitert durch [106] die Einwirkungen aus Verkehrslasten für ein typisches unrundes Rad und eine punktuelle Instabilität analytisch berechnet. Ergänzend wird, ausgehend von dem in Kapitel 6 entwickelten Verfahren, der Einfluss verschiedener Steifigkeitsverhältnisse des Bodens auf die wichtigsten Parameter zur Berechnung der Verkehrsbelastung aufgezeigt. Es wird ein Bahnkörper in konventioneller Schotterbauweise mit Betonschwellen B 70 und einer elastischen Zwischenlage angenommen.

Der Einfluss von Querdehnzahl und Dichte nach den Gleichungen 6.1 und 6.2 für verschiedene Bettungsmodulwerte des Bodens und Geschwindigkeiten auf die bezogene Geschwindigkeit ist in Abbildung 7-3 dargestellt. Nach Gleichung 5.11 ist die bezogene Geschwindigkeit abhängig von der Fahrzeuggeschwindigkeit und den Untergrundverhältnissen sowie den Systemkomponenten des Bahnkörpers.

Ab einem Bettungsmodulwert des Bodens von ca. 60 MN/m³ und einer Geschwindigkeit > 100 km/h erfolgt eine Überschreitung des bezogenen Geschwindigkeitswertes von 0,5 (Nachweis der dynamischen Stabilität). Ein Bettungsmodulwert < 60 MN/m³ entspricht einem organischen Boden, einem bindigen Boden mit organischen Beimengungen sowie einem bindigen Boden. Diese Böden besitzen eine vergleichsweise niedrige Eigenfrequenz [68] und somit ein erhöhtes Risiko für Resonanzeffekte, das mit zunehmender Fahrzeuggeschwindigkeit steigt, da sich die Anregungsfrequenz erhöht.

Die Dämpfungsverhältnisse des Bodens sind zum Einen von den Bodenverhältnissen und zum Anderen von den Eigenschaften der Systemkomponenten des Bahnkörpers abhängig.

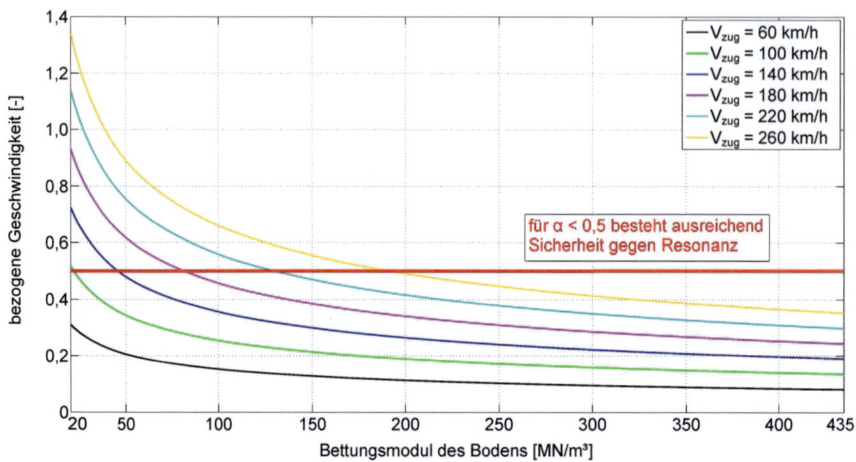

Abbildung 7-3: Bezogene Geschwindigkeit in Abhängigkeit vom Bettungsmodul des Bodens und der Fahrzeuggeschwindigkeit (α – bezogene Geschwindigkeit)

In Abbildung 7-4 ist der Verlauf des Dämpfungsverhältnisses in Abhängigkeit von dem Bettungsmodul des Bodens dargestellt. Der von [106] festgelegte Grenzwert für das Dämpfungsverhältnis von 0,5 wird unter Anwendung des Verfahrens zur Abschätzung der Bodenkennwerte insgesamt deutlich überschritten. Jedoch bleibt das Dämpfungsverhältnis deutlich < 1 (Relevanz für den praktischen Fall) [37].

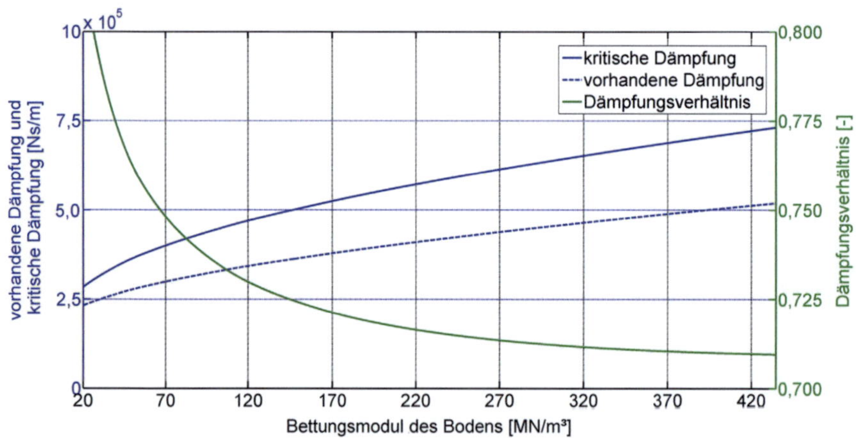

Abbildung 7-4: Dämpfungsverhältnis in Abhängigkeit vom Bettungsmodul des Bodens

Die Einwirkungen aus Verkehrslasten auf den Boden sind unter anderem abhängig von der Steifigkeit des Bahnkörpers entlang der Gleisachse. Für die folgende Berechnung wurden deshalb verschiedene Bettungsmodulwerte des Bodens von 35 MN/m³, 75 MN/m³ und 125 MN/m³ gewählt. Die Fahrzeuggeschwindigkeit beträgt 120 km/h. Der Verlauf der Flächenpressung unter der Schwelle, dargestellt in Abbildung 7-5, wurde nach Gleichung 5.3 und 5.4 berechnet. Mit Abnahme der Steifigkeit zeigt sich aufgrund der lastverteilenden Wirkung des Gleises eine Ausbreitung der Vertikalspannungen in horizontale Richtung sowie insgesamt eine Abnahme der maximalen Flächenpressung. Für einen weniger steifen Bahnkörper tritt eine Verschiebung der Spannungsspitze vom Lastangriffspunkt ein. Zusätzlich vergrößert sich die Abhebewelle bei $x \approx +1{,}80$ m mit Abnahme des Bettungsmodulwerts (s.a. Abbildung 5-3).

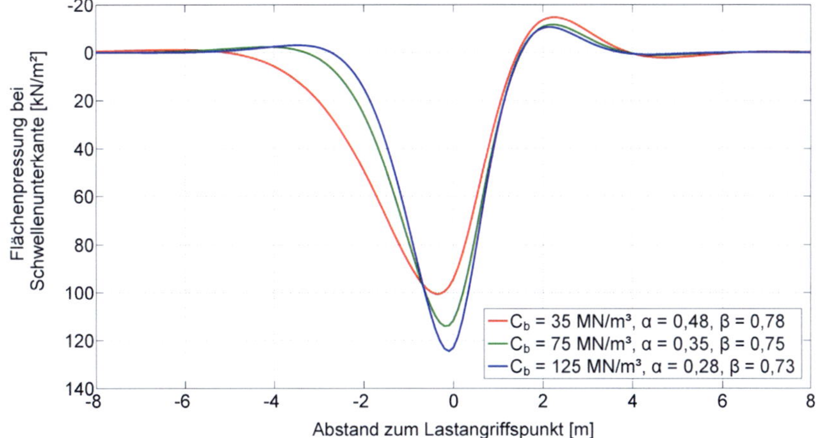

Abbildung 7-5: Vertikalspannungen in Abhängigkeit vom Bettungsmodul des Bodens für eine Fahrzeuggeschwindigkeit von 120 km/h (C_b – Bettungsmodul des Bodens; α – bezogene Geschwindigkeit; β – Dämpfungsverhältnis)

Analog zu den Vertikalspannungen ergeben sich nach Gleichung 2.6 die entsprechenden Einsenkungen unter Last. Deutlich ist die Zunahme der maximalen Einsenkung mit Abnahme des Bettungsmodulwerts des Bodens zu erkennen. Zwar können die Spannungsspitzen durch Verringerung der Steifigkeit reduziert werden, jedoch erhöht sich die Beanspruchung des Schienenfußes dadurch erheblich, was bei zu starker Einsenkung zu einem Schienenbruch führen kann.

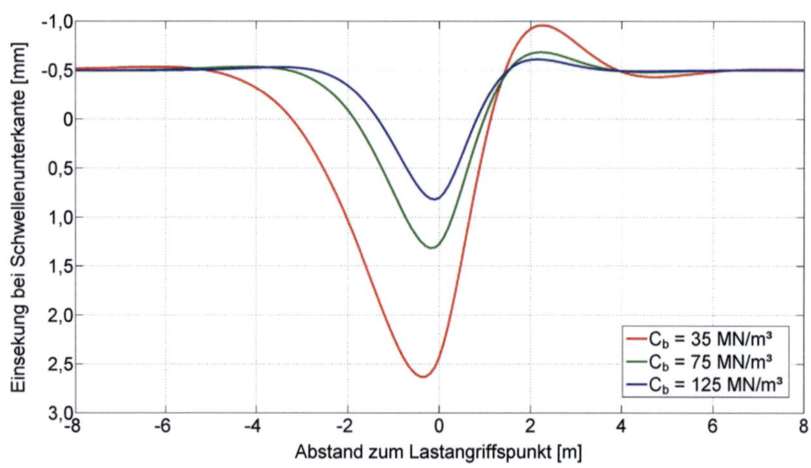

Abbildung 7-6: Einsenkung in Abhängigkeit vom Bettungsmodul des Bodens für eine statische Radkraft von 110 kN und einer Fahrzeuggeschwindigkeit von 120 km/h (C_b – Bettungsmodul des Bodens)

Beispielhaft wurde die Flächenpressung unter der Schwelle für eine sechsachsige Lokomotive mit zwei angehängten vierachsigen Wagen berechnet (s.a. Abbildung 7-7). Zu erkennen ist die Bildung von Spannungsspitzen mit Anstieg des Bettungsmoduls des Bodens. Die Abnahme des Bettungsmodulwerts bewirkt eine zunehmende Lastüberlagerung, die von der Größe der Achsabstände beeinflusst wird. Die maximale Vertikalspannung wird folglich für einen Bettungsmodulwert von 35 MN/m³ erreicht. Deutlich zu erkennen ist dies am ersten und zweiten Drehgestell der Lokomotive. Zusätzlich sind in Abbildung XIII-2 und Abbildung XIII-3, enthalten in Anhang XIII, beispielhaft die Vertikalspannungen für verschiedene Tiefen am Bahnkörper sowie die dazugehörige Einsenkung an der Schwellenunterkante für eine sechsachsige Lokomotive mit zwei angehängten Wagen dargestellt.

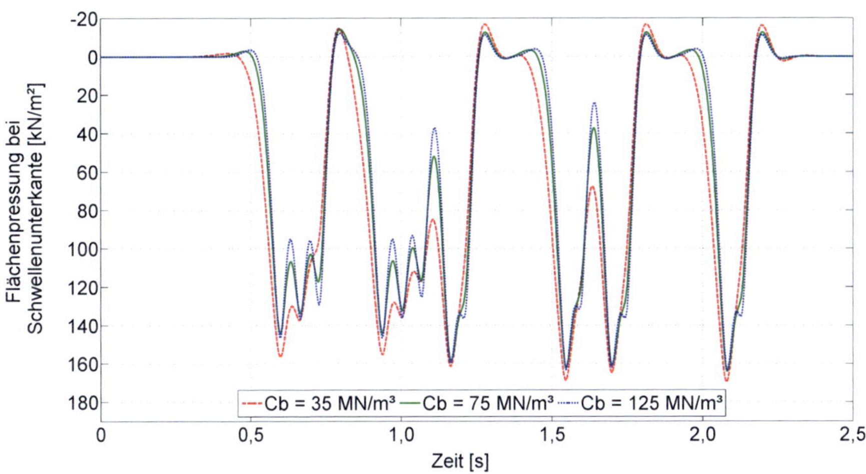

Abbildung 7-7: Zeitlicher Vertikalspannungsverlauf an der Schwellenunterkante in Abhängigkeit vom Bettungsmodulwert des Bodens für das Lastbild Typ 12 und einer Fahrzeuggeschwindigkeit von 120 km/h nach [22] (C_b – Bettungsmodul des Bodens)

Die dynamischen Einwirkungen durch ein typisches unrundes Rad (s.a. Anhang V) werden nachfolgend um die durch eine punktuelle Instabilität / einen periodischen Längshöhenfehler verursachten dynamischen Einwirkungen erweitert. Eine in ihrer Entstehung weit fortgeschrittene punktuelle Instabilität kann sich entlang der Gleisachse als periodischer Längshöhenfehler zeigen (s.a. Abbildung 7-8) und idealisiert mittels Sinusfunktion als eine harmonische Anregung mit konstanter Amplitude und Wellenlänge beschrieben werden (s.a. Abbildung 7-9), wobei vom eingeschwungenen Zustand ausgegangen wird. Beispielhaft wurde für die weitere Berechnung der Längshöhenverlauf aus Abbildung 4-13 mit einer Wellenlänge von 8,5 m gewählt. Für punktuelle Instabilitäten kann die Wellenlänge laut Definition zwischen ca. 3 m und 25 m variieren [73], wobei eine kleinere Wellenlänge bei gleicher Amplitude zu einer Erhöhung der dynamischen Einwirkung führt.

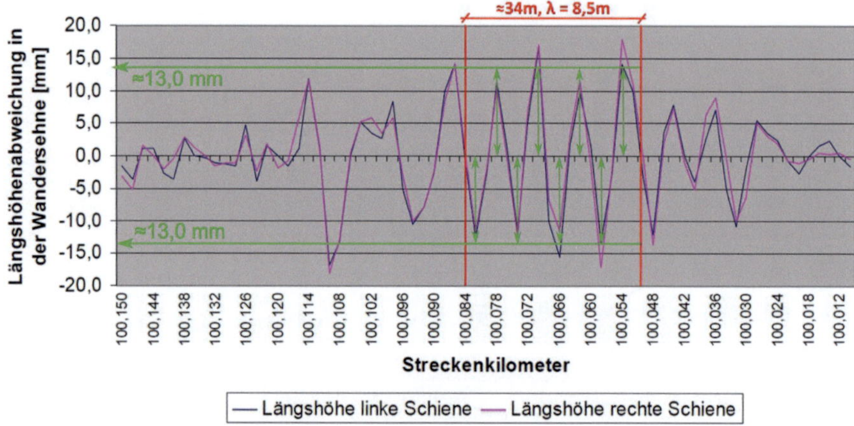

Abbildung 7-8: Periodischer Längshöhenfehler aufgrund einer weit fortgeschrittenen punktuellen Instabilität (λ – Wellenlänge der Unebenheit)

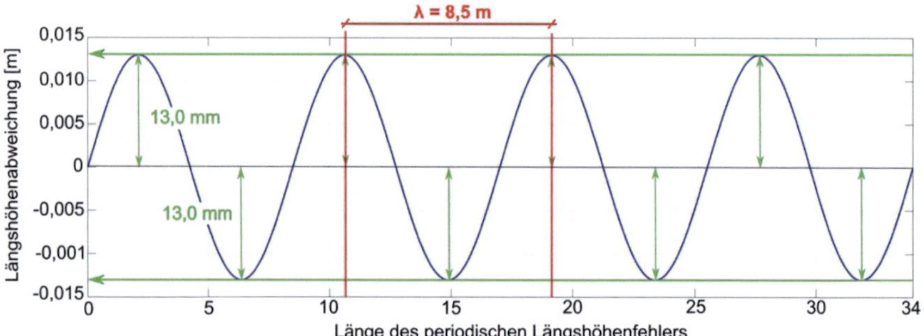

Abbildung 7-9: Idealisierter Verlauf eines periodischen Längshöhenfehlers mit konstanter Amplitude und Wellenlänge (λ – Wellenlänge der Unebenheit)

Abbildung 7-10 zeigt den Verlauf der gesamten Radkraftschwankung resultierend aus einem typischen unrunden Rad, welches die dynamische Anregung aus dem Schwellenabstand von 0,6 m berücksichtigt und eines periodischen Längshöhenfehlers aufgrund einer punktuellen Instabilität für eine Wellenlänge von 8,5 m sowie einer konstanten Steifigkeit von 35 MN/m³ entlang der Gleisachse. Im schlechtesten Fall überlagern sich die Maxima für die Radkraftschwankungen, die auf den Bahnkörper wirken, resultierend aus einem typischen unrunden Rad, und einem periodischen Längshöhenfehler. Für die Berechnung kann dies durch eine Anpassung der Phasenverschiebung für die Funktion des periodischen Längshöhenfehlers erfolgen. Die Funktion des periodischen Längshöhenfehlers ergibt sich für den allgemeinen Fall nach Gleichung 7.1.

$$\Delta \hat{z}(t) = \Delta \hat{z} \cdot \sin\left(\frac{x_w}{\lambda} + \varphi\right) \tag{7.1}$$

$\Delta\hat{z}$	Unebenheit bzw. Störgröße	[m]
x_w	Betrachtungslänge, hier Wellenlänge des periodischen Längshöhenfehlers	[m]
λ	Wellenlänge der Unebenheit	[m]
φ	Phasenverschiebung	[m]

Durch den periodischen Längshöhenfehler erhöht sich folglich auch die Radkraftschwankung, die auf den Bahnkörper wirkt, um ca. 20 kN und erreicht das Maximum bei einer Betrachtungslänge von ca. 1,6 m mit 60 kN. Der zugehörige Verlauf der Schotterkraftschwankung ist in Abbildung XIII-4, enthalten in Anhang XIII, dargestellt.

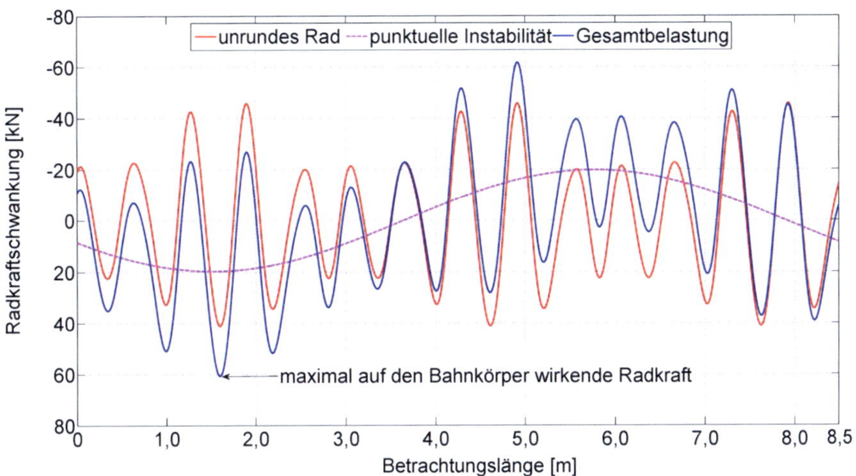

Abbildung 7-10: Radkraftschwankung durch ein typisches unrundes Rad und einen periodischen Längshöhenfehler bei konstantem Bettungsmodul

Zusätzlich müssen die Steifigkeitsschwankungen entlang des periodischen Längshöhenfehlers Berücksichtigung finden, die näherungsweise durch Gleichung 7.2 beschrieben werden (s.a. Abbildung 7-11).

$$C_b = -\frac{C_{b,max} - C_{b,min}}{2} \cdot \sin\left(2 \cdot \pi \cdot \frac{x_w}{\lambda} + \varphi\right) \tag{7.2}$$

| $C_{b,max}$ | Maximalwert Bettungsmodul des Bodens | [MN/m³] |
| $C_{b,min}$ | Minimalwert Bettungsmodul des Bodens | [MN/m³] |

Für die Modellierung einer punktuellen Instabilität wird angenommen, dass der Bettungsmodul des Bodens um den Mittelwert von 35 MN/m³ mit einem Maximum von 50 MN/m³ und einem Minimum von 20 MN/m³ schwankt. Die Wellenlänge entspricht der Wellenlänge des periodischen Längshöhenfehlers mit 8,5 m (s.a. Abbildung 7-11). Sowohl der Verlauf des periodischen Längshöhenfehlers als auch die Funktion der Steifigkeitsschwankung müssen für die Berechnung die gleiche Wellenlänge und die gleiche Phasenverschiebung aufweisen. Der Minimal- bzw. Maximalwert der Steifigkeit muss sich am Tiefpunkt bzw. Hochpunkt des Verlaufs des periodischen Längshöhenfehlers befinden (s.a. Abschnitt 4.5).

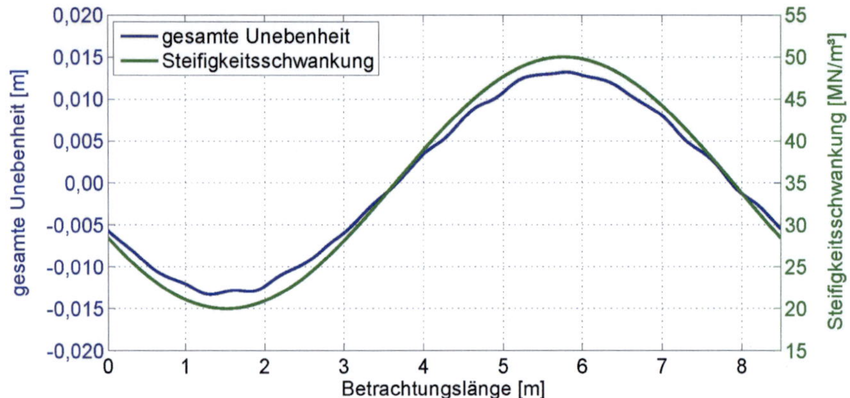

Abbildung 7-11: Wechselnde Steifigkeit und Vertikalgeometrie für ein typisches unrundes Rad und einen periodischen Längshöhenfehler

Abbildung 7-12 zeigt die Radkraftschwankung durch ein typisches unrundes Rad, einen periodischen Längshöhenfehler sowie die daraus resultierenden Gesamtbelastung unter Beachtung der Steifigkeitsschwankung entlang einer punktuellen Instabilität. Im Vergleich zu Abbildung 7-10 sinkt die maximale Radkraftschwankung, die auf den Bahnkörper wirkt, um ca. 5 kN aufgrund der Abnahme des Bettungsmodulwerts des Bodens von konstanten 35 MN/m³ auf 20 MN/m³ (vgl. Abbildung 7-10 und Abbildung 7-12). Die zugehörige Schotterkraftschwankung ist in Abbildung XIII-5, enthalten in Anhang XIII, dargestellt.

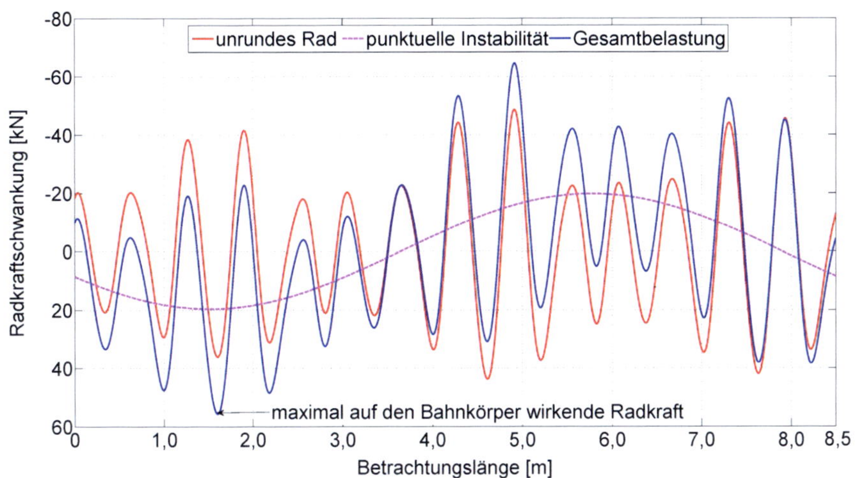

Abbildung 7-12: Radkraftschwankung durch ein typisches unrundes Rad und einen periodischen Längshöhenfehler mit einem entlang der Gleisachse schwankenden Bettungsmodul des Bodens

Die maximale Radkraftschwankung sowie die zugehörige Schotterkraftschwankung für ein typisches unrundes Rad, einem periodischen Längshöhenfehler sowie die daraus resultierende Gesamtbelastung für einen Achsübergang sind in Abbildung 7-13 und Abbildung 7-14 dargestellt.

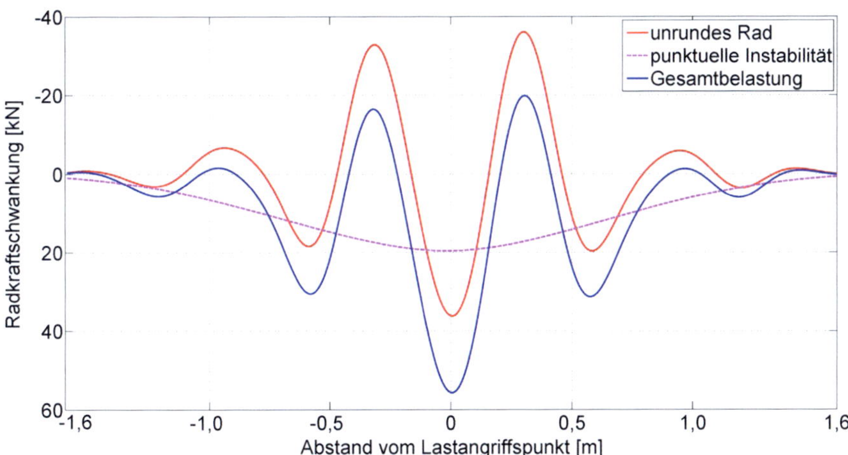

Abbildung 7-13: Radkraftschwankung aufgrund eines typischen unrunden Rades, eines periodischen Längshöhenfehlers sowie für die Gesamtbelastung für einen Achsübergang

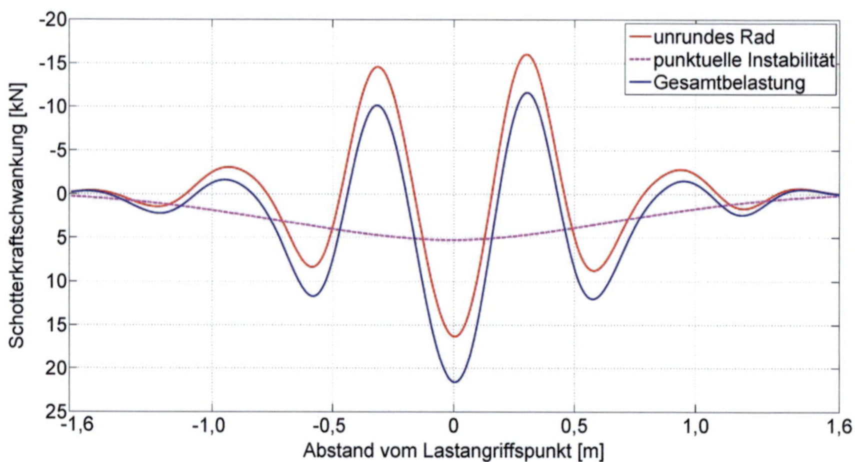

Abbildung 7-14: Schotterkraftschwankung aufgrund eines typischen unrunden Rades, eines periodischen Längshöhenfehlers sowie für die Gesamtbelastung für einen Achsübergang

Deutlich zu erkennen ist der Anstieg der Gesamtbelastung aufgrund der punktuellen Instabilität um ca. 20 kN für die Radkraft und um ca. 5 kN für die Schotterkraft. Mit Abnahme der Wellenlänge bei festgehaltener Amplitude für eine punktuelle Instabilität steigt die dynamische Beanspruchung auf den Bahnkörper an, wodurch das Aufweichen des Bodens sowie die Verschlechterung der Gleislage für eine punktuelle Instabilität beschleunigt werden.

Abbildung 7-15 zeigt die Gesamtbelastung einer punktuellen Instabilität bei einer Überfahrt mit einer Fahrzeuggeschwindigkeit von 120 km/h und einer Achslast von 112,5 kN (statische Radkraft Güterzug). Die Gesamtbelastung, die auf den Bahnkörper wirkt, wird zum größten Teil durch die quasistatische Einwirkung verursacht. Die dynamische Einwirkung erhöht die quasistatische Einwirkung um ca. 16 kN/m² bei einer maximalen Belastung von 214 kN/m² (t = 0,6 s). Die relativ hohe Belastung wird zum größten Teil durch die sich überlagernden quasistatischen Einwirkungen aus den Fahrzeugachsen hervorgerufen.

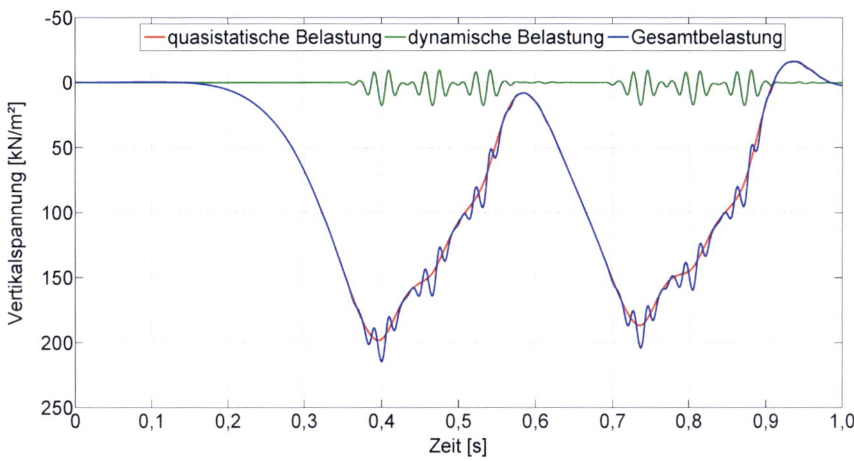

Abbildung 7-15: Gesamtbelastung durch eine sechsachsige Lokomotive bei einer Geschwindigkeit von 120 km/h und der statischen Radkraft von 112,5 kN

7.3 Zerstörungsfreie Erkennung von Unterbau- / Untergrundproblemen

Im Folgenden wird ein einfaches Verfahren vorgestellt, mit dem eine Konsistenzänderung des anstehenden bindigen Bodens im Unterbau / Untergrund zerstörungsfrei erkannt und die Bodenkennwerte qualifiziert abgeschätzt werden können.

Wird für die in den Abbildung 6-6 bis 6-9 dargestellten Flächen jeweils eine Dreiecksfläche angenommen, können die einzelnen Kanten wie folgt definiert werden (s.a. Abbildung 7-16) [71]:

- Kante 1: Bettungsmodul des Bodens abhängig von der Bodenart C_b (blaue Linie)
- Kante 2: Bettungsmodul des Bodens abhängig von dem Wassergehalt / der Zustandsform C_z
- Kante 3: Bettungsmodul des Bodens bei maximalem Wassergehalt des bindigen Bodens $C_{w,max}$

Für Kante 2 wird, entsprechend der Kante 1, der Verlauf der Querdehnzahl und der Dichte in Abhängigkeit von der Bodenart nach den Gleichungen 6.1 und 6.2 angenommen und der Bettungsmodul in Abhängigkeit von der Bodenart durch den Bettungsmodul in Abhängigkeit von der Zustandsform ersetzt. Dies ist aufgrund der empirischen Beschreibung der Qualität des Bahnkörpers, die sowohl anhand der Bodenart als auch an der Zustandsform des Unterbaus / Untergrunds erfolgt, möglich [71].

$$v = 1{,}362 \cdot C_z^{-0{,}142} - 0{,}4 \quad C_z \in (20, 108) \tag{7.3}$$

$$\rho_z = 2{,}05 \cdot C_z{}^{0,1} - 1{,}191 \quad C_z \in (20, 108) \tag{7.4}$$

ρ_z Dichte des Bodens in Abhängigkeit von der Zustandsform   [g/cm³]

C_z Bettungsmodul in Abhängigkeit von der Zustandsform   [MN/m³]

Nachfolgend wird beispielhaft das Vorgehen im Falle der Ermittlung der Querdehnzahl des Bodens in Abbildung 7-16 dargestellt. In Anhang XIV findet sich ein weiteres Beispiel für die Bestimmung der Dichte in Abhängigkeit von der Zustandsform des Bodens.

Direkt nach einer Instandhaltungsmaßnahme aufgrund einer punktuellen Instabilität wird der Bettungsmodul des Bodens bestimmt und festgehalten (Messung 1). Es gilt: $C_{b,1} = C_{z,1}$. Für die Messung 1 wird vorausgesetzt, dass der natürliche Wassergehalt im Boden ansteht, da bei einer Instandhaltungsmaßnahme aufgrund einer punktuellen Instabilität ein Boden mit einem hohen Wassergehalt nicht eingebaut werden sollte und zudem der anstehende feuchte Boden entsprechend entfernt oder der Wassergehalt reduziert wurde. Wird in einem gewissen Zeitabstand ein deutlich kleinerer Bettungsmodulwert gemessen (Messung 2) deutet dies auf eine erneute Wasseransammlung im Unterbau / Untergrund hin, wodurch die gesamte Tragfähigkeit des Bahnkörpers negativ beeinflusst wird. Für die Messung 2 gilt: $C_{b,1} = C_{b,2}$, wodurch der Wert parallel zur Kante 2 eingetragen wird und $C_{z,2} < C_{z,1}$. Wird ein größerer Bettungsmodulwert für die zweite Messung bestimmt, gilt die erste Messung als hinfällig und es wird davon ausgegangen, dass weiterhin der natürliche Wassergehalt im Boden ansteht, weshalb diese Messung ebenfalls auf der Kante 1 eingetragen wird. Eine Erhöhung des Bettungsmodulwerts nach einer Instandhaltungsmaßnahme kann die Folge einer künstlichen Nachverdichtung durch die Verkehrslasten sein. Analog gilt dieses Vorgehen auch für die Bestimmung der Dichte. Jedoch muss hierfür die Gleichung 6.2 für die Berechnung der Dichte in Abhängigkeit vom Bettungsmodul des Bodens unter Einfluss des Wassergehalts / der Zustandsform verwendet werden (Kante 2) [71].

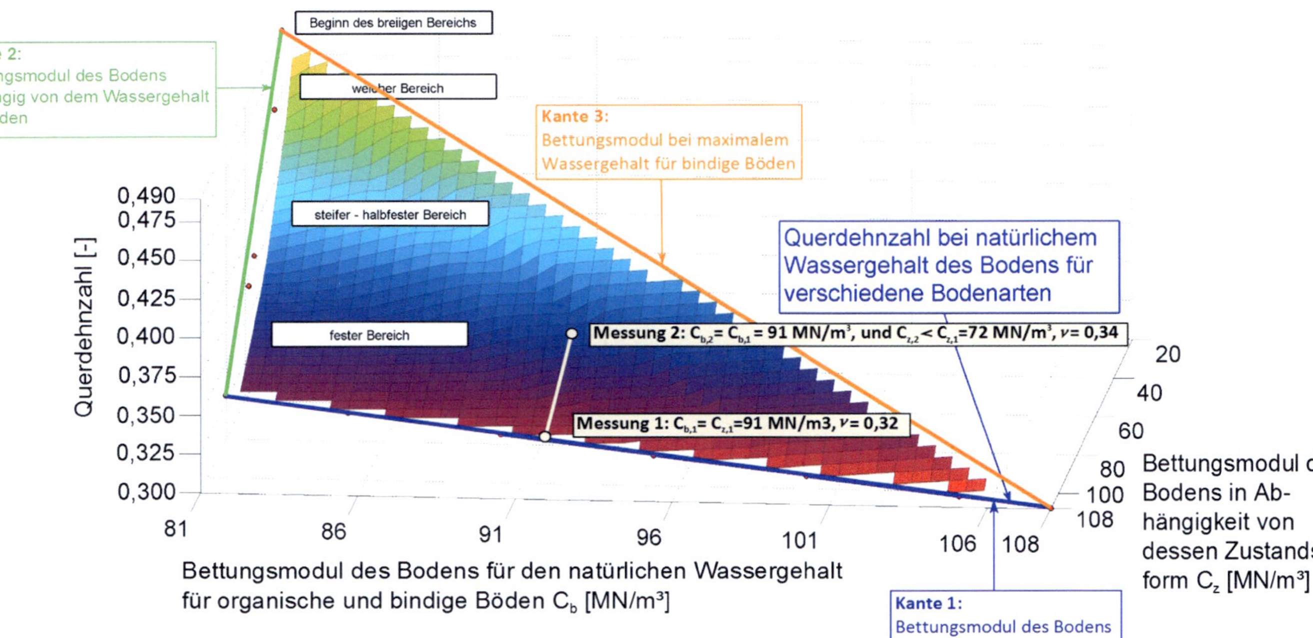

Abbildung 7-16: Beispielhafte Darstellung der Überprüfung einer Instandhaltungsmaßnahme [71]

7.4 Abschätzung der Steifigkeitsverhältnisse am Bahnkörper anhand von Daten aus Georadarmessungen und Sondierungsergebnissen

Das in Kapitel 6 entwickelte Verfahren kann nicht nur zur qualifizierten Abschätzung der Bodenkennwerte, sondern auch zur Ableitung der Steifigkeitsverhältnisse anhand der Bodeneigenschaften bzw. Bodenkennwerte verwendet werden. Für die Ermittlung der Bodeneigenschaften können beispielsweise Verfahren, wie Bohrungen verbunden mit Rammsondierungen sowie Georadarmessungen genutzt werden.

Nach [62] kann durch Auswertung von Georadarmessdaten der Zustand des Bahnkörpers anhand des Feuchtigkeitsgehaltes innerhalb einzelner Schichten, der Unebenheit des Gleisplanums sowie anhand der Verschmutzung des Schotterbetts durch feinkörniges Bodenmaterial bestimmt werden. Bohrungen mit parallel durchgeführten Rammsondierungen (Anzahl der Schläge pro 10 cm Eindringtiefe) geben Aufschluss über die Schichtgrenzen, die Bodenart, die Lagerungsdichte sowie die Zustandsform des anstehenden Bodens im Unterbau / Untergrund [62]. Die Sondierungen werden in der Regel gezielt an Gleisabschnitten durchgeführt, die eine schlechte Qualität des Bahnkörpers vermuten lassen, wodurch auch punktuelle Instabilitäten mit wenig tragfähigem Boden erfasst werden, wenn diese im Bereich der untersuchten Stellen liegen. Gezielt ist dies jedoch nur möglich, wenn die Wirkungen der punktuellen Instabilität bereits direkt erkennbar sind – also in einem fortgeschrittenen Stadium [71].

Insgesamt wurden für das hier beschriebene Beispiel 13 Bohrlöcher untersucht, die sich entlang der Gleisachse einer Bahnstrecke mit einer Spurweite von 1435 mm befinden. Das Gleis besteht aus Schienen der Form UIC 60 und überwiegend Holzschwellen (Länge 2,60 m, Breite 0,26 m). Am Bohrloch 11 sind Monoblock Betonschwellen (Betonschwellen B70) verbaut. Die Steifigkeit der Schwellen wurde mit unendlich und die Zwischenlagensteifigkeit mit steif angenommen. Parallel durchgeführte Einsenkungsmessungen unter 20 t Achslast und einer Geschwindigkeit von 15 km/h dienen zum Abgleich der mittels Georadar bestimmten Qualitätszustände des Bahnkörpers. Der Lastausbreitungswinkel wurde nach [106] mit 60° bezogen auf die Horizontale angenommen. Eine stellenweise Anpassung der Sondierungsergebnisse erfolgte nach [48] und ist in Anhang XV gekennzeichnet [71].

Der Bettungsmodul des Bodens wurde zum Einen über die gemessene Einsenkung unter Verwendung der Gleichungen 2.2 und 2.4 und zum Anderen anhand der Daten aus den Sondierungsergebnissen, enthalten in Anhang XV, mittels dem Konusmodell (s.a. Abschnitt 5.2) und dem in Kapitel 6 entwickelten Verfahren berechnet. Den Bodenschichten wurden, in Abhängigkeit von Lagerungsdichte und Zustandsform, die Bodenkennwerte Querdehnzahl und Dichte nach Abbildung 6-4 und Abbildung 6-5 und außerdem für Gleisschotter gemäß [39], [106] und [109] zugeordnet [71].

Anschließend wurden mit dem Konusmodell (s.a. Abschnitt 5.2) die gemittelten Bodenkennwerte berechnet und anhand derer jeweils der Bettungsmodul des Bodens durch Umstellen der Gleichungen 6.1 und 6.2 abgeleitet. Liegt eine vergleichsweise steife Bodenschicht unter einer weichen Schicht und befindet sich diese mindestens 1,5 m unter Schienenoberkante wird die steife Schicht für die Berechnung des Bettungsmoduls des Bodens anhand der Bodeneigenschaften nicht berücksichtigt. Dies kann aufgrund des zu vernachlässigenden kleinen Anteils der steifen Schicht an der absoluten Einsenkung angenommen werden. Gerade bei besonders stark schwankenden Steifigkeiten der einzelnen Bodenschichten könnte durch die Einführung eines Homogenitätsparameters Anordnung, Tiefen und Steifigkeiten berücksichtigt werden [71].

Die über die gemessene Einsenkung sowie über die Dichte und Querdehnzahl berechneten Bettungsmodulwerte des Bodens sind in Abbildung 7-17 für die Bohrlöcher 1 bis 13 zusammengefasst. Ergänzend sind die über die gemessene Einsenkung berechneten relativen Abweichungen bezogen auf den Bettungsmodulwert des Bodens angegeben [71].

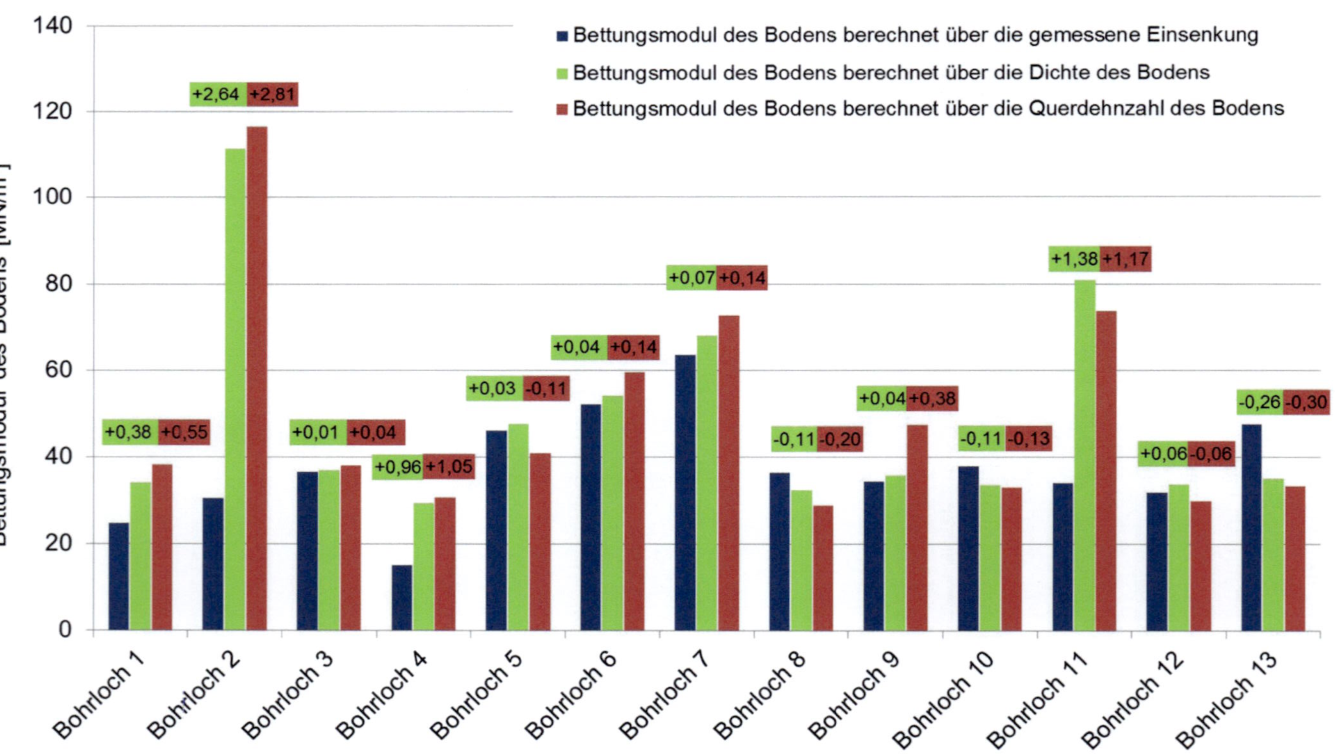

Abbildung 7-17: Bettungsmodul des Bodens berechnet über die gemessene Einsenkung und den Bodeneigenschaften mit den relativen Abweichungen für die Bohrlöcher 1 bis 13 [71]

Insgesamt weisen die über die gemessene Einsenkung berechneten Bettungsmodulwerte des Bodens verhältnismäßig niedrige Werte auf und wären nach [30], [35], [65] und [67] mit einem schlechten bis hin zu einem sehr schlechten Zustand des Bahnkörpers zu bewerten. Bis auf die Bohrlöcher 2, 4 und 11 stimmen die Werte des Bettungsmoduls des Bodens, berechnet über die gemessene Einsenkung, mit den über die Bodeneigenschaften abgeleiteten Bettungsmodulwerten gut überein (s.a. relative Abweichung Abbildung 7-17) [71].

Hohllagen, die Aufstandsfläche der Schwelle sowie die angegebene Position des Bohrlochs können Einfluss auf den mittels gemessener Einsenkung berechneten Bettungsmodul des Bodens nehmen [71].

Hohllagen können die gemessene Einsenkung erhöhen, wodurch insgesamt der berechnete Bettungsmodul des Bodens zu niedrig ausfällt. Entlang der Gleisabschnitte an den Bohrlöchern 2, 4 und 11 werden Hohllagen vermutet. Die Sondierungsergebnisse der Bohrlöcher 2 und 11 deuten eindeutig auf einen tragfähigen Boden hin. Zudem schwankt die gemessene Einsenkung bei den Bohrlöchern 2, 4 und 11 über einen relativ kurzen Streckenabschnitt sehr stark [71].

Die verhältnismäßig große Abweichung am Bohrloch 4 resultiert aus dem insgesamt niedrigen Bettungsmodulwert von 15 MN/m³, der über die gemessene Einsenkung von 5,3 mm bestimmt wurde. Der in Kapitel 6 für den Bettungsmodul des Bodens festgelegte untere Grenzwert von 20 MN/m³ (für einen sehr schlechten Zustand des Bahnkörpers) wird deutlich unterschritten. Die Sondierungsergebnisse von Bohrloch 4 weisen jedoch auf einen tragfähigeren Boden hin, weshalb auch aufgrund der relativ hohen und starken Schwankung der gemessenen Einsenkung auf mögliche Hohllagen geschlossen werden kann [71].

Eine leichte Positionsänderung des Bohrlochs entlang der Gleisachse von der angegebenen Solllage kann zudem eine Änderung der gemessenen Einsenkung bewirken, besonders wenn die Einsenkung entlang der Gleisachse sehr stark schwankt.

Einfluss auf die Berechnung des Bettungsmoduls des Bodens, mittels des Ansatzes zur qualifizierten Abschätzung der Bodenkennwerte unter Verwendung des Konusmodells gemäß [1] und [112], können die elastische Länge, berechnet aus dem gesamten Bettungsmodul aus der gemessenen Einsenkung, und die Zuteilung der Bodenkennwerte nach Abbildung 6-4 und Abbildung 6-5 nehmen. Liegen keine Daten zu der gemessenen Einsenkung vor, kann die elastische Länge anhand der Sondierungsergebnisse abgeschätzt werden [71].

Die Abweichungen der Bettungsmodulwerte des Bodens, berechnet über die Querdehnzahl und über die Dichte (s.a. Abbildung 7-17, z.B. Bohrloch 9 und 11), resultieren aus der Zuordnung der Bodenkennwerte für neuen Gleisschotter [71].

Für die verschiedenen Zustände der Bettung, wie beispielsweise leicht und stark verschmutzter Schotter, wurden die Bodenkennwerte nach [39], [106] und [109] festgelegt. Nicht alle benötigten Werte für die Querdehnzahl und die Dichte konnten der Literatur entnommen werden, weshalb fehlende Bodenkennwerte abgeschätzt wurden. Um den Zustand einer Bettung beschreiben zu können, kann als Gedankenmodell die Abbildung der verschiedenen Bettungszustände mit dem Verhältnis von Schotter und Verschmutzung (Korngröße < 22,4 mm) in Gewichtsprozent erfolgen. Der erzeugte Verlauf kann in verschiedene Bereiche abhängig von unterschiedlichen Zuständen der Bettung eingeteilt und den einzelnen Bereichen eine modifizierte Dichte zugeordnet werden. Eine Änderung der Tragfähigkeit des Schotterbetts für den Prozessverlauf bei der Entstehung einer typischen punktuellen Instabilität könnte mit dem Ansatz der modifizierten Dichte abgebildet werden. Der Anstieg der Dichte mit zunehmender Verschmutzung im bestehenden Schottergefüge oder die Abnahme der Dichte durch ein Entspannen des Korngefüges für die Berechnung des Bettungsmoduls des Bodens könnten beispielsweise anhand der Bodeneigenschaften berücksichtigt werden.

Weiterhin können Abweichungen aus der zeitlichen Differenz der Messungen verbunden mit unterschiedlichen Temperaturen (s.a. Tabelle 3-1) und Niederschlagsmengen resultieren. Auch defekte Schwellen und Schienenbefestigungen sowie von der Berechnung abweichende Zwischenlagensteifigkeiten führen zu verschiedenen Bettungsmodulwerten [71].

Die praktische Anwendbarkeit des theoretisch entwickelten Verfahrens zur qualifizierten Abschätzung der Bodenkennwerte wurde anhand der Berechnung der Steifigkeitsverhältnisse unter Beachtung der Bodeneigenschaften grundsätzlich nachgewiesen. Die über die gemessene Einsenkung bestimmten Bettungsmodulwerte des Bodens sowie die daraus abgeleiteten Bodenkennwerte stimmen, bis auf die Ergebnisse, erhalten aus den Daten der Bohrlöcher 2 und 11, mit den anhand der Bodeneigenschaften abgeleiteten Bettungsmodulwerten des Bodens und der daraus bestimmten Bodenkennwerte gut überein [71].

8 Fazit

Nachfolgend werden die wesentlichen Ergebnisse des in der vorliegenden Arbeit entwickelten Verfahrens zusammengefasst. Darüber hinaus werden Empfehlungen für die Anwendung in der Praxis gegeben sowie Anknüpfungspunkte für eine Weiterentwicklung des Verfahrens aufgezeigt.

8.1   Schlussfolgerungen und Empfehlungen für die Praxis

Die Ursachen für die Entstehung einer punktuellen Instabilität können in interne und externe Ursachen eingeteilt werden (s.a. Abschnitt 4.3). Die Häufigkeit der jeweiligen Ursache, die zu einer punktuellen Instabilität führt sowie die Entwicklung der Gleislage entlang einer punktuellen Instabilität sollten zukünftig aufbauend auf einer entsprechenden Datenbasis bestimmt werden. Weiterhin ist die Untersuchung der einzelnen, in Abschnitt 4.4 aufgelisteten Einflussfaktoren, auf den Prozessverlauf bei der Entstehung einer punktuellen Instabilität notwendig, um die Bildung von punktuellen Instabilitäten zu vermeiden sowie geeignete Maßnahmen für eine frühzeitige Instandhaltung bzw, -setzung ableiten zu können.

Die Untersuchung von Schadensfällen am Bahnkörper in Schotterbauweise, die aus der Abnahme der Tragfähigkeit im Unterbau / Untergrund resultieren und zudem punktuell auftreten, ist in situ mit einem hohem Aufwand verbunden. Bohrungen oder Aufschlüsse sowie die Bestimmung der Bodenkennwerte vor Ort oder im Labor sind notwendig, um die Eigenschaften des anstehenden Bodens zu erfassen. Diese nicht zerstörungsfreie Prüfung beeinflusst selbst punktuell das Schichtengefüge des Bahnkörpers und bedingt längere Sperrpausen auf den betreffenden Betriebsgleisen. Mit Kenntnis der Einsenkung unter Last und somit der vertikalen Steifigkeit am Bahnkörper, die beispielsweise durch einen Gleiseinsenkungsmesswagen im laufenden Betrieb zerstörungsfrei erfasst werden kann [94], lässt sich eine Aussage zum Qualitätszustand des Bahnkörpers treffen. Basierend auf den in diesem Forschungsfeld vorhandenen Erkenntnissen wurde ein theoretisches Verfahren entwickelt, welches anhand der gemessenen Einsenkung und des daraus abgeleiteten Bettungsmoduls des Bodens die qualifizierte Abschätzung der Bodenkennwerte am Bahnkörper in konventioneller Schotterbauweise auch im Praxiseinsatz ermöglicht. Bei heterogenen Bodenverhältnissen werden die Bodenkennwerte der einzelnen Schichten mit dem Konusmodell nach [1] und [112] zusammengefasst bzw. gemittelte Werte für die Querdehnzahl und Dichte bestimmt [74]. Anhand des Bettungsmoduls des Bodens können mit den Gleichungen 6.1 und 6.2 die relevanten Bodenkennwerte vereinfacht berechnet werden. Einer der Vorteile des entwickelten Verfahrens ist die deutliche Reduzierung des Aufwands für die Ermittlung der Bodenkennwerte.

Die empirische Korrelation zwischen dem Bettungsmodul des Bodens und den Bodenkennwerten beruht auf Literaturangaben. Die angegebenen Qualitätszustände des Bahnkörpers mit den zugehörigen Bettungsmodulwerten stammen aus den Jahren 1990 und 1999 [27], [65]. Dort wird der Zustand des Bahnkörpers über den gesamten Bettungsmodul ausgedrückt. Im Gegensatz zu den heutigen Zwischenlagen, die eine deutlich größere Elastizität aufweisen, wurden zu der damaligen Zeit relativ steife Zwischenlagen verbaut, die einen zu vernachlässigenden kleinen Einfluss auf die Gesamtsteifigkeit nehmen. Für den hier entwickelten Ansatz zur qualifizierten Abschätzung der Bodenkennwerte wird deshalb angenommen, dass der gesamte Bettungsmodul der damaligen Zeit dem heutigen Bettungsmodul des Bodens entspricht.

Eine Abweichung der tatsächlichen Aufstandsfläche einer Schwelle von der theoretisch angenommenen Aufstandsfläche kann zu einer fehlerhaften Beurteilung des Qualitätszustands des Bahnkörpers führen. Bei einer merklichen Abweichung der tatsächlichen Aufstandsfläche sollte diese an die Berechnung des Bettungsmoduls des Bodens angepasst werden.

Während der Einsenkungsmessungen sollte die Temperatur einen zu vernachlässigenden kleinen Einfluss auf die Steifigkeit des Bodens nehmen. Bindige Böden sowie Bodenschichten mit Anteil an bindigem Boden erhöhen, je nach Wassergehalt, im gefrorenen Zustand ihre Steifigkeit, wodurch die dem Bettungsmodul des Bodens zugeordneten Bodenkennwerte bzw. Bodenarten fehlerhaft interpretiert werden können. Die Einführung eines Korrekturfaktors für die Berücksichtigung der Steifigkeitsverhältnisse, aufgrund von Temperaturschwankungen bei Einsenkungsmessungen am Gleis, ist für eine weitere Betrachtung des Qualitätszustands am Bahnkörper sinnvoll.

Der Einfluss einzelner Weichschichten auf die Tragfähigkeit des Bahnkörpers unter Verkehrsbelastung kann mit dem in Kapitel 6 entwickelten Verfahren nicht untersucht werden. Erst durch eine detaillierte Kenntnis über die Bodenverhältnisse, wie deren Schichtung und deren jeweiligen Kennwerte, kann unter Verwendung numerischer Verfahren, beispielsweise nach [106], eine Aussage zur dynamischen Stabilität eines Streckenabschnitts, der durch eine Weichschicht geprägt ist, getroffen werden.

Das rechnerische Vorgehen nach [106] verlangt die Durchführung eines Iterationsverfahrens für die Ermittlung des gesamten Bettungsmodulwerts, wodurch eine Anpassung der analytisch berechneten Verkehrsbelastung an die Simulationsergebnisse erreicht wird. Die Anzahl der notwendigen Iterationsschritte kann bei Kenntnis der Baugrundschichtung sowie der Bodenkennwerte mit dem Verfahren zur qualifizierten Abschätzung der Bodenkennwerte reduziert werden. Durch Umstellen der Gleichungen 2.2, 6.1 und 6.2 kann der Bettungsmodul des Bodens sowie der gesamte Bettungsmodul vereinfacht berechnet werden.

Die Anwendung des in Kapitel 6 entwickelten Verfahrens erlaubt, die durch die Eigenschaften des Bodens geprägten und durch Verkehrslasten hervorgerufenen Resonanzerscheinungen und Vertikalspannungen am Bahnkörper mit den Verfahren nach [33], [54] und [106] analytisch zu berechnen. Ein Anwendungsbeispiel für die Modellierung einer punktuellen Instabilität unter Verkehrsbelastung ist in Abschnitt 7.2 aufgeführt. Für eine praxisorientierte Anwendung wird sich dabei auf eine Achse sowie auf ein stark vereinfachtes Fahrzeugmodell beschränkt. Voraussetzung für die Anwendung des Verfahrens nach [54] ist die Kenntnis über die Gleislage sowie die Bodenkennwerte entlang der Betrachtungslänge. Eine Symmetrie für die Gleisgeometrie sowie die Übereinstimmung der Eigenschaften der Systemkomponenten und des Bodens wird entlang der Gleisachse vorausgesetzt. Für eine weit fortgeschrittene typische punktuelle Instabilität kann dies näherungsweise angenommen werden (s.a. Abschnitt 4.5). Ein Abheben des Rades kann aufgrund der im Verfahren implementierten Kontakttheorie nicht abgebildet werden und würde eine Modifizierung des Modells nach [54] erfordern.

Schäden im Unterbau / Untergrund sowie umgesetzte Instandhaltungsmaßnahmen können über mehrere Zeitintervalle hinweg zerstörungsfrei durch Anwendung des in Kapitel 6 entwickelten Verfahrens erkannt bzw. mit Hilfe der in Abschnitt 6.3 erstellten Grafiken sukzessive überwacht werden [71]. Die Notwendigkeit bzw. der Zeitpunkt für eine Instandhaltungsmaßnahme lässt sich durch den Vergleich von Steifigkeitsmessungen über mehrere Zeitintervalle hinweg bestimmen (s.a. Abbildung 7-16 und Anhang XI, Abbildungen XI-10 und XI-11). Zudem werden der Prozessverlauf bei der Entstehung einer punktuellen Instabilität sowie die Abnahme der Tragfähigkeit im Unterbau / Untergrund erkennbar. Liegen Gleismess- sowie Georadardaten vor, sollten diese in die Betrachtung mit einbezogen werden.

Ist der Bettungsmodul des Bodens ermittelt, kann in Abhängigkeit von dessen Größe mit Hilfe von Abbildung 6-4 eine qualifizierte Abschätzung zur Bodenart getroffen werden, wenn von einem natürlichen Wassergehalt im Boden ausgegangen wird. Verschlechtert sich die Tragfähigkeit des Bodens zunehmend, kann auf einen bindigen Boden geschlossen werden, der unter Einfluss von Wasser seine Konsistenz ändert. Dies kann angenommen werden, wenn augenscheinlich erkennbare Schäden am Bahnkörper, die nicht aus einer typischen punktuellen Instabilität resultieren, ausgeschlossen werden können.

Für einen vergleichsweise geringen Bettungsmodulwert ist zunächst nicht eindeutig, ob ein organischer Boden mit natürlichem Wassergehalt oder beispielsweise ein bindiger Boden in einer weichen Zustandsform ansteht, da beide Bodenarten einen ähnlichen Bettungsmodulwertebereich aufweisen (vgl. Abbildung 6-4 und Abbildung 6-5 Bettungsmodulwertebereich des Bodens von 20 bis 25 MN/m³). Tritt lediglich eine geringe Änderung der Steifigkeit über mehrere Intervallmessungen auf, kann von einem natürlichen Wassergehalt im Boden ausgegangen und die Bodenkennwerte können bestimmt werden. Bei einer starken Schwankung des Bettungsmodulwerts über mehrere Intervallmessungen, kann auf einen bindigen Boden geschlossen werden. Liegen Georadarmessungen vor, sollten diese in die Betrachtung der Bodenverhältnisse miteinbezogen werden, um die Ergebnisse aus Steifigkeitsmessungen durch die Bestimmung der Verschmutzung des Schotterbetts und der Schutzschichten sowie den Feuchtigkeitsgehalt am Bahnkörper verifizieren zu können.

Instandsetzungsmaßnahmen aufgrund einer punktuellen Instabilität lassen sich in ähnlicher Weise sukzessive überprüfen. Ist die vertikale Steifigkeit eines Bahnkörpers für den entsprechenden Gleisabschnitt bestimmt, kann direkt nach einer durchgeführten Maßnahme die relative Änderung der Qualität eines Bahnkörpers betrachtet werden. Meist sind auch nach einer Instandsetzungsmaßnahme die Eigenschaften des Bodens, der unmittelbar an der Bettung bzw. an der Schutzschicht angrenzt, bekannt, wodurch eine vereinfachte Aussage zu einem veränderten Tragverhalten getroffen werden kann. In Abschnitt 7.3 und Anhang XIV ist die Methodik der Zustandserfassung für einen Schadensfall sowie für eine Instandsetzungsmaßnahme beispielhaft dargestellt.

Weiterhin wurde in Abschnitt 7.4 gezeigt, dass die Ableitung der Bodenkennwerte anhand der gemessenen Einsenkung unter Last gut möglich ist. Hohllagen können jedoch starken Einfluss auf die Berechnung des Bettungsmoduls des Bodens und folglich auf die abgeleiteten Bodenkennwerte nehmen (s.a. Bohrloch 2 Anhang XV, Tabelle XV-2). Eine Abschätzung der Steifigkeitsverhältnisse am Bahnkörper ist, bei Bekannt sein der Bodeneigenschaften, zudem direkt am Bohrloch möglich. In einem weiteren Schritt könnte, ausgehend von der Position des Bohrlochs, unter Beachtung der Georadarmessdaten und der gemessenen Einsenkung der Zustand des Bahnkörpers entlang der Gleisachse bestimmt werden. Besteht die Möglichkeit mittels Georadar die Bodenschichtung sowie Bodenart, Lagerungsdichte und Zustandsform in einem Streckenband mit einer für die Bestimmung der Steifigkeit ausreichenden Tiefe hinreichend genau zu erfassen, kann mit dem entwickelten Verfahren zur qualifizierten Abschätzung der Bodenkennwerte die vertikale Steifigkeit des Bahnkörpers kontinuierlich sowie zerstörungsfrei anhand der Bodeneigenschaften abgeleitet werden. Zudem wäre die Erfassung von Hohllagen durch den Vergleich der Bettungsmodulwerte des Bodens, berechnet anhand der gemessenen Einsenkung und der Bodeneigenschaften entlang der Gleisachse, bei einer hinreichenden Genauigkeit der Berechnungsergebnisse möglich.

Die stärkere Ausarbeitung eines typischen Musters von punktuellen Instabilitäten anhand von Gleismessdaten sowie die Verminderung der punktuellen Gleislagequalität in Abhängigkeit von den auftretenden Verkehrslasten und den Witterungseinflüssen ist notwendig, um den Prozessverlauf sowie die Interaktion Fahrzeug-Fahrweg aufgrund einer punktuellen Instabilität besser verstehen und abbilden zu können. Ein typisches Muster bzw. die Charakteristik von punktuellen Instabilitäten könnte beispielsweise anhand der Wellenlänge und der Amplitude von Längshöhenfehlern im Gleismessschrieb, entstanden aufgrund der Minderung der Tragfähigkeit im Unterbau / Untergrund, erarbeitet werden. Darauf aufbauend wird die frühzeitige Erkennung von punktuellen Instabilitäten anhand typischer Rad-Schiene-Kräfte bzw. der Achslagerbeschleunigungen ermöglicht. Beim Überfahren einer punktuellen Instabilität entstehen unter anderem in Abhängigkeit vom Verhältnis der Wellenlänge zur Amplitude eines Gleislagefehlers sowie dem Verlauf der vertikalen Steifikeit entlang der punktuellen Instabilität typische Rad-Schiene-Kräfte bzw. Achslagerbeschleunigungen, die auf eine punktuelle Instabilität am Bahnkörper schließen lassen. Die kontinuierliche sowie zerstörungsfreie Erfassung der Gleislagequalität im laufenden Betrieb, auch mit konventionellen Schienenfahrzeugen, würde dadurch ermöglicht werden, wodurch auch Unstetigkeitsstellen, wie beispielsweise mangelhaft ausgeführte Schienenstöße, Schienenbrüche sowie Steifigkeitswechsel entlang einer Bahnstrecke detektiert werden könnten [73].

8.2   Einordnung des entwickelten Verfahrens

In dieser Arbeit wurde ein theoretisches Verfahren entwickelt, welches die zerstörungsfreie Ableitung der Bodenkennwerte (Querdehnzahl und Dichte) anhand des Bettungsmoduls des Bodens ermöglicht. Aufbauend auf dem entwickelten Ansatz können die Dämpfungsverhältnisse am Bahnkörper ermittelt werden, wodurch die analytische Berechnung der Gleisrezeptanzen und der Vertikalspannungen für nieder- und höherfrequente Einwirkungen, resultierend aus den Verkehrslasten, ermöglicht wird. Der entwickelte Ansatz erlaubt zudem die Modellierung einer punktuellen Instabilität, die zerstörungsfreie Prüfung der Wirkung einer Instandhaltungs- oder Instandsetzungsmaßnahme über sinnvoll definierte Zeitabstände sowie die Berechnung der Steifigkeitsverhältnisse anhand der Bodeneigenschaften. Nachfolgend werden die wesentlichen Forschungsergebnisse zusammengefasst:

- Ein theoretisches Verfahren zur Ableitung der Bodenkennwerte anhand des Bettungsmoduls des Bodens wurde entwickelt. Das Verfahren basiert auf einer Korrelation zwischen den aus der Literatur entnommenen Bodenkennwerten und den Bettungsmodulwerten des Bodens für verschiedene Qualitätszustände eines Bahnkörpers in konventioneller Schotterbauweise. Die entwickelte Methode ermöglicht die zerstörungsfreie Ableitung der Bodenkennwerte anhand der gemessenen Einsenkung. Der Aufwand und somit die Kosten für die Ermittlung der Bodenkennwerte am Bahnkörper in Schotterbauweise können dadurch reduziert werden.

- Aufbauend auf dem Ansatz zur Bestimmung der Bodenkennwerte anhand des Bettungsmoduls des Bodens wurde eine punktuelle Instabilität als periodischer Längshöhenfehler modelliert. Die analytische Berechnung baut auf den Verfahren von [33], [54] und [106] auf und wurde um den Einfluss einer punktuellen Instabilität erweitert. Die Steifigkeit sowie die Bodenkennwerte variieren entlang der punktuellen Instabilität sinusförmig in Abhängigkeit von der Wellenlänge des Längshöhenfehlers am Gleis. Ergänzend wurde die dynamische Einwirkung eines typischen unrunden Rades bei der Modellierung einer punktuellen Instabilität berücksichtigt. Der Ansatz ermöglicht die durch eine punktuelle Instabilität hervorgerufenen Rad-Schiene-Kräfte analytisch abzubilden.

- Die Berechnung der Steifigkeitsverhältnisse bzw. des Bettungsmoduls des Bodens unter Beachtung der Bodeneigenschaften konnte mit dem in Kapitel 6 entwickelten Ansatz nachgewiesen werden. Anhand von Sondierungsergebnissen wurde durch die Zuordnung der Bodenkennwerte zu den einzelnen Bodenschichten nach deren Zustandsform und Lagerungsdichte der Bettungsmodul des Bodens berechnet. Durch Kenntnis der Bodeneigenschaften entlang der Gleisachse, beispielsweise durch Georadarmessungen, kann die Steifigkeit und somit der Qualitätszustand des Bahnkörpers mit dem entwickelten Ansatz bestimmt werden.

Zusammengefasst ergeben sich aus den erzielten Forschungsergebnissen wichtige Erkenntnisse für die Beschreibung des Bodenverhaltens entlang einer punktuellen Instabilität am Bahnkörper in Schotterbauweise sowie für eine zerstörungsfreie Erfassung der Bodeneigenschaften und -kennwerte, welche für die Abbildung der Interaktion zwischen Fahrzeug und Fahrweg bei Instabilitäten notwendig sind. Darüber hinaus können die Erkenntnisse zur Planung des Zeitpunkts geeigneter Instandhaltungsmaßnahmen bei punktuellen Instabilitäten genutzt werden.

Fazit

Formelzeichen

Lateinische Bezeichnungen

a	Schwellenabstand	[m]
a_0, a_1, a_2	Faktoren in Abhängigkeit vom dynamischen Fall sowie der bezogenen Geschwindigkeit und dem Dämpfungsverhältnis	[-]
A_i	Kreisfläche, die sich nach Bodenschichttiefe im Konusmodell ergibt	[m²]
A_s	Aufstandsfläche der Schwelle abzüglich eines lastfreien Streifens in Schwellenmitte	[m²]
b	Länge einer Materialprobe quer zur Belastungsrichtung	[mm]
Δb	Längenänderung einer Materialprobe quer zur Belastungsrichtung	[mm]
b_l	Breite des idealisierten Langträgers	[m]
B_r	Biegesteifigkeit der Schiene	[MNm²]
b_s	Schwellenbreite	[m]
C	gesamter Bettungsmodul	[MN/m³]
C_b	Bettungsmodul des Bodens	[MN/m³]
C_{sw}	Bettungsmodul der Schwelle	[MN/m³]
C_{sws}	Bettungsmodul der Schwellensohle	[MN/m³]
C_{usm}	Bettungsmodul der Unterschottermatte	[MN/m³]
C_{ub}	Bettungsmodul des Unterbaus	[MN/m³]

C_{ug}	Bettungsmodul des Untergrunds	[MN/m³]
$C_{w,max}$	Bettungsmodul des Bodens bei maximalem Wassergehalt des bindigen Bodens	[MN/m³]
C_z	Bettungsmodul in Abhängigkeit von der Zustandsform	[MN/m³]
C_{zw}	Bettungsmodul der Zwischenlage	[MN/m³]
c_r	kritische Geschwindigkeit / Rayleighwellengeschwindigkeit	[km/h]
C_0	Anfangswert des Bettungsmoduls für das Iterationsverfahren nach [113]	[MN/m³]
D_b	Dämpfung des Bodens (Unterbau / Untergrund einschließlich Schotterbett)	[Ns/m]
d_i	Schichtdicke der einzelnen Bodenschicht	[m]
D_{krit}	kritische Dämpfung des Bodens (Unterbau / Untergrund einschließlich Schotterbett)	[Ns/m]
D_{pr}	Dämpfungseigenschaft der Primärfesselung	[Ns/m]
D_{sec}	Dämpfungseigenschaft der Sekundärfesselung	[Ns/m]
D_{zw}	Dämpfungseigenschaft der Zwischenlage	[Ns/m]
D_1, D_2, D_3, D_4	Dämpfungsfaktoren in Abhängigkeit von a_0, a_1 und a_2	[-]
E_r	Elastizitätsmodul des Schienenstahls	[MN/m²]
f	Frequenz	[1/s]
G	Schubmodul des Bodens (Unterbau / Untergrund einschließlich Schotterbett)	[MN/m²]
g	Erdbeschleunigung	[m/s²]

G_m	mittlerer Schubmodul des Bodens (Unterbau / Untergrund einschließlich Schotterbett)	[MN/m²]
H_r	Gleisrezeptanz	[m/N]
h_t	Tiefe ausgehend von Schwellenunterkante	[m]
H_w	Fahrzeugrezeptanz	[m/N]
I_r	Flächenträgheitsmoment der Schiene	[m⁴]
i	imaginäre Einheit	[$\sqrt{-1}$]
k_b	Federsteifigkeit des Bodens (Unterbau / Untergrund einschließlich Schotterbett)	[N/m]
k_h	Hertz'sche Kontaktsteifigkeit	[N/m]
k_{pr}	Federsteifigkeit der Primärfesselung	[N/m]
k_{sec}	Federsteifigkeit der Sekundärfesselung	[N/m]
k_{zw}	Federsteifigkeit der Zwischenlage	[N/m]
L	elastische Länge	[m]
l	Länge einer Materialprobe in Belastungsrichtung	[mm]
Δl	Längenänderung einer Materialprobe in Belastungsrichtung	[mm]
l_a	Länge der halben Schwelle abzüglich der Hälfte der Breite eines lastfreien Streifens in Schwellenmitte	[m]
L_{dyn}	elastische Länge bei dynamischer Bettungssteifigkeit	[m]
m	Masse der Bodenprobe	[g]

m_d	Trockenmasse der Bodenprobe	[g]
m_{DG}	Masse des Drehgestells	[kg]
m_g	gesättigte Masse der Bodenprobe	[g]
m_{RS}	Masse des Radsatzes	[kg]
m_s	Schwellenmasse	[kg]
m_w	Wassermasse der Bodenprobe	[g]
m_{WK}	Masse des Wagenkastens	[kg]
m_1	anteilige Radsatzmasse pro Rad	[kg]
m_2	anteilige Drehgestellrahmenmasse pro Rad	[kg]
m_3	anteilige Wagenkastenmasse pro Rad	[kg]
n	Ordnung der Radunrundheit	[-]
n_{gew}	Faktor zur Berücksichtigung der Lastverteilung entlang eines Wagens oder einer Lokomotive	[-]
n_{RD}	Anzahl der Räder pro Drehgestell	[-]
n_{RW}	Anzahl der Räder pro Lokomotive oder Wagen	[-]
p	Flächenpressung an der Schwellenunterkante	[MN/m²]
$p_{(x,t)}$	Vertikalspannungszeitverlauf an der Schwellenunterkante	[kN/m²]
Q	statische Radkraft	[kN]
$\Delta Q(t)$	Radkraftschwankung	[kN]

$\Delta Q(x,t)$	Radkraftschwankung für einen Achsübergang	[kN]
$\Delta \hat{Q}$	komplexe Radkraftschwankung	[N]
r	Radius des Rades am Zug	[m]
r_0	Ersatzradius für die flächengleiche Kreislast des idealisierten Langträgers	[m]
R_h	Ersatzradius in der Kontaktfläche zwischen Rad und Schiene	[m]
R_u	Radumlauf	[m]
$\Delta S(t)$	Schotterkraftschwankung	[kN]
$\Delta S(x,t)$	Schotterkraftschwankung für einen Achsübergang	[kN]
$\Delta \hat{S}$	komplexe Schotterkraftschwankung	[N]
t	Zeit	[s]
V	Volumen der Bodenprobe	[cm³]
V_k	Volumen der Festsubstanz der Bodenprobe	[cm³]
V_{Zug}	Zuggeschwindigkeit	[km/h]
v_{Zug}	Zuggeschwindigkeit	[m/s]
w	Wassergehalt	[%]
$\Delta \hat{w}_{bf}$	Verschiebung des Drehgestellrahmens in vertikale Richtung	[m]
$\Delta \hat{w}_{cb}$	Verschiebung des Wagenkastens in vertikale Richtung	[m]
$\Delta \hat{w}_r$	Verschiebung der Schiene in vertikale Richtung	[m]

$\Delta \hat{w}_w$	Verschiebung des Rades in vertikale Richtung	[m]
x	horizontaler Abstand zum Lastangriffspunkt	[m]
x_E	Einflussbereich der gemessenen Einsenkung	[m]
x_i	horizontaler Abstand zwischen den Achsen	[m]
x_w	Betrachtungslänge	[m]
y	Einsenkung unter Last	[m]
Δy	Einfluss der Lastüberlagerung auf die gemessene Einsenkung	[m]
y_0	gemessene Einsenkung unter Last ohne die Berücksichtigung der im Einflussbereich liegenden Achsen	[m]
$\Delta \hat{z}$	Unebenheit bzw. Störgröße	[m]
z_i	Distanz der einzelnen Bodenschichten zur Spitze des Konus	[m]
z_{sp}	Höhe der Spitze des Kegels im Konusmodell	[m]

Griechische Bezeichnungen

α	bezogene Geschwindigkeit	[-]
β	Dämpfungsverhältnis	[-]
β_{dyn}	dynamische Bettungssteifigkeit	[N/m²]
$\Delta\hat{\delta}$	Deformation der Hertz`schen Kontaktfeder	[m]
ϵ	nach [55] festgelegter Wert für das Abbruchkriterium von ±10 MN/m³	[MN/m³]
ε_x	Verformung einer Materialprobe quer zur Belastungsrichtung	[-]
ε_z	Verformung einer Materialprobe in Belastungsrichtung	[-]
θ	Lastausbreitungswinkel	[°]
λ	Wellenlänge eines Gleislagefehlers	[m]
μ	Massebelegung des Langträgers	[kg/m]
μ_r	Massebelegung der Schiene	[kg/m]
μ_s	Massebelegung der Schwelle	[kg/m]
ν	Querdehnzahl	[-]
ν_m	mittlere Querdehnzahl (Unterbau / Untergrund einschließlich Schotterbett)	[-]
ν_r	Querdehnzahl des Schienenstahls	[-]
ρ	Dichte des Bodens	[g/cm³]

ρ_d	Trockendichte	[g/cm³]
ρ_f	Feuchtdichte	[g/cm³]
ρ_g	Sättigungsdichte	[g/cm³]
ρ_s	Korndichte	[g/cm³]
ρ_R	Rohdichte	[g/cm³]
ρ_z	Dichte des Bodens in Abhängigkeit von der Zustandsform	[g/cm³]
ρ_m	mittlere Dichte des Bodens (Unterbau / Untergrund einschließlich Schotterbett)	[g/cm³]
σ_m	Vertikalspannung für verschiedene Tiefen am Bahnkörper unter berücksichtigung der lastverteilenden Wirkung in Längsrichtung	[kN/m²]
$\sigma_{m,UK\ Schw.}$	Vertikalspannung an der Schwellenunterkante unter Berücksichtigung der lastverteilenden Wirkung in Längsrichtung	[kN/m²]
φ	Phasenverschiebung	[-]
Ω	Winkelgeschwindigkeit	[1/s]

Glossar

Anregungsfrequenz	Frequenz, mit der das System angeregt wird
Bettungsmodul des Bodens	kombinierte Vertikalsteifigkeit des Unterbaus und Untergrunds einschließlich des Schotterbetts
bindiger Boden	feinkörniger Boden mit einem Feinkornanteil > 40 % (z.B. Ton und Schluff) [35]
Dichte	Verhältnis aus Masse und Volumen einer Bodenprobe
Frequenz	Zahl der Schwingungen pro Zeiteinheit
Eigenfrequenz	Frequenz, mit der das System schwingt, wenn dieses einmalig angeregt wird
gemischtkörniger Boden	Feinkornanteil > 5 % - 40 %
gesamter Bettungsmodul	gesamte Vertikalsteifigkeit eines Bahnkörpers in Schotterbauweise mit Querschwellengleis
Gleislage	geometrische Gleislage
Gleislagequalität	Gleisgeometrie sowie Steifigkeits- und Dämpfungsverhältnisse am Bahnkörper
Gleislagefehler	Die relative Abweichung der Gleislage von der gewünschten Soll-Lage, welche unter Einwirkung der Verkehrsbelastung oder im seltenen Fall bei der unsachgemäßen Herstellung des Fahrwegs entsteht. [52]
Gleisrezeptanz	vertikale Verschiebung der Schiene in Abhängigkeit von der Anregungskraft [88]
Grenzwert[1]	Bei Überschreitung des Grenzwerts ist eine Sperrung des Oberbaus erforderlich. *„Eine Instandsetzung ist unmittelbar*

---

[1] Der Begriff „Grenzwert" und die zugehörige Definition beziehen sich auf die Gleislage

einzuleiten" [15]

Kreisfrequenz   überstrichener Phasenwinkel der Schwingung pro Zeiteinheit

nichtbindiger Boden   grobkörniger Boden mit einem Masseanteil von Feinkorn < 5 % (z.B. Sand und Kies)

organische Böden   hoher Masseanteil von organischen Bestandteilen (Unterteilung in Torfe und Schlamme) [35]

punktuelle Instabilität   *„Kurzwellige Gleislagefehler bei relativer Einsenkung unter Verkehrsbelastung mit einer Wellenlänge von ca. 3 m bis 25 m"* [73] auftretend bei Bahnkörpern in konventioneller Schotterbauweise

Querdehnzahl   *„Verhältnis von Quer- zur Längsverformung unter einaxialer Belastung"* [18]

Rayleighwelle   Wellentyp, der sich an und nahe der Oberfläche des natürlichen, inhomogenen Untergrundes ausbreitet. Die Oberflächenwelle entspricht der Rayleighwelle im homogenen Halbraum [18]

Resonanz   Die Eigenfrequenz des Systems und die Anregungsfrequenz bzw. ein Vielfaches dieser stimmen überein, wodurch das System um ein Vielfaches stärker ausgelenkt wird

Schubmodul   *„Widerstand eines Materials gegen eine elastische Scherverformung"* [18]

SRA   *„Wert, bei dessen Überschreitung eine Beurteilung hinsichtlich der Einplanung einer Instandsetzungsmaßnahme unter wirtschaftlichen Gesichtspunkten erforderlich ist"* [15]

SR 100   Bei Überschreitung des SR100 Wertes ist *„eine Instandsetzung bis zur nächsten Regelinspektion erforderlich. Der späteste Zeitpunkt der Instandsetzung ist durch das Maß*

der Überschreitung von SR100 in Verbindung mit der Fehlerentwicklung bestimmt" [15]

SR lim　Bei Überschreitung des SR lim ist eine Beeinträchtigung der Funktionsfähigkeit zu erwarten. Eine Instandsetzung muss in kürzester Zeit durchgeführt werden [15]

Systemkomponenten des Bahnkörpers in Schotterbauweise　Schiene, Schienenbefestigung, Schwelle sowie zusätzliche elastische Elemente

Weichschicht　Boden mit geringer Steifigkeit, wie organische und bindige Böden mit geringer Konsistenz, die relativ empfindlich gegenüber dynamischen Einwirkungen sind [108]

Literaturverzeichnis

[1]   Adam, D.; Kopf, F.: *Dynamische Effekte durch bewegte Lasten auf Fahrwegen.* In: Bauingenieur, Ausgabe 01-2003, 2003.

[2]   Antrack, S.: *Einfluss von externen Einwirkungen auf die Bildung von punktuellen Instabilitäten und deren Ursachenbekämpfung.* 10. Stuttgarter verkehrswissenschaftliches Fachgespräch des VWI, 2015.

[3]   Arbeitsausschuss „Ufereinfassungen" der Hafenbautechnischen Gesellschaft e.V. und der Deutschen Gesellschaft für Geotechnik e.V.: *Empfehlungen des Arbeitsausschusses „Ufereinfassungen" Häfen und Wasserstraßen EAU 2004.* 10. Auflage, Ernst und Sohn Verlag, 2004.

[4]   Augner, D.: *Laborversuche an Bodenproben - Ermittlung von Bodenkenngrößen.* Bundesanstalt für Wasserbau, Dienststelle Hamburg, Wedeler Landstraße 157, 22559 Hamburg, 2011.

[5]   Australian Rail Track Corporation LTD: *Manual on what to do and what not to do when performing sub-grade maintenance.* 2001.

[6]   Australian Rail Track Corporation LTD: *Mud Hole Management Guideline, ETH-10-01.* 2013.

[7]   Baeßler, M.: *Lageveränderung des Schottergleises durch zyklische und dynamische Beanspruchungen.* Dissertation, Technische Universität Berlin, Fakultät VI – Planen Bauen Umwelt, 2008.

[8]   van den Bosch, R.: *Querverschiebewiderstandsmessung mit dem dynamischen Gleisstabilisator.* In: EI – Eisenbahningenieur, 06/2007.

[9]   Bölling, W. H.: *Bodenkennziffern und Klassifizierung von Böden: Anwendungsbeispiele und Aufgaben.* Springer-Verlag Wien GmbH, 1971.

[10] Bundesbahn Zentralamt München: *Oberbauberechnung.* Deutsche Bundesbahn, 1992.

[11] Burkhardt, G.; Egloffstein, T. und 11 Mitautoren: *Deponieentwässerungssysteme II, Bau, Betrieb, Schäden und Sanierungsverfahren.* Expert Verlag, 1996.

[12] Crawford, S.; Murray, M.; Powell, J.: *Development of a Mechanistic Model for Determination of Track Modulus*. In: Proceedings 7th International Heavy Haul Conference, Brisbane, Australia, 2001.

[13] Daimer, G.; Hiegemann, M.: *Systematische Pflege und Instandhaltung von Entwässerungsanlagen*. In: EI – Eisenbahningenieur, 04/2014.

[14] DB Netz AG: *Fotodokumentation*. 2015.

[15] DB Netz AG: Ril 821: *Oberbau inspizieren*. 2015.

[16] DB Netz AG: Ril 836: *Erdbauwerke und sonstige geotechnische Bauwerke planen, bauen und instandhalten*. 2012.

[17] Demharter, K.: *Setzungsverhalten des Gleisrosts unter vertikaler Lasteinwirkung*. Mitteilung des Prüfamtes für Bau- und Landverkehrswegen der TU München, Heft 36, 1982.

[18] Deutsche Gesellschaft für Geotechnik: *Empfehlungen des Arbeitskreises „Baugrunddynamik"*. Berlin, 2002.

[19] DIN 1055-2: *Einwirkungen auf Tragwerke – Teil 2: Bodenkenngrößen*. November 2010.

[20] DIN 18122-1: *Baugrund, Untersuchung von Bodenproben - Zustandsgrenzen (Konsistenzgrenzen) - Teil 1: Bestimmung der Fließ- und Ausrollgrenze*. 1997.

[21] DIN 18122-2: *Baugrund, Untersuchung von Bodenproben - Zustandsgrenzen (Konsistenzgrenzen) - Teil 2: Bestimmung der Schrumpfgrenze*. 2000.

[22] DIN EN 1991-2: Eurocode 1: *Einwirkungen auf Tragwerke – Teil 2: Verkehrslasten auf Brücken; Deutsche Fassung EN 1991-2:2003 + AC: 2010*. Dezember 2010

[23] Doyle, N.F.: *Railway track design, a review of current practice*. BHP Melbourne Research Laboratories, Australian Government Publishing Service, Canberra 1980.

[24] Van Dyk, B. J.; Dersch, M. S.; Edwards, J. R.; Ruppert Jr., C. J.; Barkan, C. P.L.: *Evaluation of Dynamic and Impact Wheel Load Factors and their Application for Design*. Railtec, University of Illinois at Urbana-Champaign, Transportation Research Board 93rd Annual Meeting, 2013.

[25] Ebersöhn, W.; Selig, E.: Track Modulus Measurements on a Heavy Haul Line. Transportation Research Record No. 1470, 1994.

[26] Eisenmann, J.: *Beanspruchung des Eisenbahnoberbaues und seine Weiterentwicklung für höhere Geschwindigkeiten und Achslasten.* In: ETR - Eisenbahntechnische Rundschau, 04/1968.

[27] Eisenmann, J.: *Stützpunktelastizität bei einer Festen Fahrbahn.* In: ZEV + DET, Glasers Analen, 11/1999.

[28] Eisenmann, J.; Mattner, L.: *Auswirkungen der Oberbaukonstruktion auf die Schotter- und Untergrundbeanspruchung.* In: ETR – Eisenbahntechnische Rundschau 03/1984.

[29] Eurailpool GmbH: *Maschinen – PM 1000 URM.* Online unter: http://www.eurailpool.com/?/maschinen/pm-1000-urm. Zuletzt geprüft am 05.02.2017.

[30] Fendrich, L. (Hrsg.): *Handbuch Eisenbahninfrastruktur.* Springer-Verlag Berlin Heidelberg, 2007.

[31] Frederick, C. O.: *The Effect of Wheel and Rail Irregularities on the Track.* Heavy Haul Railways Conference, Perth, Australia, September 1978.

[32] Freudenstein, S.: *Detektieren von punktuellen Instabilitäten anhand typischer Rad-Schiene-Kräfte.* Einzelantrag auf Sachbeihilfe bei der Deutschen Forschungsgemeinschaft, 2014. (unveröffentlicht)

[33] Fryba, L.: *Vibration of Solids and Structures Under Moving Loads.* Thomas Telford, 1999.

[34] Getzner Werkstoffe GmbH: *Typenprogramm Unterschottermatten.* Online unter: https://www.getzner.com/de/search?q=unterschottermatte. Zuletzt geprüft am 29.03.2017.

[35] Göbel, C.; Lieberenz, K. (Hrsg.): *Handbuch Erdbauwerke der Bahnen.* DVV Media Group GmbH, 2013.

[36] Göbel C.; Staccone, G.; Niessen, J.; Hellmann, R.; Petzold, H.: *Fahrbahnerkundung mit dem Georadar-Verfahren – Teil 2.* In: EI – Der Eisenbahningenieur, 09/2016.

[37] Göbel, C.; Wegener, D.: *Bemessung geotechnischer Bauwerke.* In: Göbel, C.; Lieberenz, K. (Hrsg.), Handbuch Erdbauwerke der Bahnen, DVV Media Group GmbH, 2013.

[38] Gudehus, G.: *Bodenmechanik.* Ferdinand Enke Verlag, 1981.

[39] Guldenfels, R.: *Die Alterung von Bahnschotter aus bodenmechanischer Sicht.* Dissertation, Institut für Geotechnik (IGT) der ETH Zürich, Band 209, 1996.

[40] Hafenbautechnische Gesellschaft e.V. und Deutsche Gesellschaft für Erd- und Grundbau e.V.: *Empfehlungen des Arbeitsausschusses „Ufereinfassungen" Häfen und Wasserstraßen EAU 1990.* Ernst und Sohn Verlag, 1990.

[41] Hansmann F.; Landgraf, M.: *Wie fraktal ist die Eisenbahn?* In: ZEVrail, 11/2013.

[42] Hartmann, F.; Katz, C.: *Statik mit finiten Elementen.* Springer, 2002.

[43] Hestermann, U.; Rongen, L.: *Frick / Knöll Baukonstruktionslehre 1.* 36. Vollständig überarbeitete und aktualisierte Auflage. Springer Vieweg, 2015.

[44] Hiersig, H. M.: *Ingenieurwissen Grundlagen, Lexikon.* VDI Verlag GmbH, 1995.

[45] Holtzendorff, K.: *Untersuchung des Setzungsverhaltens von Bahnschotter und der Hohllagenentwicklung auf Schotterfahrbahnen.* Dissertation, Technische Universität Berlin, Fakultät V – Verkehrs- und Maschinensysteme, 2003.

[46] Homann, K.; Hüning, R.: *Handbuch der Gas- Rohrleitungstechnik.* 2. Auflage, R. Oldenbourg Verlag München Wien, 1997.

[47] Hudson, A.; Watson, G.; Le Pen, L.; Powrie, W.: *Remediation of mud pumping on a ballasted railway track.* The 3rd International Conference on Transportation Geotechnics (ICTG 2016), pages 1043 – 1050, 2016.

[48] Ingenieurgesellschaft Prof. Czurda und Partner mbH: *Rammsondierungen Felsklassen.* ICP Geologen und Ingenieure für Wasser und Boden. Online unter: http://www.icp-geologen.de/Info___Download/info___download.html. Zuletzt geprüft am 18.11.2016.

[49] Jungyoul, C.: *Qualitative Analysis for Dynamic Behaviour of Railway Ballasted Track.* Dissertation, Fakultät V – Verkehrs- und Maschinensysteme der Technischen Universität Berlin, 2014.

[50] Kerr, A. D.: *A Method for Determining The Track Modulus Using A Locomotive Or Car On Multi-Axle Trucks*. In: Proceedings of the American Railway Engineering Association, Vol. 84, 1983.

[51] Kerr, A. D.: *The determination of the track modulus k for the standard track analysis*. In: Proceedings of the AREMA 2002 Annual Conferences, 2002.

[52] Kipper, R.; Gerber, U.: *Gleislagefehler – Ursachen, Messung und Bewertung*. In: ETR – Eisenbahntechnische Rundschau, 12/2013.

[53] Klugar, K.: *Die Bedeutung der Auflast für die Verformung des Schotterbettes*. In: ETR – Eisenbahntechnische Rundschau, Heft 7/8, 1972.

[54] Knothe, K.: *Gleisdynamik*. Ernst & Sohn Verlag für Architektur und technische Wissenschaften, 2001.

[55] Kohler, M.: *Der Bettungsmodul für den Schotteroberbau von Meterspurbahnen*. DISS. ETH Nr. 14580, 2002.

[56] Kolymbas, D.: *Geotechnik – Bodenmechanik und Grundbau*. Springer-Verlag Berlin Heidelberg New York, 1998.

[57] Kolymbas, D.: *Geotechnik - Bodenmechanik, Grundbau und Tunnelbau*. Springer-Verlag, 3., neu bearbeitete Neuauflage, 2011.

[58] Kramer, H.: *Angewandte Baudynamik, Grundlagen und Beispiele für Studium und Praxis*. Ernst & Sohn, 2011.

[59] Krass, J.; Mitransky, B., Rupp, G.: *Grundlagen der Bautechnik*. 1. Auflage, Vieweg + Teubner, 2009.

[60] Kunze, G.; Göhring, H.; Jacob, K.: *Baumaschinen Erdbau- und Tagebaumaschinen*. Springer Fachmedien Wiesbaden GmbH, 2012.

[61] Kunze, G.; Göring, H.; Klaus, J.; Scheffler, M. (Hg.): *Baumaschinen, Erdbau- und Tagebaumaschinen*. Springer Fachmedien Wiesbaden, 2002.

[62] Landgraf, M.; Pinter, E.; Stern, J.: *Automatisierte Zustandserfassung des Eisenbahnunterbaues mittels Georadar*. In: ETR – Eisenbahntechnische Rundschau, 06/2016.

[63] Landgraf, M.: *Einfluss von Unterbau und Wasserwegigkeit auf die Gleislagequalität*. Akademiker Verlag, 2012.

[64] Lehrstuhl für Grundbau, Bodenmechanik, Felsmechanik und Tunnelbau: *Kapitel I Scherfestigkeit*. Vorlesungsskript Technische Universität München, Zentrum Geotechnik. Online unter: https://www.gb.bgu.tum.de/index.php?id=46. Zuletzt geprüft am 04.01.2017.

[65] Leykauf, G.; Lothar M.: *Elastisches Verformungsverhalten des Eisenbahnoberbaus - Eigenschaften und Anforderungen*. In: EI – Eisenbahningenieur, 03/1990.

[66] Lichtberger, B.: *Das System Gleis und seine Instandhaltung*. In: EI – Eisenbahningenieur 01/ 2007.

[67] Lichtberger, B.: *Handbuch Gleis*. DVV Media Group GmbH, 2010.

[68] Lieberenz, K.; Müller-Boruttau, F.; Weisemann, U.: *Sicherung der dynamischen Stabilität von Unterbau/Untergrund*. In: EI - Eisenbahningenieur 02/2003.

[69] Lieberenz, K.; Wegener, D.: *Abtragung der Lasten im System Oberbau, Unterbau und Untergrund*. In: EIK – Eisenbahningenieurkalender, 2009.

[70] Liu, D.: *The influence of track quality to the performance of vehicle track interaction*. Mitteilung des Prüfamtes für Verkehrswegebau der Technischen Universität München, 2015.

[71] Martin, U.; Rapp, S.: *Ansatz zur Erfassung der Bodeneigenschaften am Bahnkörper in Schotterbauweise*. In: ETR - Eisenbahntechnische Rundschau, 04/2017.

[72] Martin, U.; Rapp, S.: *Punktuelle Instabilitäten am Bahnkörper: Ursache und zerstörungsfreie Erfassung*. In: Ingenieurspiegel, 05/2016.

[73] Martin, U.; Rapp, S.; Moormann, C.; Aschrafi, J.: *Ansätze zur Früherkennung von Instabilitäten an Bahnkörpern in Schotterbauweise*. In: EI – Eisenbahningenieur 01/2015.

[74] Martin, U.; Rapp, S.; Camacho, D.; Moormann, C.; Lehn, J.; Prakaso, P.: *Abschätzung der Untergrundverhältnisse am Bahnkörper anhand des Bettungsmoduls*. In: ETR - Eisenbahntechnische Rundschau, 05/2016.

[75] Matthews, V.: *Bahnbau*. Vieweg + Teubner Verlag, 2011.

[76] Mattner, L.: *Analyse von Versuchen mit Eisenbahnschotter und Simulationsberechnung der Gleislageverschlechterung unter einem oftmals überrollenden*

Rad. Mitteilung des Prüfamtes für Verkehrswegebau der Technischen Universität München, 1986.

[77] Moormann, C.: *Vorlesungsskript Geotechnik I: Bodenmechanik*. Institut für Geotechnik der Universität Stuttgart, 2014.

[78] Murray, C. A.; Take, W. A.; Hoult, N. A.: *Measurement of vertical and longitudinal rail displacements using digital image correlation*. Canadian Geotechnical Journal, Volume 52, 2015.

[79] Müller-Boruttau, F. H.; Breitsamter, N.: *Dynamische Gleismessungen und spektrale Analyse – wie man messen und was man daraus erfahren kann*. VDI-Berichte 1754 Baudynamik, 2003.

[80] Müller-Boruttau, F. H.; Breitsamter, N.: *Elastische Elemente verringern die Fahrwegbeanspruchung*. In: ETR - Eisenbahntechnische Rundschau, 09/2000.

[81] Müller-Boruttau, F. H.; Rosentahl, V.; Breitsamter, N.: *So trägt das Schotterbett Lasten ab – Messungen am Oberbau, SYSTEME GRÖTZ BSO/MK*. Ingenieurbüro imb-dynamik. Online unter: http://www.imb-dynamik.de/index.php?seite=publikationen&unterseite=schienenverkehrswesen. Zuletzt geprüft am 04.01.2017.

[82] Naval Facilities Engineering Command: *Foundation and Earth Structures, Design Manual 7.02*.1986.

[83] Normenausschuss Bauwesen (NABau): *DIN EN 1991-2:2010-12, Teil 2: Verkehrslasten auf Brücken*. Deutsches Institut für Normung e. V., Stand: 2012-08.

[84] Priest, J.A.; Powrie, W.: *Determination of Dynamic Track Modulus from Measurement of Track Velocity during Train Passage*. In: Journal of Geotechnical and Geoenvironmental Engineering, Vol. 135, No. 11, 2009.

[85] Rail Accident Investigation Branch: *Freight train derailment near Gloucester 15 October 2013*. Rail Accident Report, 10/2014.

[86] Rapp, S.; Martin, U.; Wang, B.: *Punktuelle Instabilitäten am bestehenden Bahnkörper in Schotterbauweise*; 10. Stuttgarter verkehrswissenschaftliches Fachgespräch des VWI, 2015.

[87] Rieger H.: *Der Freileitungsbau*. Springer-Verlag Berlin Heidelberg GmbH, 1960.

[88] Ripke, B.: *Anpassung der Modellparameter eines Gleismodells an gemessene Gleisrezeptanzen*. Bericht aus dem Institut für Luft- und Raumfahrt der Technischen Universität Berlin, ILR Mitteilung 274 (1992), 1992.

[89] Rolf K.: *Studienunterlagen Geotechnik*. Institut und Versuchsanstalt für Geotechnik der TU Darmstadt, 17.09.2013.

[90] Schmidt, H. H.: *Grundlagen der Geotechnik, Bodenmechanik – Grundbau – Erdbau*. B.G. Teubner Stuttgart, 1996.

[91] Schmidt, H. H.; Buchmaier, R. F.; Vogt-Breyer, C.: *Grundlagen der Geotechnik: Geotechnik nach Eurocode*. Springer Vieweg, 2014.

[92] Schultze, E.; Muhs, H.: *Bodenuntersuchungen für Ingenieurbauten*. Springer-Verlag Berlin Heidelberg GmbH, 1950.

[93] Simmer, K.: *Grundbau 1, Bodenmechanik und erdstatische Berechnungen*. B.G. Teubner Stuttgart, 1994.

[94] Soldati, G.; Meier, M.; Zurkirchen, M.: *Kontinuierliche Messung der Gleiseinsenkung mit 20 t Achslast*. In: EI – Eisenbahningenieur 02/2016.

[95] Spang, C.: *Einführung in die Felsmechanik, Seminar zur Ausbildung von qualifizierten Planungsingenieuren für Tunnel und Erdbauwerke*. DB Trainingszentrum Regensburg, 15.03. – 16.03.2012.

[96] Staccone, G.: *Georadarmessungen zur Erkundung des geotechnischen Zustands von Eisenbahnstrecken*. 10. Stuttgarter verkehrswissenschaftliches Fachgespräch des VWI, 2015.

[97] Steiner, E.; Kuttelwascher, C.; Prager, G.: *Lastabtragung im Schotterbett – Änderungseffekte durch Konsolidierung und Bahnbetrieb*. In: ETR – Eisenbahntechnische Rundschau, 12/2014.

[98] Steiner, E.; Kuttelwascher, C.; Prager, G.: *Druckausbreitung von belasteten Eisenbahnschwellen im Gleisschotter*. In: ETR – Eisenbahntechnische Rundschau, 12/2012.

[99] Steiner, E.; Kuttelwascher, C.; Prager, G.: *Druckausbreitung von belasteten Eisenbahnschwellen im verschmutzten Gleisschotter*. In: ETR – Eisenbahntechnische Rundschau Austria, 06/2014.

[100] The MathWorks Inc.: *MATLAB Primer R2014a*. 2014.

[101] Thienel, K.-Ch.: *Werkstoffe I, Allgemeine Grundlagen – Stoffkennwerte*. Vorlesungsskript, Universität der Bundeswehr München, Herbsttrimester 2011.

[102] Untersuchungszentrale der Eisenbahn-Unfalluntersuchungsstelle des Bundes: *Untersuchungsbericht, Aktenzeichen 60 – 60uu2011-02/00041, Zugentgleisung Gröbers – Großkugel*. 24.06.2013.

[103] Untersuchungszentrale der Eisenbahn-Unfalluntersuchungsstelle des Bundes: *Untersuchungsbericht, Aktenzeichen 60uu2013-06/047-3323, Zugentgleisung Kaub - Lorch (Rhein)*. 09.06.2013.

[104] Untersuchungszentrale der Eisenbahn-Unfalluntersuchungsstelle des Bundes: *Untersuchungsbericht, Aktenzeichen 60 – 60uu2011-04/00043, Zugentgleisung Bf Hannover – Linden*. 09.09.2013.

[105] Versa, Verkehrssicherheitsarbeit für Österreich: *Untersuchungsbericht, Sicherheitsuntersuchungsstelle des Bundes, BMVIT-795.336-IV/BAV/UUB/SCH/2013, Entgleisung eines Güterzugs am 14. Februar 2013*. 2013.

[106] Vogel, W.; Lieberenz, K.; Neidhart, T.; Wegener, D.: *Eisenbahnstrecken mit Schotteroberbau auf Weichschichten - Rechnerisches Verfahren zur Untersuchung der dynamischen Stabilität des Eisenbahnfahrwegs bei Zugüberfahrten*. Planungshilfe. DB Netze, Stand 21.04.2015.

[107] Vogel, W.; Lieberenz, K.; Neidhart, T.; Wegener, D.: *Erarbeitung von Kriterien zur Beurteilung der Notwendigkeit von Ertüchtigungen bei Eisenbahnstrecken auf Weichschichten*. Abschlussbericht, DB Netz AG, 2010. (unveröffentlicht)

[108] Vogel, W.; Lieberenz, K.; Neidhart, T.; Wegener, D.: *Zur dynamischen Stabilität von Eisenbahnstrecken auf Weichschichten im Untergrund*. In: ETR – Eisenbahntechnische Rundschau, 09/2011.

[109] Wegener, D.: *Ermittlung bleibender Bodenverformungen infolge dynamischer Belastung mittels numerischer Verfahren*. Mitteilungen Heft 17, TU Dresden, 2013.

[110] Winkler, E.: *Die Lehre von der Elastizität und Festigkeit*. Verlag von H. Dominicus, 1867.

[111] Witt, K. J.: *Grundbau-Taschenbuch, Teil 1: Geotechnische Grundlagen*. Ernst & Sohn, Verlag für Architektur und technische Wissenschaften, 2008.

[112] Wolf, J.P.: *Foundation Vibration Analysis using Simple Physical Models.* Swiss Federal Institute of Technology, 1994.

[113] Zarembski, A. M.; Choros, J.: *On the measurement and calculation of vertical track modulus.* In Proceedings American Railway Engineering Association, Vol. 81, 1980.

[114] Zimmermann, H.: *Die Berechnung des Eisenbahnoberbaus.* 1888.

Anhang I

Prozessverlauf der Verminderung der Gleislagequalität für eine nicht rechtzeitig erkannte punktuelle Instabilität

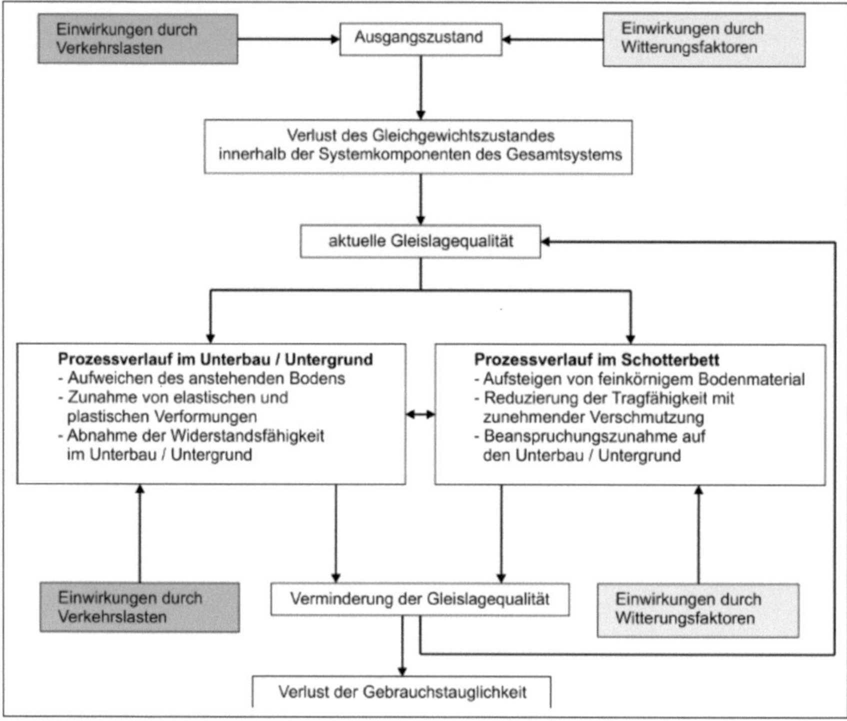

Abbildung I-1: Verminderung der Gleislagequalität bei nicht rechtzeitig erkannten punktuellen Instabilitäten im Unterbau / Untergrund [73]

Anhang II

Messschriebe für Entgleisungen aufgrund einer punktuellen Instabilität

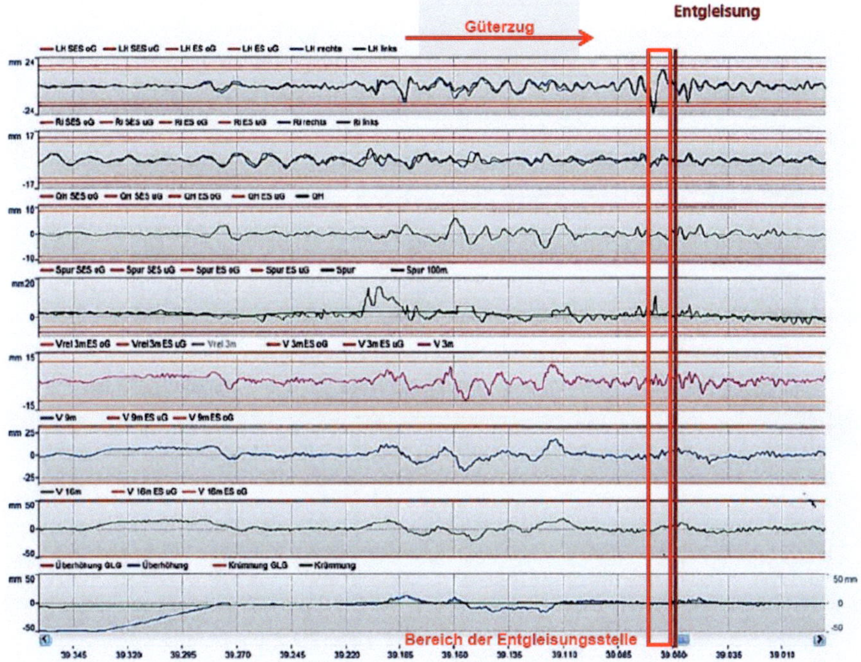

Abbildung II-1: Messschrieb für eine punktuelle Instabilität aus [105]

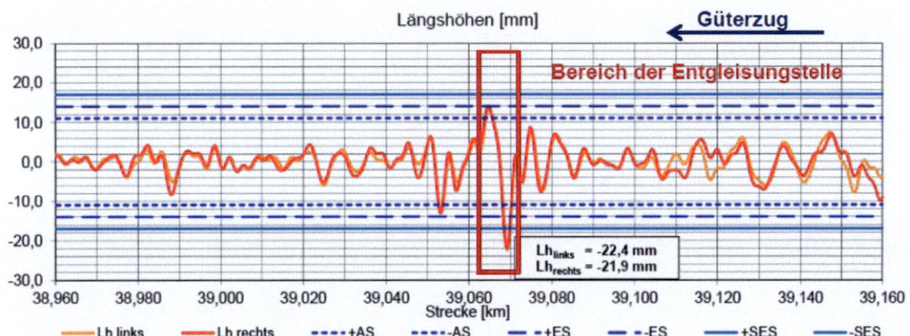

Abbildung II-2: Gemessene Längshöhe für eine punktuelle Instabilität aus [105]

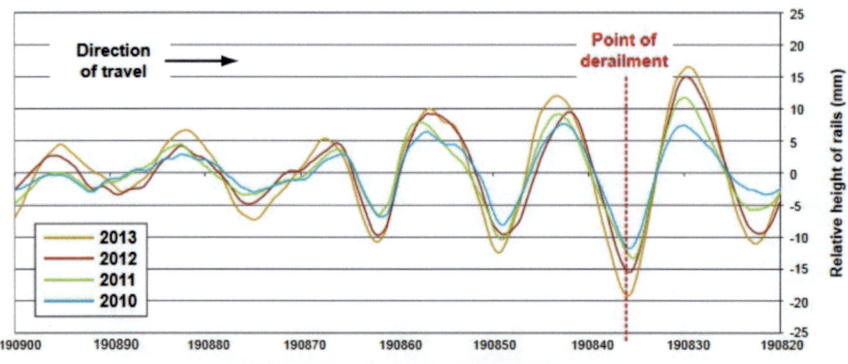

Abbildung II-3: Gemessene Längshöhe für eine punktuelle Instabilität aus [85]

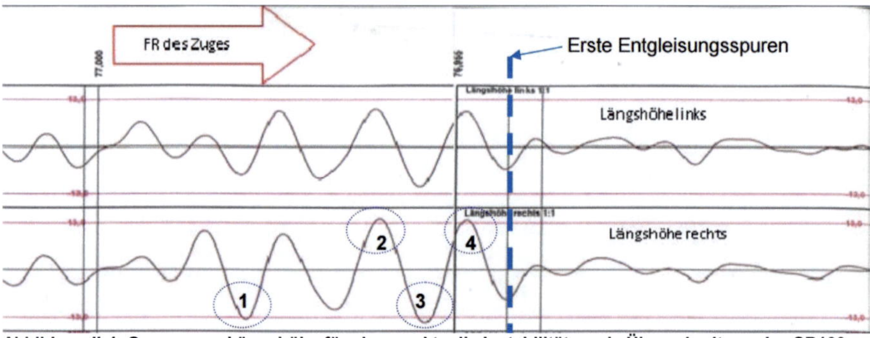

Abbildung II-4: Gemessene Längshöhe für eine punktuelle Instabilität sowie Überschreitung des SR100 Wertes 1-4 aus [103]

Anhang III

Lastausbreitungswinkel

Der Lastausbreitungswinkel beeinflusst die Höhe der Vertikalspannungen mit zunehmender Tiefe und wird bei maximaler Flächenpressung bzw. Verkehrsbelastung durch die Messung der Druckverteilung am Planum bestimmt [97].

Der Lastausbreitungswinkel, gemessen von einer definierten Horizontalen, z.B. Planumsebene, wird nach [37], [106] und [109] konstant mit 60° für einen intakten Bahnkörper angenommen.

Nach [107] kann mit Hilfe der Abbildung III-1 der Lastausbreitungswinkel in Abhängigkeit von der Querdehnzahl abgelesen bzw. nach Gleichung 5.19 und 5.20 berechnet werden, wobei nach [112] bezüglich der Bestimmung der Querdehnzahl mittels Wellengeschwindigkeit die durchgezogene blaue Linie maßgebend ist [109].

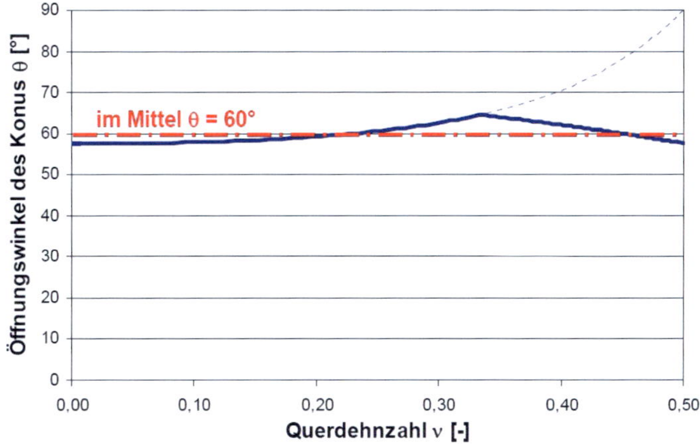

Abbildung III-1: Lastausbreitungswinkel (Öffnungswinkel) in Abhängigkeit der Querdehnzahl aus [109] nach [107] (blaue Linie maßgebend)

In [81] wird ein Lastausbreitungswinkel in Längsrichtung des Bahnkörpers von der Schwellenunterkante zur Vertikalen von 15° (s.a. Abbildung III-2) angegeben. Dieser wurde durch Feldmessungen bestimmt. Der untersuchte Bahnkörper besitzt jedoch einen speziellen Aufbau, der elastische Elemente sowie eine Betontragplatte beinhaltet, die den Lastausbreitungswinkel beeinflussen können.

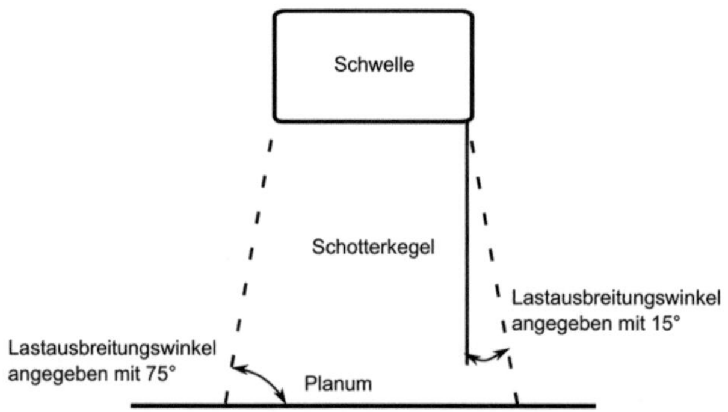

Abbildung III-2: Unterschiedliche Angaben des Lastausbreitungswinkels nach [81] und [37], [106], [109]

In [99] wurde der mittlere Lastausbreitungswinkel eines verschmutzten Schotters für verschiedene Laststufen, Schotterbetthöhen sowie Wassergehalte in einem Schotterbettkasten im Labor untersucht. Bei einer Bettungshöhe von 22 cm vergrößert sich tendenziell der Lastausbreitungswinkel mit zunehmendem Wassergehalt. Bei einer Schotterbettstärke von 32 cm bleibt der Lastausbreitungswinkel auch mit zunehmendem Wassergehalt relativ konstant bei ca. 17°. Für einen neuen Schotter wird ein Lastausbreitungswinkel von 20° bei einer Schotterbetthöhe von 32 cm angegeben [98]. Der Lastausbreitungswinkel variiert nach [99] insgesamt zwischen 16° und 23° (s.a. Abbildung III-3).

In [97] wurden der Lastausbreitungswinkel an Bahnkörpern mit einer bituminösen Tragschicht (ideale Auflagerbedingung des Messsystems) für unterschiedliche Gesteinsarten (Basalt, Granit) gemessen. Für beide Bahnkörper erreicht der Lastausbreitungswinkel nach einer Konsolidierungsphase des neu eingebauten Schotters einen Wert von 17°.

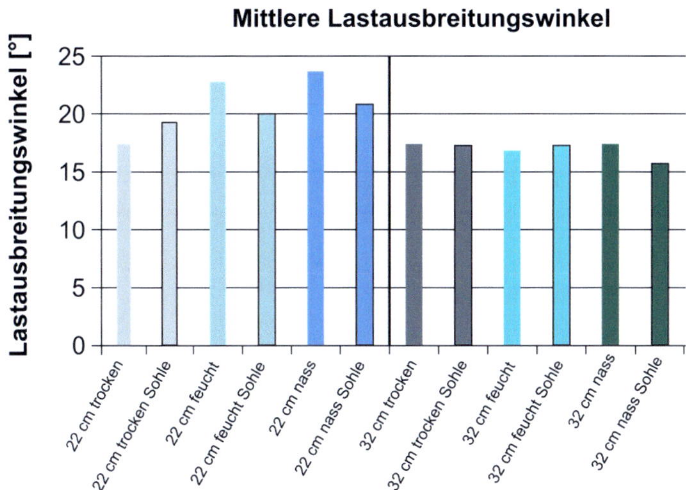

Abbildung III-3: Mittlere Lastausbreitungswinkel des Schotters in Schienenlängsrichtung bei einer Belastung von 100 kN auf der halben Schwelle im Schienenstützpunkt mit einer Schotterstärke von 22 cm bzw. 32 cm [99]

Literatur	Zustand des Schotterbetts / Bahnkörpers	Lastausbreitungswinkel zur Horizontalen	Lastausbreitungswinkel zur Vertikalen
[37], [106], [109]	intakter Bahnkörper	60°	30°
[81]	intakter Bahnkörper mit Betontragplatte	75°	15°
[107]	abhängig von der Querdehnzahl	58° - 65°	32° - 25°
[99]	Schotterbett feucht - nass mit einer Höhe von 22 cm	67° - 66°	23° - 24°
[99]	Schotterbett feucht - nass mit einer Höhe von 32 cm	73°	17°
[99]	neuer Schotter	70°	20°
[97]	neuer Schotter nach Konsolidierungsphase	83°	17°

Tabelle III-1: Zusammenfassung der angegebenen Lastausbreitungswinkel für unterschiedliche Zustände des Bahnkörpers

Tabelle III-1 zeigt zusammenfassend die in [37], [81], [97], [99], [106], [107], [109] angegebenen Werte für den Lastausbreitungswinkel der zwischen 15° und 32° in Bezug zur Vertikalen schwankt. Die durch Messungen bestimmten Lastausbreitungswinkel erscheinen deutlich kleiner, als der in [37], [106] und [109] angegebenen bzw. in [107] zu bestimmende Lastausbreitungswinkel.

Anhang IV

Lasterhöhungsfaktor zur Berücksichtigung der dynamischen Einwirkungen

Die im Folgenden aufgelisteten Formelzeichen und deren Bezeichnung gelten ausschließlich für Anhang IV zur Berechnung des Lasterhöhungsfaktors.

Die dynamische Radkraft berechnet sich aus der statischen Radkraft multipliziert mit dem Lasterhöhungsfaktor, welcher unter anderem von der Fahrzeuggeschwindigkeit und der Gleislagequalität abhängig ist.

$$Q_{di} = Q \cdot \phi$$

Q_{di}	dynamische Radkraft	[kN]
Q	statische Radkraft	[kN]
ϕ	Lasterhöhungsfaktor	[-]

Im Laufe der Zeit wurden unterschiedliche empirische Formeln zur Berechnung des Lasterhöhungsfaktors entwickelt. Diese beruhen auf Messungen am Gleis, die je nach Umgebung, Aufbau des Bahnkörpers und verwendeter Materialien bzw. Systemkomponenten sowie Fahrzeug, Fahrzeugzustand und -geschwindigkeit unterschiedliche Messergebnisse lieferten.

Die in Tabelle IV-1 dargestellten Formeln der Lasterhöhungsfaktoren berücksichtigen durchgehend den Einfluss der Geschwindigkeit. Steigt die Geschwindigkeit des Schienenfahrzeugs, nehmen auch der Wert des Lasterhöhungsfaktors und somit die Gesamtbelastung zu. Der Raddurchmesser berücksichtigt den Effekt von unrunden Rädern. Mit Abnahme des Durchmessers steigen die dynamischen Kräfte, da sich bei gleicher Geschwindigkeit die Anzahl der Radumdrehungen im Gegensatz zu einem größeren Rad erhöhen und somit der Fahrweg zunehmend häufiger auf gleicher Distanz durch die Radunrundheit belastet wird [24]. Unterschiede können zudem in den Formeln bei der Spurweite auftreten. Beispielsweise berücksichtigt die Formel der südafrikanischen Eisenbahn die Spurweite einer Schmalspurbahn [24]. Das Verfahren nach Eisenmann findet bei der Dimensionierung des Eisenbahnoberbaus Verwendung [10]. Eine ausführliche Beschreibung des Verfahrens mit Beispielen ist in [35] enthalten. Sowohl Eisenmann als auch Clarke und Indish Railway berücksichtigen den Zustand des Fahrwegs. Eisenmann führte einen Faktor ein, dessen Größe abhängig vom Oberbauzustand und der Gleislagequalität ist. Clarke sowie die Indish

Railway berücksichtigen die Qualität des Bahnkörpers über die Steifigkeit am Bahnkörper [23], [24]. Das Office of Research and Experiments of the International Union of Railways (ORE) entwickelte eine relativ umfassende Formel für die Berechnung des Lasterhöhungsfaktors. Über drei Geschwindigkeitskoeffizienten können Geschwindigkeit, Zustand und Bauart des Fahrzeugs, Zustand und Führung des Fahrwegs sowie die Fahrt durch einen Kreisbogen mit eingebauter Überhöhung berücksichtigt werden [23], [24]. Der Lasterhöhungsfaktor der British Railways ist für die Berechnung einzelner Unebenheiten, die einen schlagartigen Anstieg der Rad-Schiene-Kräfte verursachen (Schienenstöße oder das Überfahren einer Weiche), anzuwenden [23], [24]. Dabei muss zwischen der Berechnung einer dynamischen Zusatzanregung aufgrund eines Schienenstoßes und der Formel für Spritzstöße und Hohllagen unterschieden werden [67].

Die in Abbildung IV-1 berechneten Lasterhöhungsfaktoren wurden, ausgehend von einem möglichst idealen Zustand des Fahrzeugs, für einen geraden Streckenteil sowie für einen guten Zustand des Fahrwegs berechnet. Für einen Vergleich der Lasterhöhungsfaktoren untereinander erfolgte eine Normierung durch Anpassung der Einheiten. Es zeigt sich insgesamt eine große Abweichung der Lasterhöhungsfaktoren bei einer Geschwindigkeit von 160 km/h, wodurch die dynamischen Einwirkungen unterschiedlich stark berücksichtigt werden.

Formel	Lasterhöhungsfaktor ø [-]	
Schramm, aus [49]	$1 + \dfrac{V_{Zug}^2}{3 \cdot 10^4}$	für $V_{Zug} \leq 100$ km/h
	$1 + \dfrac{4{,}5 \cdot V_{Zug}^2}{10^5} - \dfrac{1{,}5 \cdot V_{Zug}^3}{10^7}$	für $V_{Zug} > 100$ km/h
WMATA, aus [23]	$(1 + 3{,}86 \cdot 10^{-5} \cdot V_{Zug}^2)^{\frac{2}{3}}$	
Republic of Korea, aus [49]	$1 + 0{,}513 \cdot \left(\dfrac{V_{Zug}}{100}\right)$	
Sadeghi, aus [49]	$1{,}098 + 8 \cdot 10^{-4} \cdot V_{Zug} + 10^{-6} \cdot V_{Zug}^2$	
Südafrika, aus [49]	$1 + 4{,}92 \cdot \dfrac{V_{Zug}}{D}$	
AREA, aus [23] und [49]	$1 + 5{,}21 \cdot \dfrac{V_{Zug}}{D}$	
Clarke, aus [49]	$1 + \dfrac{19{,}65 \cdot V_{Zug}}{D \cdot k^{1/2}}$	
Indien, aus [23]	$1 + \dfrac{V_{Zug}}{58{,}14 \cdot k^{0{,}5}}$	
Eisenmann, aus [23]	$1 + n \cdot \delta \cdot t$	
ORE, aus [23]	$1 + \alpha' + \beta' + \gamma'$	
British Railways, aus [23] und [67]	$\dfrac{8{,}784 \cdot (\alpha_1 + \alpha_2) \cdot V_{Zug}}{Q} \cdot \left[\dfrac{D_j \cdot P_u}{g}\right]^{\frac{1}{2}}$	aus [23], für Schienenstöße
	$Q \cdot \left(1 + 190 \cdot \dfrac{M \cdot (V_{Zug}/3{,}6)^2}{k_U \cdot \lambda}\right)$	aus [67], für Hohllagen und Spritzstöße

Tabelle IV-1: Unterschiedliche Ansätze zur Berechnung des Lasterhöhungsfaktors[2]

D	Raddurchmesser	[mm]
D_j	Steifigkeit des Gleises am Schienenstoß	[kN/mm]
g	Erdbeschleunigung	[m/s²]
k	Bettungsmodul (englischsprachiger Raum)	[MPa]

---

[2] Formelbezeichnungen gelten ausschließlich für Anhang IV

k_U	Steifigkeit des Untergrunds	[MN/m]
n	Faktor zur Berücksichtigung des Oberbauzustands und der Gleislagequalität	[-]
P_u bzw. M	ungefederte Masse am Rad	[kg]
Q	statische Radkraft	[kN]
Q_{di}	dynamische Radkraft	[kN]
t	Wahrscheinlichkeitsfaktor zur Erfassung des Größtwertes für eine festzulegende statistische Sicherheit	[-]
V_{Zug}	Zuggeschwindigkeit	[km/h]
α'	Geschwindigkeitskoeffizient bezogen auf den Mittelwert des Lasterhöhungsfaktors	[-]
$\alpha_1 + \alpha_2$	gesamter Neigungswinkel des Schienenstoßes	[rad]
β'	Geschwindigkeitskoeffizient bezogen auf den Mittelwert des Lasterhöhungsfaktors	[-]
γ'	Geschwindigkeitskoeffizient bezogen auf die Standardabweichung des Lasterhöhungsfaktors	[-]
δ	Geschwindigkeitsbeiwert	[-]
Λ	Wellenlänge des Gleislagefehlers	[m]
$\varnothing$	Lasterhöhungsfaktor	[-]

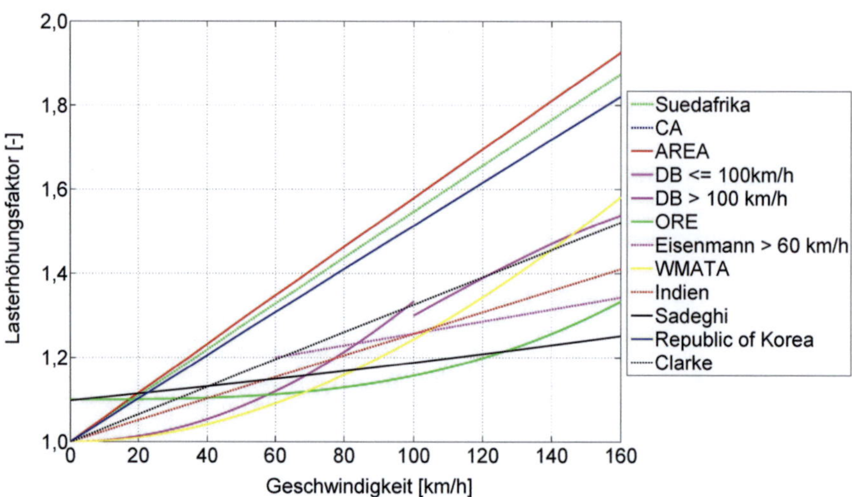

Abbildung IV-1: Lasterhöhungsfaktoren in Abhängigkeit von der Geschwindigkeit

In einer Parameterstudie von [107] wurden Erhöhungsfaktoren bestimmt, die den Oberbauzustand, dessen Aufbau, die Gleislagequalität und den Zustand des Fahrzeugs berücksichtigen. Das Ergebnis bezüglich der ermittelten Lasterhöhungsfaktoren ist in [37] zu finden. Sind die Vertikalspannungen nach [33] berechnet, können mittels Multiplikation die zusätzlichen dynamischen Zusatzanregungen berücksichtigt werden [37]. [106] empfiehlt, ab einer Zuggeschwindigkeit von 160 km/h die dynamischen Einwirkungen, entstehend aus dem Zugverkehr mittels dem einfachen Frequenzbereichsverfahren nach [54] zu berechnen.

Qualität der Gleislage und des Fahrzeugmaterials	Ermittlung des Erhöhungsfaktors *)	Erhöhungsfaktor f	Anwendung
Sehr gut	$\approx (1 + 0{,}1 \cdot \bar{s})$	1,15	- neues bzw. sehr gut gewartetes Gleis mit großer Schiene (z.B. UIC 60) und - Schwellen, Zwischenlagen entsprechend Ausrüstungsstandart Ril 820.2010 (2008) sowie - gut gepflegtes Wagenmaterial (z.B. Lokomotiven mit in der Regel gut gepflegten Rädern als maßgebende Lastbilder)
gut	$\approx (1 + 0{,}2 \cdot \bar{s})$	1,33	- gut gewartetes Gleis und - gut gepflegtes Wagenmaterial (z.B. Lokomotiven mit in der Regel gut gepflegten Rädern als maßgebende Lastbilder)
mäßig	$\approx (1 + 0{,}3 \cdot \bar{s})$	1,50	- mäßig gewartetes Gleis oder - weniger gepflegtes Wagenmaterial (z.B. Güterzugwagen mit in der Regel weniger gut gepflegten Rädern als maßgebende Lastbilder)

*) analog Oberbauberechnung DB (1992), jedoch mit $\bar{S} = 1{,}65$ Standardabweichung für 95 % Unterschreitungswahrscheinlichkeit

Tabelle IV-2: Erhöhungsfaktor f zur Erfassung der dynamischen Einwirkungen, aus [37] nach [107]

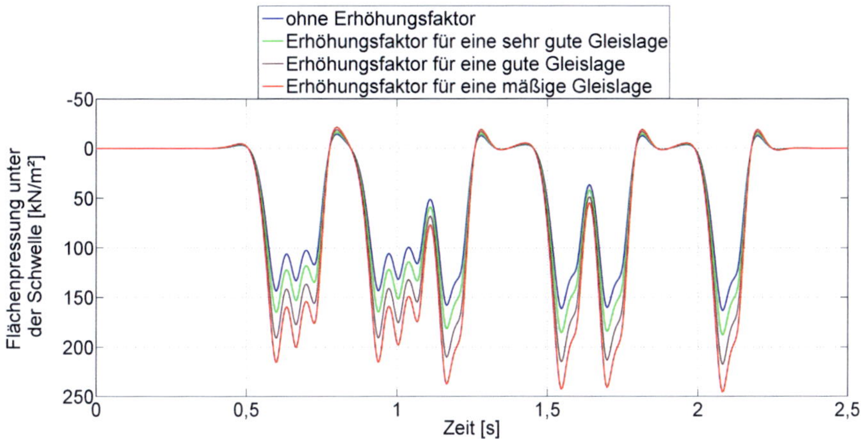

Abbildung IV-2: Vertikalspannungszeitverläufe unter Berücksichtigung der Qualität der Gleislage für einen Güterzug mit angehängten Wagen

Anhang V

Im Folgenden wird sukzessive die Berechnung zur Bestimmung der dynamischen Einwirkungen resultierend aus einem unrunden Rad und dem Schwellenabstand von 0,6 m am Beispiel der in [106] enthaltenen Parameter erläutert. Die in Tabelle V-1 aufgelistete Federsteifigkeit und Dämpfungseigenschaft des Bodens wurden in [106] aus dem angenommenen Wert für den gesamten Bettungsmodul und der mittels Versuchen bestimmten Bodeneigenschaften berechnet und bilden in [106] Zwischenergebnisse.

		Beschreibung	Symbol	Wert	Einheit
Bahnkörper	Schiene	Biegesteifigkeit	B_r	6,42	MNm²
		Querdehnzahl des Schienenstahls	v_r	0,25	-
		Massebelegung	μ_r	60,34	kg/m
		Ersatzradius Kontaktfläche Rad-Schiene	R_h	0,587	m
		Hertz'sche Kontaktsteifigkeit	k_h	$1,17 \cdot 10^9$	N/m
	Beton-schwelle	Schwellenmasse	m_S	305	kg
		Schwellenabstand	a	0,6	m
		Massebelegung der halben Schwelle	μ_S	254	kg/m
	Zwischen-lage	Federsteifigkeit der Zwischenlage	k_{zw}	$1,1 \cdot 10^8$	N/m
		Dämpfungseigenschaft der Zwischenlage	D_{zw}	$1,26 \cdot 10^4$	Ns/m
	Boden	Federsteifigkeit des Bodens[3]	k_b	$7,3 \cdot 10^7$	N/m
		Dämpfungseigenschaft des Bodens	D_b	$3,11 \cdot 10^5$	Ns/m
Verkehrsbelastung	Fahrzeug	Zuggeschwindigkeit	v_{Zug}	44,44	m/s
		Masse des Wagenkastens	m_{WK}	108815	kg
		Masse des Drehgestellrahmens	m_{DG}	8400	kg
		Masse des Radsatzes	m_{RS}	2000	kg
		anteilige Wagenkastenmasse pro Rad	m_3	9086	kg
		anteilige Drehgestellrahmenmasse pro Rad	m_2	1400	kg
		anteilige Radsatzmasse pro Rad	m_1	1000	kg
		Federsteifigkeit der Primärfesselung	k_{pr}	$1,20 \cdot 10^6$	N/m
		Dämpfungseigenschaft der Primärfesselung	D_{pr}	$6,3 \cdot 10^4$	Ns/m
		Federsteifigkeit der Sekundärfesselung	k_{sec}	$3,50 \cdot 10^5$	N/m
		Dämpfungseigenschaft der Sekundärfesselung	D_{sec}	$8,22 \cdot 10^4$	Ns/m

Tabelle V-1: Parameter für die Berechnung der dynamischen Einwirkungen aus [106]

---

[3] Der Wert der Federsteifigkeit des Bodens wurde bezogen auf Tabelle 8.1-4 enthalten in [106] entsprechend der in [106] durchgeführten Berechnung zur Federsteifigkeit des Bodens korrigiert.

<u>Verlauf der Unebenheiten</u>

Die gesamte harmonische Anregung aufgrund eines typischen unrunden Rades besteht aus mehreren Schwingungen, die sich aus einzelnen Sinusfunktionen mit unterschiedlichen Amplituden und den zugehörigen Phasenverschiebungen zusammensetzt. Das Profil des typischen unrunden Rades wurde im Zuge des Projekts EUORBALT 2 entwickelt und für die Berücksichtigung der dynamischen Anregung durch den Schwellenabstand um eine fünfte Ordnung erweitert [37], [106]. Für Güterzüge bzw. verhältnismäßig große Unebenheiten am Rad können die in [106] angegebene Unebenheiten bzw. Amplituden zweifach angesetzt werden [54], [106].

Die allgemeine Schreibweise der harmonischen Schwingung lautet:

$$\Delta\hat{z}(t) = \Delta\hat{z} \cdot \sin(\Omega t + \varphi)$$

In komplexer Schreibweise wird die harmonische Schwingung ausgedrückt:

$$\Delta\hat{z}(t) = \Delta\hat{z} \cdot e^{i(\Omega t + \varphi)}$$

Der Sinusanregung entsprechend, wird der Imaginärteil der komplexen Schreibweise als reeller Wert angenommen.

$$\Delta\hat{z}(t) = IM\big(\Delta\hat{z} \cdot e^{i(\Omega t + \varphi)}\big)$$

Die Schwingungsgleichung kann in Abhängigkeit von der Amplitude, dem zurückgelegten Weg, dem Radumlauf, dem Radius des Rades am Zug, der Ordnung der Radunrundheit sowie der Phasenverschiebung wie folgt beschrieben werden:

$$\Delta\hat{z}(t) = \Delta\hat{z} \cdot \sin(\frac{x_w}{(r/n)} + \varphi)$$

$\Delta\hat{z}$	Unebenheit bzw. Störgröße	[m]
$\Omega = 2 \cdot \pi \cdot f$	Winkelgeschwindigkeit	[1/s]
$f = \dfrac{v_{Zug}}{\lambda}$	Erregerfrequenz resultierend aus dem Verhältnis der Zuggeschwindigkeit und der Wellenlänge der Unebenheit	[1/s]
$t = \dfrac{x_w}{v_{Zug}}$	Zeit	[s]
x_w	Betrachtungslänge, hier Radumlauf	[m]
v_{Zug}	Zuggeschwindigkeit	[m/s]
$R_u = 2 \cdot \pi \cdot r$	Radumlauf	[m]
r	Radius des Rades am Zug	[m]

n	Ordnung der Radunrundheit	[-]
φ	Phasenverschiebung	[-]

Die einzelnen Schwingungen mit den zugehörigen Parametern ergeben sich mit einem Radius des Rades am Zug von 0,96 m wie folgt:

Ordnung der Radunrundheit [-]	Unebenheit [m]	Phasenverschiebung [-]	Schwingung
1	$2{,}04 \cdot 10^{-4}$	$-\frac{5}{4} \cdot \pi$	$2{,}04 \cdot 10^{-4} \cdot \sin\left(\frac{x_w}{(\frac{r}{2}/1)} - \frac{5}{4} \cdot \pi\right)$
2	$5{,}10 \cdot 10^{-5}$	$-\frac{1}{2} \cdot \pi$	$5{,}10 \cdot 10^{-5} \cdot \sin\left(\frac{x_w}{(\frac{r}{2}/2)} - \frac{1}{2} \cdot \pi\right)$
3	$5{,}10 \cdot 10^{-5}$	$-\frac{1}{4} \cdot \pi$	$5{,}10 \cdot 10^{-5} \cdot \sin\left(\frac{x_w}{(\frac{r}{2}/3)} - \frac{1}{4} \cdot \pi\right)$
4	$1{,}18 \cdot 10^{-4}$	$-\frac{7}{4} \cdot \pi$	$1{,}18 \cdot 10^{-4} \cdot \sin\left(\frac{x_w}{(\frac{r}{2}/4)} - \frac{7}{4} \cdot \pi\right)$
5	$1{,}74 \cdot 10^{-4}$	$-\frac{3}{4} \cdot \pi$	$1{,}74 \cdot 10^{-4} \cdot \sin\left(\frac{x_w}{(\frac{r}{2}/5)} - \frac{3}{4} \cdot \pi\right)$
6	$1{,}40 \cdot 10^{-5}$	0	$1{,}40 \cdot 10^{-5} \cdot \sin\left(\frac{x_w}{(\frac{r}{2}/6)}\right)$
7	$1{,}20 \cdot 10^{-5}$	$-\frac{3}{4} \cdot \pi$	$1{,}20 \cdot 10^{-5} \cdot \sin\left(\frac{x_w}{(\frac{r}{2}/7)} - \frac{3}{4} \cdot \pi\right)$
8	$1{,}40 \cdot 10^{-5}$	$-\frac{3}{4} \cdot \pi$	$1{,}40 \cdot 10^{-5} \cdot \sin\left(\frac{x_w}{(\frac{r}{2}/8)} - \frac{3}{4} \cdot \pi\right)$
9	$1{,}10 \cdot 10^{-5}$	0	$1{,}10 \cdot 10^{-5} \cdot \sin\left(\frac{x_w}{(\frac{r}{2}/9)}\right)$
10	$5{,}00 \cdot 10^{-6}$	$-\frac{1}{4} \cdot \pi$	$5{,}00 \cdot 10^{-6} \cdot \sin\left(\frac{x_w}{(\frac{r}{2}/10)} - \frac{1}{4} \cdot \pi\right)$

Tabelle V-2: Unebenheiten mit den zugehörigen Funktionen nach [37] und [106]

Abbildung V-1 zeigt den Verlauf der Superposition aller zehn Schwingungen aus Tabelle V-2 für einen Radumlauf ($x_w = \{0, ..., 3{,}016\}$), der auch in [37] und [106] abgebildet ist.

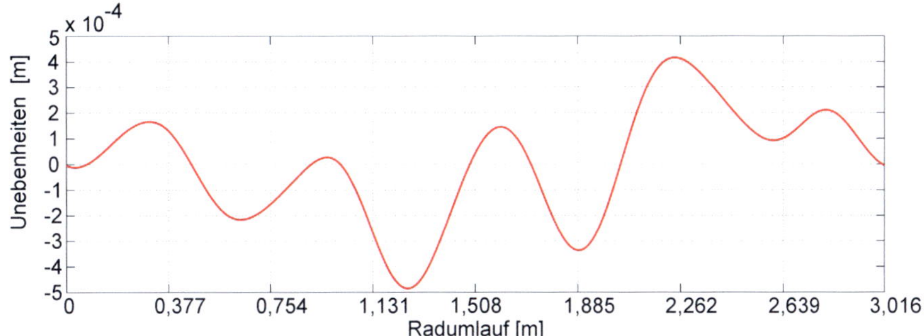

Abbildung V-1: Unebenheiten eines typischen unrunden Rades und aufgrund eines Schwellenabstands von 0,6 m für einen Radumlauf nach [37] und [106]

Berechnung der Fahrzeugrezeptanzen nach Gleichung 5.36 und 5.37

Verkürzte Darstellung der Bewegungsgleichung 5.36:

$$\begin{bmatrix} a_{11} & a_{12} & 0 \\ a_{21} & a_{22} & a_{23} \\ 0 & a_{32} & a_{33} \end{bmatrix} \cdot \begin{Bmatrix} x_1 \\ x_2 \\ x_3 \end{Bmatrix} = \begin{Bmatrix} 0 \\ 0 \\ y_3 \end{Bmatrix}$$

Die einzelnen Einträge in der 3x3 Matrix aus Gleichung 5.37 werden verkürzt dargestellt:

$$a_{11} = -\Omega^2 m_3 + i\Omega D_{sec} + k_{sec}$$

$$a_{12} = -i\Omega D_{sec} - k_{sec}$$

$$a_{21} = -i\Omega D_{sec} - k_{sec}$$

$$a_{22} = -\Omega^2 m_2 + i\Omega\left(D_{sec} + D_{pr}\right) + \left(k_{sec} + k_{pr}\right)$$

$$a_{23} = -i\Omega D_{pr} - k_{pr}$$

$$a_{32} = -i\Omega D_{pr} - k_{pr}$$

$$a_{33} = -\Omega^2 m_1 + i\Omega D_{pr} + k_{pr}$$

Die Formelzeichen für die vertikalen Verschiebungen der Fahrzeugkomponenten werden ersetzt durch:

$$x_1 = \Delta\hat{w}_{cb}$$

$$x_2 = \Delta\hat{w}_{bf}$$

$$x_3 = \Delta\hat{w}_w$$

Die Bezeichnung der komplexen Radkraftschwankung wird ersetzt durch:

$$y_3 = -\Delta\hat{Q}$$

<u>Auflösen des Gleichungssystems nach x_3:</u>

$$a_{11} \cdot x_1 + a_{12} \cdot x_2 + 0 \cdot x_3 = 0$$

Nach x_1 aufgelöst:

$$x_1 = -\frac{a_{12} \cdot x_2}{a_{11}}$$

Nach x_2 aufgelöst:

$$a_{21} \cdot x_1 + a_{22} \cdot x_2 + a_{23} \cdot x_3 = 0$$

x_1 eingesetzt:

$$a_{21} \cdot \left(-\frac{a_{12} \cdot x_2}{a_{11}}\right) + a_{22} \cdot x_2 + a_{23} \cdot x_3 = 0$$

$$x_2 = \frac{a_{23} \cdot x_3}{\dfrac{a_{12} \cdot a_{21}}{a_{11}} - a_{22}}$$

x_3 ergibt sich durch das Einsetzen von x_2:

$$a_{32} \cdot x_2 + a_{33} \cdot x_3 = y_3$$

$$a_{32} \cdot \frac{a_{23} \cdot x_3}{\dfrac{a_{12} \cdot a_{21}}{a_{11}} - a_{22}} + a_{33} \cdot x_3 = y_3$$

$$x_3 \cdot \left(\frac{a_{23} \cdot a_{32}}{\dfrac{a_{12} \cdot a_{21}}{a_{11}} - a_{22}} + a_{33}\right) = y_3$$

Wird der Ausdruck in Klammern durch die Variable a ersetzt ergibt sich vereinfacht x_3 zu:

$$x_3 = \frac{y_3}{a}$$

Da $H_w(i\Omega) = \frac{\Delta \hat{w}_w}{-\Delta \hat{Q}} = \frac{x_3}{y_3}$ kann durch Einsetzen von $x_3 = \frac{y_3}{a}$ $H_w(i\Omega)$ berechnet werden.

$$H_w(i\Omega) = \frac{x_3}{y_3} = \frac{\frac{y_3}{a}}{y_3} = \frac{1}{a} = \frac{1}{\left(\dfrac{a_{23} \cdot a_{32}}{\dfrac{a_{12} \cdot a_{21}}{a_{11}} - a_{22}} + a_{33}\right)}$$

H_w	Fahrzeugrezeptanz	[m/N]
$\Delta \hat{w}_w$	Verschiebung des Rades in vertikaler Richtung	[m]

Die Fahrzeugrezeptanzen für die einzelnen Schwingungen ergeben sich schließlich zu:

Symbol	Fahrzeugrezeptanz [m/N]
$H_w(i\Omega)_1$	$-8{,}47\cdot10^{-8} - 4{,}53\cdot10^{-8}$i
$H_w(i\Omega)_2$	$-2{,}57\cdot10^{-8} - 7{,}89\cdot10^{-9}$i
$H_w(i\Omega)_3$	$-1{,}22\cdot10^{-8} - 2{,}62\cdot10^{-9}$i
$H_w(i\Omega)_4$	$-7{,}02\cdot10^{-9} - 1{,}57\cdot10^{-9}$i
$H_w(i\Omega)_5$	$-4{,}55\cdot10^{-9} - 6{,}07\cdot10^{-10}$i
$H_w(i\Omega)_6$	$-3{,}18\cdot10^{-9} - 3{,}56\cdot10^{-10}$i
$H_w(i\Omega)_7$	$-2{,}35\cdot10^{-9} - 2{,}26\cdot10^{-10}$i
$H_w(i\Omega)_8$	$-1{,}80\cdot10^{-9} - 1{,}52\cdot10^{-10}$i
$H_w(i\Omega)_9$	$-1{,}43\cdot10^{-9} - 1{,}07\cdot10^{-10}$i
$H_w(i\Omega)_{10}$	$-1{,}16\cdot10^{-9} - 7{,}84\cdot10^{-11}$i

Tabelle V-3: Fahrzeugrezeptanzen der jeweiligen Schwingungen

Berechnung der Gleisrezeptanzen nach Gleichung 5.38 und 5.39

Durch Einsetzen der entsprechenden in Tabelle V-1 enthaltenen Parameter in die Gleichungen 5.38 und 5.39 werden die dynamischen Bettungssteifigkeiten sowie die Gleisrezeptanzen der einzelnen Schwingungen berechnet.

Die dynamischen Bettungssteifigkeiten ergeben sich zu:

Symbol	dynamische Bettungssteifigkeit [N/m²]
$\beta_{dyn,1}$	$7{,}44\cdot10^{7} + 1{,}75\cdot10^{7}$i
$\beta_{dyn,2}$	$7{,}80\cdot10^{7} + 3{,}39\cdot10^{7}$i
$\beta_{dyn,3}$	$8{,}34\cdot10^{7} + 4{,}84\cdot10^{7}$i
$\beta_{dyn,4}$	$8{,}97\cdot10^{7} + 6{,}03\cdot10^{7}$i
$\beta_{dyn,5}$	$9{,}62\cdot10^{7} + 6{,}95\cdot10^{7}$i
$\beta_{dyn,6}$	$1{,}02\cdot10^{8} + 7{,}59\cdot10^{7}$i
$\beta_{dyn,7}$	$1{,}06\cdot10^{8} + 7{,}98\cdot10^{7}$i
$\beta_{dyn,8}$	$1{,}08\cdot10^{8} + 8{,}18\cdot10^{7}$i
$\beta_{dyn,9}$	$1{,}09\cdot10^{8} + 8{,}22\cdot10^{7}$i
$\beta_{dyn,10}$	$1{,}06\cdot10^{8} + 8{,}16\cdot10^{7}$i

Tabelle V-4: Dynamische Bettungssteifigkeiten der jeweiligen Schwingungen

Die Gleisrezeptanzen ergeben sich zu:

Symbol	Gleisrezeptanz [m/N]
$H_r(i\Omega)_1$	$8{,}47\cdot10^{-9} - 1{,}48\cdot10^{-9}$i
$H_r(i\Omega)_2$	$7{,}56\cdot10^{-9} - 2{,}40\cdot10^{-9}$i
$H_r(i\Omega)_3$	$6{,}67\cdot10^{-9} - 2{,}77\cdot10^{-9}$i
$H_r(i\Omega)_4$	$5{,}98\cdot10^{-9} - 2{,}85\cdot10^{-9}$i
$H_r(i\Omega)_5$	$5{,}51\cdot10^{-9} - 2{,}79\cdot10^{-9}$i
$H_r(i\Omega)_6$	$5{,}21\cdot10^{-9} - 2{,}71\cdot10^{-9}$i
$H_r(i\Omega)_7$	$5{,}03\cdot10^{-9} - 2{,}64\cdot10^{-9}$i
$H_r(i\Omega)_8$	$4{,}94\cdot10^{-9} - 2{,}60\cdot10^{-9}$i
$H_r(i\Omega)_9$	$4{,}93\cdot10^{-9} - 2{,}60\cdot10^{-9}$i
$H_r(i\Omega)_{10}$	$4{,}97\cdot10^{-9} - 2{,}65\cdot10^{-9}$i

Tabelle V-5: Gleisrezeptanzen der jeweiligen Schwingungen

β_{dyn}	dynamische Bettungssteifigkeit	[N/m²]
H_r	Gleisrezeptanz	[m/N]

Berechnung der komplexen Rad- und Schotterkraft

Durch Einsetzen der entsprechenden Parameter in Gleichung 5.41 ergeben sich für die einzelnen Schwingungen die komplexen Radkräfte:

Symbol	komplexe Radkraft [N]
$\Delta\hat{Q}_1$	$-1{,}95\cdot10^{3} + 1{,}21\cdot10^{3}$i
$\Delta\hat{Q}_2$	$-2{,}16\cdot10^{3} + 1{,}26\cdot10^{3}$i
$\Delta\hat{Q}_3$	$-4{,}71\cdot10^{3} + 5{,}17\cdot10^{3}$i
$\Delta\hat{Q}_4$	$-3{,}28\cdot10^{3} + 2{,}91\cdot10^{4}$i
$\Delta\hat{Q}_5$	$1{,}93\cdot10^{4} + 4{,}24\cdot10^{4}$i
$\Delta\hat{Q}_6$	$2{,}25\cdot10^{3} + 2{,}65\cdot10^{3}$i
$\Delta\hat{Q}_7$	$2{,}08\cdot10^{3} + 1{,}82\cdot10^{3}$i
$\Delta\hat{Q}_8$	$2{,}43\cdot10^{3} + 1{,}80\cdot10^{3}$i
$\Delta\hat{Q}_9$	$1{,}87\cdot10^{3} + 1{,}24\cdot10^{3}$i
$\Delta\hat{Q}_{10}$	$8{,}20\cdot10^{2} + 5{,}10\cdot10^{2}$i

Tabelle V-6: Komplexe Radkräfte der jeweiligen Schwingungen

Nach Gleichung 5.46 wird durch Einsetzen der entsprechenden Parameter die komplexe Schotterkraftschwankung berechnet.

Symbol	komplexe Schotterkraft [N]
$\Delta\hat{S}_1$	$-8,08\cdot10^2 + 4,46\cdot10^2\mathrm{i}$
$\Delta\hat{S}_2$	$-9,60\cdot10^3 + 4,89\cdot10^2\mathrm{i}$
$\Delta\hat{S}_3$	$-2,24\cdot10^3 + 2,32\cdot10^3\mathrm{i}$
$\Delta\hat{S}_4$	$-1,28\cdot10^3 + 1,42\cdot10^4\mathrm{i}$
$\Delta\hat{S}_5$	$1,15\cdot10^4 + 2,07\cdot10^4\mathrm{i}$
$\Delta\hat{S}_6$	$1,37\cdot10^3 + 1,21\cdot10^3\mathrm{i}$
$\Delta\hat{S}_7$	$1,31\cdot10^3 + 7,45\cdot10^2\mathrm{i}$
$\Delta\hat{S}_8$	$1,58\cdot10^3 + 6,17\cdot10^2\mathrm{i}$
$\Delta\hat{S}_9$	$1,26\cdot10^3 + 3,33\cdot10^2\mathrm{i}$
$\Delta\hat{S}_{10}$	$5,72\cdot10^2 + 9,55\cdot10^1\mathrm{i}$

Tabelle V-7: Komplexe Schotterkräfte der jeweiligen Schwingungen

Berechnung der Rad- und Schotterkraftschwankung für einen Radumlauf

Die Radkraftschwankung wird durch Superposition der einzelnen Schwingungen mit den komplexen Radkräften, dem zurückgelegten Weg, dem Radumlauf, dem Radius des Rades am Zug, der Ordnung der Radunrundheit sowie der Phasenverschiebung nach Gleichung 5.42 berechnet. Es wird angenommen, dass aufgrund der Sinusanregung für die einzelnen Schwingungen der Imaginärteil der jeweiligen Radkraft den reellen Wert der Radkraft bildet. Die einzelnen Schwingungen mit den zugehörigen Parametern ergeben sich für eine Sinusanregung wie folgt:

Ordnung der Radunrundheit [-]	Radkraft [kN]	Phasenverschiebung [-]	Radkraftschwankung [kN]
1	1,21	$-\frac{5}{4}\cdot\pi$	$\Delta Q_1(t) = 1{,}21 \cdot \sin\left(\frac{x_w}{(\frac{r}{2}/1)} - \frac{5}{4}\cdot\pi\right)$
2	1,26	$-\frac{1}{2}\cdot\pi$	$\Delta Q_2(t) = 1{,}26 \cdot \sin\left(\frac{x_w}{(\frac{r}{2}/2)} - \frac{1}{2}\cdot\pi\right)$
3	5,17	$-\frac{1}{4}\cdot\pi$	$\Delta Q_3(t) = 5{,}17 \cdot \sin\left(\frac{x_w}{(\frac{r}{2}/3)} - \frac{1}{4}\cdot\pi\right)$
4	29,1	$-\frac{7}{4}\cdot\pi$	$\Delta Q_4(t) = 29{,}1 \cdot \sin\left(\frac{x_w}{(\frac{r}{2}/4)} - \frac{7}{4}\cdot\pi\right)$
5	42,4	$-\frac{3}{4}\cdot\pi$	$\Delta Q_5(t) = 42{,}4 \cdot \sin\left(\frac{x_w}{(\frac{r}{2}/5)} - \frac{3}{4}\cdot\pi\right)$
6	2,65	0	$\Delta Q_6(t) = 2{,}65 \cdot \sin\left(\frac{x_w}{(\frac{r}{2}/6)}\right)$
7	1,82	$-\frac{3}{4}\cdot\pi$	$\Delta Q_7(t) = 1{,}82 \cdot \sin\left(\frac{x_w}{(\frac{r}{2}/7)} - \frac{3}{4}\cdot\pi\right)$
8	1,80	$-\frac{3}{4}\cdot\pi$	$\Delta Q_8(t) = 1{,}80 \cdot \sin\left(\frac{x_w}{(\frac{r}{2}/8)} - \frac{3}{4}\cdot\pi\right)$
9	1,24	0	$\Delta Q_9(t) = 1{,}24 \cdot \sin\left(\frac{x_w}{(\frac{r}{2}/9)}\right)$
10	0,51	$-\frac{1}{4}\cdot\pi$	$\Delta Q_{10}(t) = 0{,}51 \cdot \sin\left(\frac{x_w}{(\frac{r}{2}/10)} - \frac{1}{4}\cdot\pi\right)$
			$\Delta Q_{ges}(t) = \sum_i \Delta Q_i(t)$ für i = 1, ..., n

Tabelle V-8: Berechnung der Radkraftschwankung für einen Radumlauf

Die Schotterkraftschwankung für einen Radumlauf wird analog zur Radkraftschwankung nach Gleichung 5.47 berechnet. Die einzelnen Schwingungen für die Schotterkraftschwankung mit den zugehörigen Parametern ergeben sich für eine Sinusanregung wie folgt:

Ordnung der Radun- rundheit [-]	Radkraft [kN]	Phasen- verschie- bung [-]	Radkraftschwankung [kN]
1	0,4460	$-\dfrac{5}{4}\cdot\pi$	$\Delta S_1(t) = 0{,}446 \cdot \sin\left(\dfrac{x_w}{\left(\frac{r}{2}/1\right)} - \dfrac{5}{4}\cdot\pi\right)$
2	0,4890	$-\dfrac{1}{2}\cdot\pi$	$\Delta S_2(t) = 0{,}489 \cdot \sin\left(\dfrac{x_w}{\left(\frac{r}{2}/2\right)} - \dfrac{1}{2}\cdot\pi\right)$
3	2,3200	$-\dfrac{1}{4}\cdot\pi$	$\Delta S_3(t) = 2{,}320 \cdot \sin\left(\dfrac{x_w}{\left(\frac{r}{2}/3\right)} - \dfrac{1}{4}\cdot\pi\right)$
4	14,2000	$-\dfrac{7}{4}\cdot\pi$	$\Delta S_4(t) = 14{,}2 \cdot \sin\left(\dfrac{x_w}{\left(\frac{r}{2}/4\right)} - \dfrac{7}{4}\cdot\pi\right)$
5	20,7000	$-\dfrac{3}{4}\cdot\pi$	$\Delta S_5(t) = 20{,}7 \cdot \sin\left(\dfrac{x_w}{\left(\frac{r}{2}/5\right)} - \dfrac{3}{4}\cdot\pi\right)$
6	1,2100	0	$\Delta S_6(t) = 1{,}21 \cdot \sin\left(\dfrac{x_w}{(0.48/6)}\right)$
7	0,7450	$-\dfrac{3}{4}\cdot\pi$	$\Delta S_7(t) = 0{,}745 \cdot \sin\left(\dfrac{x_w}{\left(\frac{r}{2}/7\right)} - \dfrac{3}{4}\cdot\pi\right)$
8	0,6170	$-\dfrac{3}{4}\cdot\pi$	$\Delta S_8(t) = 0{,}617 \cdot \sin\left(\dfrac{x_w}{\left(\frac{r}{2}/8\right)} - \dfrac{3}{4}\cdot\pi\right)$
9	0,3330	0	$\Delta S_9(t) = 0{,}333 \cdot \sin\left(\dfrac{x_w}{\left(\frac{r}{2}/9\right)}\right)$
10	0,0955	$-\dfrac{1}{4}\cdot\pi$	$\Delta S_{10}(t) = 0{,}0955 \cdot \sin\left(\dfrac{x_w}{\left(\frac{r}{2}/10\right)} - \dfrac{1}{4}\cdot\pi\right)$
			$\Delta S_{ges}(t) = \displaystyle\sum_i \Delta S_i(t) \text{ für } i = 1, \dots, n$

Tabelle V-9: Berechnung der Schotterkraftschwankung für einen Radumlauf

Durch die Superposition der einzelnen Schwingungen jeweils für die Rad- und Schotterkraftschwankung aus Tabelle V-8 und Tabelle V-9 ergeben sich die jeweiligen Verläufe für die Rad- und Schotterkraftschwankung dargestellt in Abbildung V-2.

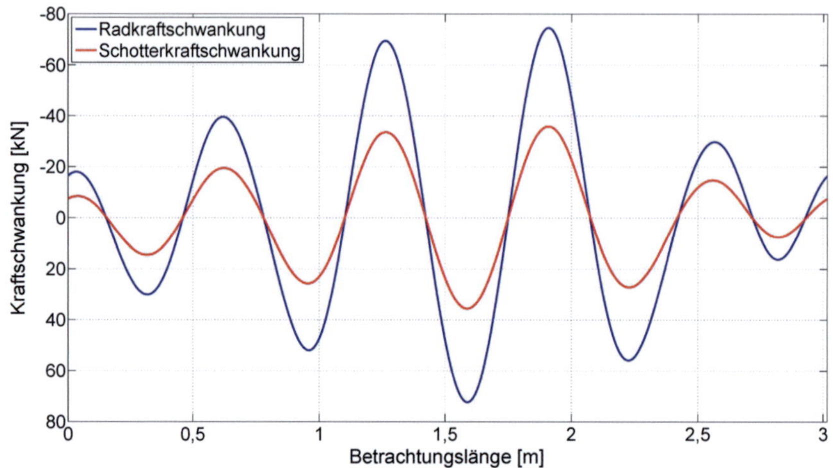

Abbildung V-2: Rad- und Schotterkraftschwankung resultierend aus einem unrunden Rad und dem Schwellenabstand von 0,6 m für einen Radumlauf

<u>Berechnung der Rad- und Schotterkraftschwankung für einen Achsübergang</u>

Durch Einsetzen der Rad- und Schotterkraftschwankung für einen Radumlauf in die Gleichungen 5.43 und 5.44 sowie 5.48 und 5.49 für eine entsprechende Dämpfungsfunktion ergeben sich die Kraftschwankungen zwischen Rad und Schiene sowie Schwelle und Schotter entsprechend Abbildung V-3. Die elastische Länge bei dynamischer Bettungssteifigkeit bildet die gemittelte elastische Länge bei dynamischer Bettungssteifigkeit, welche sich aus den einzelnen frequenzabhängigen Schwingungen ergibt. Die Position des Maximums der Kraftschwankung für einen Radumlauf, welche auf den Bahnkörper einwirkt, ist aus Abbildung V-2 zu bestimmen. Anschließend wird der Abstand vom Lastangriffspunkt in Abhängigkeit vom Radumlauf festgelegt. In Abbildung V-2 befindet sich das Maximum der Kraftschwankung bei 1,587 m, wodurch sich die maximalen Abstände vom Lastangriffspunkt mit $x = $ -1,587 m bis $x = $ +1,429 m ergeben.

Radkraftschwankung [kN]
$\Delta Q(x,t) = \Delta Q_{ges}(t) \cdot e^{\left(-\frac{x}{L_{dyn}}\right)} \cdot \left(\cos\left(\frac{x}{L_{dyn}}\right) + \sin\left(\frac{x}{L_{dyn}}\right)\right)$ für $x \geq 0$
$\Delta Q(x,t) = \Delta Q_{ges}(t) \cdot e^{\left(\frac{x}{L_{dyn}}\right)} \cdot \left(\cos\left(\frac{x}{L_{dyn}}\right) - \sin\left(\frac{x}{L_{dyn}}\right)\right)$ für $x < 0$

Tabelle V-10: Berechnung der Radkraftschwankung für einen Achsübergang

Schotterkraftschwankung [kN]
$\Delta S(x,t) = \Delta S_{ges}(t) \cdot e^{\left(-\frac{x}{L_{dyn}}\right)} \cdot \left(\cos\left(\frac{x}{L_{dyn}}\right) + \sin\left(\frac{x}{L_{dyn}}\right)\right) \; f\ddot{u}r \; x \geq 0$
$\Delta S(x,t) = \Delta S_{ges}(t) \cdot e^{\left(\frac{x}{L_{dyn}}\right)} \cdot \left(\cos\left(\frac{x}{L_{dyn}}\right) - \sin\left(\frac{x}{L_{dyn}}\right)\right) \; f\ddot{u}r \; x < 0$

Tabelle V-11: Berechnung der Schotterkraftschwankung für einen Achsübergang

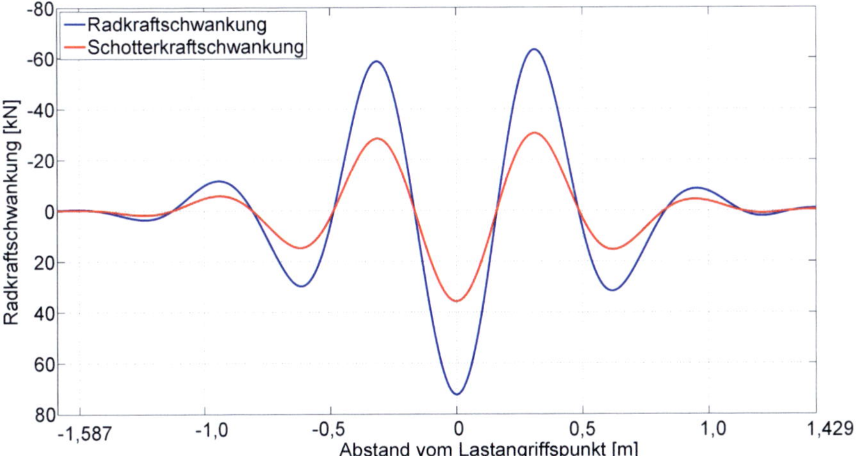

Abbildung V-3: Rad- und Schotterkraftschwankung resultierend aus einem unrunden Rad und dem Schwellenabstand von 0,6 m für einen Achsübergang

Anhang VI

Bodenart	subgrade modulus k [lbs/cui]		Bettungsmodul des Untergrunds [MN/m³]	
weicher Ton (aus [67] nach [17] und [28])				28,00
halbfester Ton (aus [67] nach [17] und [28])				42,00
gleichförmiger Sand (aus [67] nach [17] und [28])				55,00
guter Untergrund (aus [67] nach [17] und [28])				69,00
sehr guter Untergrund (aus [67] nach [17] und [28])				138,00
gering tragfähiger Boden, gleichförmiger Sand, Schluff [76]				56,00
gut tragfähiger Boden, z.B. verdichteter Kiessand [76]				137,00
sehr steifer Untergrund, felsiger Boden [76]				235,00
starrer Untergrund, z.B. Tunnelsohle, Brücke [76]				435,00
organischer Ton und schluffiger Ton [82]	25,00	100,00	6,78	27,12
anorganischer Ton mit hoher Plastizität [82]	50,00	150,00	13,56	40,68
anorganischer toniger Schluff, plastische Schluffe [82]	50,00	100,00	13,56	27,12
anorganischer Ton von geringer und mittlerer Plastizität [82]	50,00	100,00	13,56	27,12
Mischung aus anorganischem Ton und Schluff [82]	50,00	200,00	13,56	54,24
anorganischer Schluff und toniger Schluff [82]	100,00	200,00	27,12	54,24
toniger Sand, schlecht abgestuftes Ton-Sand-Gemisch [82]	100,00	300,00	27,12	81,36
Sand-Schluff-Ton-Gemisch [82]	100,00	300,00	27,12	81,36
schluffiger Sand, schlecht abgestuftes Sand-Schluff-Gemisch [82]	100,00	300,00	27,12	81,36
schlecht abgestufter sauberer Sand, Sand-Kies-Gemisch [82]	200,00	300,00	54,24	81,36
gut abgestufter sauberer Sand, kiesiger Sand [82]	200,00	300,00	54,24	81,36
toniger Kies, schlecht abgestuftes Kies-Sand-Ton-Gemisch [82]	100,00	300,00	27,12	81,36
schluffiger Kies, schlecht abgestuftes Kies-Sand-Schluff-Gemisch [82]	100,00	400,00	27,12	108,47
schlecht abgestufter sauberer Kies, Kies-Sand-Gemisch [82]	250,00	400,00	67,80	108,47
gut abgestufter sauberer Kies, Kies-Sand-Gemisch [82]	300,00	500,00	81,36	135,59

Tabelle VI-1: Bettungsmodulwerte für Unterbau / Untergrund nach [67], [76] und [82]

Anhang VII

Bettungsmodul und Querdehnzahl des Bodens nach Qualität des Bahnkörpers

Qualität der Bettung, des Unterbaus und des Untergrunds	Bettungsmodul des Bodens [MN/m³]	Beschreibung der Bettung, des Unterbaus und Untergrunds	Querdehnzahl [-]		v_{min} - v_{max}
Sehr schlechter Untergrund	< 20	organische, bindige Böden	0.49	Boden gesättigt [18], [106]	0.49
sehr schlechter Untergrund [67]	20 [30], [67]	Moorboden [67]	0,40 - 0,45	organischer Boden [35]	0,40 - 0,45
		weicher Ton [30]	0,41 0,45 - 0,49	Ton, weich aus [42] nach [3] Ton je nach Wassergehalt [93]	0,4 - 0,49
		feinkörniger Sand [67] gleichkörniger Sand [30]			
sehr schlecht [35]	< 50 [35]	organische Böden [35]	0,40 - 0,45	organischer Boden [35]	0,4 - 0,45
		Ton weich [35]	0,41 0,45 - 0,49	Ton, weich aus [42] nach [3] Ton je nach Wassergehalt [93]	0,4 - 0,49
		gleichkörniger Sand [35]			

Tabelle VII-1: Bodenarten mit den Bettungsmodulwerten zwischen 20 und < 100 MN/m³ und den zugehörigen Werten für die Querdehnzahl des Bodens

Qualität der Bettung, des Unterbaus und des Untergrunds	Bettungsmodul des Bodens [MN/m³]	Beschreibung der Bettung, des Unterbaus und Untergrunds	Querdehnzahl [-]		v_{min} - v_{max}
schlechter Untergrund [65], [67]	50 [30], [65], [67]	bindiger, weicher bis steifer Boden, Lehm, Ton [30], [67]	0,41 0,40 0,35 - 0,45 0,45 0,37 – 0,45 0,35 – 0,45 0.33 – 0,45 0,40 0,35	Ton, weich aus [42] nach [3] Ton, steif aus [42] nach [3] Ton [91] Ton [35] Ton [11] Schluff [35], [58] Schluff [11] Schluff aus [42] nach [3] Lehm, weich aus [42] nach [3]	0,33 - 0,45
schlecht [35]	≥ 50 [35]	bindiger halbfester Ton, Schluff [35]	0,37 0,35 – 0,45 0,35 – 0,45 0,33 – 0,45 0,40 0,35	Ton, halbfest aus [42] nach [3] Schluff je nach Sand und Tongehalt [35], [44], [93] Schluff [35], [58] Schluff [11] Schluff aus [42] nach [3] Lehm, halbfest aus [42] nach [3]	0,35 - 0,45
		lockerer Sand [35]	0,32 0,33	Sand, locker, eckig aus [42] nach [3] Sand, locker, rund aus [42] nach [3]	0,32 - 0,33

Tabelle VII-2: Bodenarten mit den Bettungsmodulwerten von ≥ 50 MN/m³ und den zugehörigen Werten für die Querdehnzahl des Bodens

Qualität der Bettung, des Unterbaus und des Untergrunds	Bettungsmodul des Bodens [MN/m³]	Beschreibung der Bettung, des Unterbaus und Untergrunds	Querdehnzahl [-]		v_{min} - v_{max}
guter Untergrund [65], [67]	100 [65], [67]	Grobsand bis Kies [67]	0,32 0,30 0,28 0,25 - 0,35 0,30 - 0,33 0,25 - 0,35 0,20 - 0,30	Sand, mitteldicht, rund aus [42] nach [3] Sand, mitteldicht, eckig aus [42] nach [3] Sand, dicht, eckig aus [42] nach [3] Sand [91] Sand [11] Sand, Kies [35], [93], [58] Kies [11]	0,20 - 0,35
gut [35], [65]	≥ 100 [30], [35], [65]	lehmiger und sandiger Kies [30], [35]			
		Kiessand, Kies [30]	0,28 0,20 0,20 - 0,30 0,25 - 0,35 0,20 - 0,35	Kies, ohne Sand aus [42] nach [3] dichtgelagerter Kies Kies [11] nichtbindige Böden [35] nichtbindige Böden [44]	0,20 - 0,35
		Tragsystem mit Schutzschicht [30]			

Tabelle VII-3: Bodenarten mit den Bettungsmodulwerten von ≥ 100 MN/m³ und den zugehörigen Werten für die Querdehnzahl des Bodens

Anhang VII

Qualität der Bettung, des Unterbaus und des Untergrunds	Bettungsmodul des Bodens [MN/m³]	Beschreibung der Bettung, des Unterbaus und Untergrunds	Querdehnzahl [-]		v_{min} - v_{max}
sehr guter Untergrund [35], [65], [67]	≥ 150 [35], [67], ([65])	Kies [67] Kiessand [35]	0,28 0,20 0,20 – 0,3 0,25 – 0,35 0,20 – 0,35	Kies, ohne Sand aus [42] nach [3] dichtgelagerter Kies Kies [11] nichtbindige Böden [35] nichtbindige Böden [44]	0,20 - 0,35
		Schutzschicht [35]			
		Fels [67]	0,15 – 0,25	Fels [91], [93]	0,15 - 0,25

Qualität der Bettung, des Unterbaus und des Untergrunds	Bettungsmodul des Bodens [MN/m³]	Beschreibung der Bettung, des Unterbaus und Untergrunds	Querdehnzahl [-]		v_{min} - v_{max}
Betonsohle [35], [65], [67]	≥ 300 [35], [65], [67]	Brücken, Tunnel, feste Fahrbahn [35], [67]	~0,20	Normalbeton [101]	~0,20
Untergrund/Unterbau sehr steif, starr	350 [30], [65]	intensiv verdichtete Erdkörper von Neubaustrecken [30]	0.20	dichtgelagerter Kies	0,15 - 0,25
		Fels [30]	0,15 - 0,25	Fels [91], [93]	
		Betonplatten [30]	~0,20	Normalbeton [101]	
ABS und NBS [27]	300 – 400 [27], ([65])	verdichteter Untergrund und verdichtete Tragschicht [27]	0.20	dichtgelagerter Kies	0,15 - 0,25
		Fels [27]	0,15 - 0,25	Fels [91], [93]	
		Brücken, Tunnel [27]	~0,20	Normalbeton [101]	

Tabelle VII-4: Bodenarten mit den Bettungsmodulwerten zwischen 150 und 400 MN/m³ und den zugehörigen Werten für die Querdehnzahl des Bodens

Anhang VIII

Bettungsmodul und Dichte des Bodens nach Qualität des Bahnkörpers[4]

Qualität der Bettung, des Unterbaus und des Untergrunds	Bettungsmodul des Bodens [MN/m³]	Beschreibung der Bettung, des Unterbaus und Untergrunds	Feuchtdichte [g/cm³]		ρ_{min} - ρ_{max}
sehr schlechter Untergrund	< 20	organische, bindige Böden		Boden gesättigt	
sehr schlechter Untergrund [67]	20 [30], [67]	Moorboden [67]	1,05	Torf weich [91]	0.80 -1,60
			1,10	Torf steif [91]	
			1,30	Torf halbfest [91]	
			0,80 - 1,30	Torf [106]	
			1,04 - 1,25	Torf [111]	
			1,08 - 1,30	Torf [60], [61]	
			1,10 - 1,30	Torf aus [64] nach [40]	
			1,25	Mudde/ Faulschlamm breiig [91]	
			1,60	Mudde/ Faulschlamm weich [91]	
			1,20 - 1,60	Mudde [106]	
			1,25 - 1,60	Mudde [106]	
			1,25 - 1,60	Mudde [111]	
		weicher Ton [30]	1,50 - 1,70	Ton, gesättigt, weichplastisch [38]	1,50 - 1,90
			1,70	Ton, weich, gesättigt [56]	
			1,70	Ton, weich aus [64] nach [40]	
			1,75	Ton, weich, ausgeprägt plastisch [91]	
			1,75- 1,90	Ton, weich, ausgeprägt - leicht plastisch [19]	
		feinkörniger Sand [67] gleichkörniger Sand [30]	1,60 - 1,90	Feinsand [111]	1,60 -1,90
			1,60 - 1,90	Grobsand [111]	

Tabelle VIII-1: Bodenarten mit dem Bettungsmodulwert von 20 MN/m³ und den zugehörigen Werten für die Dichte des Bodens

---

[4] Die in den folgenden Tabellen aufgelisteten Dichten wurden zum Teil aus den in der Literatur angegebenen Wichten durch Division der Wichte mit der Erdbeschleunigung von rund 10 m/s² berechnet. Die in der Literatur angegebenen Dichten wurden gegebenenfalls bei annähernd gleichen Bodenarten/ -verhältnissen zu Dichtebereichen zusammengefasst.

Anhang VIII

Qualität der Bettung, des Unterbaus und des Untergrunds	Bettungsmodul des Bodens [MN/m³]	Beschreibung der Bettung, des Unterbaus und Untergrunds	Feuchtdichte [g/cm³]		$\rho_{min} - \rho_{max}$
sehr schlecht [35]	< 50 [35]	organische Böden [35]	1,05	Torf weich [91]	0,80 - 1,60
			1,10	Torf steif [91]	
			1,30	Torf halbfest [91]	
			0,80 - 1,30	Torf [106]	
			1,04 - 1,25	Torf [111]	
			1,08 - 1,30	Torf [60], [61]	
			1,10 - 1,30	Torf aus [64] nach [40]	
			1,25	Mudde/ Faulschlamm breiig [91]	
			1,60	Mudde/ Faulschlamm weich [91]	
			1,20 - 1,60	Mudde [106]	
			1,25 - 1,60	Mudde [106]	
		Ton weich [35]	1,50 - 1,70	Ton, gesättigt, weichplastisch [38]	1,50 - 1,90
			1,70	Ton, weich, gesättigt [56]	
			1,70	Ton, weich aus [64] nach [40]	
			1,75	Ton, weich, ausgeprägt plastisch [91]	
			1,75 - 1,90	Ton, weich, ausgeprägt - leicht plastisch [19]	
		gleichkörniger Sand [35]	1,60 - 1,90	enggestufter Sand [111]	1,60 - 1,90
			1,60	Sand, eng gestuft, geringe Festigkeit [91]	
			1,70	Sand, eng gestuft, mittlere Festigkeit [91]	
			1,80	Sand, eng gestuft, große Festigkeit [91]	
			1,60 - 1,80	Kies, Sand enggestuft, locker bis dicht [19]	

Tabelle VIII-2: Bodenarten mit dem Bettungsmodulwert < 50 MN/m³ und den zugehörigen Werten für die Dichte des Bodens

Qualität der Bettung, des Unterbaus und des Untergrunds	Bettungsmodul des Bodens [MN/m³]	Beschreibung der Bettung, des Unterbaus und Untergrunds	Feuchtdichte [g/cm³]		ρ_{min} - ρ_{max}
schlechter Untergrund [65], [67]	50 [30], [65], [67]	bindiger, weicher bis steifer Boden, Lehm, Ton [30], [67]	1,40 - 1,70	Klei, organische Beimengungen aus [64] nach [40]	1,40 - 2,20
			1,40 - 1,90	Böden mit organischen Beimengungen [35]	
			1,55 - 1,85	Schluff oder Ton organisch [111]	
			1,90 - 2,10	Ton [61]	
			1,50 - 1,70	Ton, gesättigt, weichplastisch [38]	
			1,70	Ton, weich, gesättigt [56]	
			1,70	Ton, weich aus [64] nach [40]	
			1,75	Ton, weich, ausgeprägt plastisch [91]	
			1,75 - 1,90	Ton, weich, ausgeprägt - leicht plastisch [19]	
			1,85	Ton, weich, mittelplastisch [91]	
			1,70 - 1,90	Ton, steifplastisch, gesättigt [38]	
			1,80	Ton, steif aus [64] nach [40]	
			1,85	Ton, steif, ausgeprägt plastisch [91]	
			1,85 - 2,00	Ton, steif, ausgeprägt - leicht plastisch [19]	
			1,95	Ton, steif, mittelplastisch [91]	
			2,00	Ton steif, gesättigt [56]	
			1,65 - 2,00	Ton, ausgeprägt plastisch [111]	
			1,80 - 2,10	Ton, mittelplastisch [111]	
			1,90 - 2,20	Ton, leicht plastisch [111]	
			1,65	Schluff, weich, mittelplastisch [91]	
			1,65 - 1,75	Schluff, weich, mittel - leicht plastisch [19]	
			1,80	Schluff, steif, mittelplastisch [91]	
			1,90	Lehm, weich aus [64] nach [40]	

Tabelle VIII-3: Bodenarten mit dem Bettungsmodulwert von 50 MN/m³ und den zugehörigen Werten für die Dichte des Bodens

Anhang VIII

Qualität der Bettung, des Unterbaus und des Untergrunds	Bettungsmodul des Bodens [MN/m³]	Beschreibung der Bettung, des Unterbaus und Untergrunds	Feuchtdichte [g/cm³]		$\rho_{min} - \rho_{max}$
schlecht [35]	≥ 50 [35]	bindiger halbfester Ton, Schluff	1,90 - 2,10	Ton [61]	1,65 - 2,20
			1,90 - 2,10	Ton, halbfest, gesättigt [38]	
			1,95	Ton, halbfest, ausgeprägt plastisch [91]	
			1,95 - 2,10	Ton, halbfest, ausgeprägt - leicht plastisch [19]	
			1,90	Ton, halbfest aus [64] nach [40]	
			2,05	Ton, halbfest, mittelplastisch [91]	
			1,65 - 2,00	Ton, ausgeprägt plastisch [111]	
			1,80 - 2,10	Ton, mittelplastisch [111]	
			1,90 - 2,20	Ton, leicht plastisch [111]	
			2,10	Lehm, halbfest aus [64] nach [40]	
			1,95	Schluff, halbfest, mittel - leicht plastisch [19]	
			1,70 - 2,00	Schluff, mittel und ausgeprägt plastisch [111]	
			1,75 - 2,10	Schluff, leicht plastisch [111]	
			1,80 - 1,85	Schluff, steif, mittel - leicht plastisch [19]	
			1,95	Schluff, halbfest, mittelplastisch [91]	
			1,90 - 2,04	Schluff [60], [61]	
			1,80	Schluff aus [64] nach [40]	
			1,60	toniger oder schluffiger Sand, geringe Festigkeit [91]	
			1,70	toniger oder schluffiger Sand, mittlere Festigkeit [91]	
			1,80	toniger oder schluffiger Sand, große Festigkeit [91]	
		lockerer Sand [35]	1,65	intermittierend oder weitgestufte Kies-Sand-Gemisch, Festigkeit gering [91]	1,80 - 1,90
			1,70	Kies-Ton- oder Kies-Schluff-Gemisch, Festigkeit gering [91]	
			1,80	Sand, locker aus [64] nach [40]	

Tabelle VIII-4: Bodenarten mit dem Bettungsmodulwert von ≥ 50 MN/m³ und den zugehörigen Werten für die Dichte des Bodens

Qualität der Bettung, des Unterbaus und des Untergrunds	Bettungsmodul des Bodens [MN/m³]	Beschreibung der Bettung, des Unterbaus und Untergrunds	Feuchtdichte [g/cm³]		ρ_{min} - ρ_{max}
guter Untergrund [65], [67]	100 [65], [67]	Grobsand bis Kies [67]	1,80 - 2,15	Sand mit Feinkorn, dass das Korngerüst sprengt [111]	1.80 - 2,25
			1,90 - 2,25	Sand mit Feinkorn, dass das Korngerüst nicht sprengt [111]	
			1,80 - 2,10	Sand gut abgestuft und kiesiger Sand [111]	
			1,90	Sand, mitteldicht bis dicht aus [64] nach [40]	
			2,20	Sand, dicht , gesättigt [56]	
			1,80 - 2,10	Kies, Sand weit oder intermittierend gestuft, mitteldicht bis dicht [19]	
			1,90	Kies-Ton- oder Kies-Schluff-Gemisch, Festigkeit mittel [91]	
			2,10	Kies-Ton- oder Kies-Schluff-Gemisch, Festigkeit groß [91]	
			1,80	intermittierend oder weitgestufte Kies-Sand-Gemisch, Festigkeit mittel [91]	
			1,95	intermittierend oder weitgestufte Kies-Sand-Gemisch, Festigkeit groß [91]	
			2,00 - 2,20	Grobkies [56]	
gut [35], [65]	≥ 100, [30], [35], [65]	lehmiger und sandiger Kies [30], [35]	2,05 - 2,35	lehmiger Kiessand [60], [61]	2,05 -2,40
			2,10 - 2,40	Kies, sandig mit Schluff oder Tonbeimengungen [111]	
		Kiessand, Kies [30]	1,80	intermittierend oder weitgestufte Kies-Sand-Gemisch, Festigkeit mittel [91]	1,80 - 2,40
			1,95	intermittierend oder weitgestufte Kies-Sand-Gemisch, Festigkeit groß [91]	
			2,00 - 2,25	Kies-Sand-Feinkorngemisch, das Feinkorn sprengt das Korngemisch [111]	
			2,10 - 2,30	Kies, sandig mit wenig Feinkorn [111]	
			2,10 – 2,40	Kies, sandig, mit Schluff und Tonbeimengungen [111]	
			2,00 - 2,20	Grobkies [56]	
		Tragsystem mit Schutzschicht [30]			

Tabelle VIII-5: Bodenarten mit dem Bettungsmodulwert von ≥ 100 MN/m³ und den zugehörigen Werten für die Dichte des Bodens

Qualität der Bettung, des Unterbaus und des Untergrunds	Bettungsmodul des Bodens [MN/m³]	Beschreibung der Bettung, des Unterbaus und Untergrunds	Feuchtdichte [g/cm³]		ρ_{min} - ρ_{max}
sehr guter Untergrund [35], [65], [67]	≥ 150 [35], [67], ([65])	Kies [67] Kiessand [35]	2,00 - 2,25 2,10 - 2,30 1,95 2,00 - 2,20	Kies-Sand-Feinkorngemisch, Feinkorn sprengt das Korngemisch [111] Kies, sandig mit wenig Feinkorn [111] intermittierend oder weitgestufte Kies-Sand-Gemisch, Festigkeit groß [91] Grobkies [56]	1,95 - 2,30
		Schutzschicht [35]	2,00 - 2,30	Trag-, bzw. Frostschutzschicht [106]	2,00 -2,30
		Fels [67]	2,00 - 3,10	Felsgestein von Sandstein bis Gabbro [95]	2,00 -3,10
Qualität der Bettung, des Unterbaus und des Untergrunds	Bettungsmodul des Bodens [MN/m³]	Beschreibung der Bettung, des Unterbaus und Untergrunds	Feuchtdichte [g/cm³]		ρ_{min} - ρ_{max}
Betonsohle [35], [65], [67]	≥ 300 [35], [65], [67]	Brücken, Tunnel, feste Fahrbahn [35], [67]	2,00 - 2,60	Normalbeton	2,00 -2,60
Untergrund/Unterbau sehr steif, starr	350 [30], [65]	intensiv verdichtete Erdkörper von Neubaustrecken [30]	2,00 - 2,30	Trag-, bzw. Frostschutzschicht [106]	2,00 - 2,60
		Fels [30]	2,00 - 3,10	Felsgestein von Sandstein bis Gabbro [95]	
		Betonplatten [30]	2,00 - 2,60	Normalbeton	
ABS und NBS [27]	300 – 400 [27], ([65])	verdichteter Untergrund und verdichtete Tragschicht [27]	2,00 - 2,30	Trag-, bzw. Frostschutzschicht [106]	2,00 -3,10
		Fels [27]	2,00 - 3,10	Felsgestein von Sandstein bis Gabbro [95]	
		Brücken, Tunnel [27]	2,00 - 2,60	Normalbeton	

Tabelle VIII-6: Bodenarten mit den Bettungsmodulwerten zwischen 150 und 400 MN/m³ und den zugehörigen Werten für die Dichte des Bodens

Anhang IX

Wassergehalt verschiedener Bodenarten nach [4], [9], [38], [46], [56], [57], [89], [90], [91], [92]

Bodenart	natürlicher Wassergehalt [%]	Bodenart	Wassergehalt Fließgrenze	Wassergehalt Ausrollgrenze	Bodenart	maximaler Wassergehalt [%]
Torfe [91]	5 - 1000 [91]					1500 [89]
Torfe [90]	30 – 1000 [90]					
organische Böden [4]	50 - 1000 [4]					
organische Schluffe und Tone [91]	20 - 150 [91], [90]	Schluff und Ton organisch [90]	45 – 70 [90]	30 – 45 [90]		
organischer Schluff [9]	40 - 80 [9]					
organischer Ton [9]	50 - 150 [9]					
Tone [91]	30 - 100 [91], [90]	Ton, hochplastisch [90]	60 – 85 [90]	20 – 35 [90]	Ton, weich [56], [57]	45 [56], [57]
Ton, erdfeucht [9]	20 - 30 [9]	Ton (Kaolinit) [89]	70 [89]		Ton, steif [56], [57]	20 [56], [57]
Ton [4]	20 - 60 [4]	Ton (Illit) [89]	100 [89]			
sandige Tone [46]	10 - 25 [46]	Ton (Ca-Montmorillonit) [89]	500 [89]			
		Ton (Na-Montmorillonit) [89]	700 [89]			
		schluffiger Ton [38]	30 – 60 [38]	10 – 20 [38]		
		Rohton [38]	60 -500 [38]	20 – 60 [38]		
		stark bindige Böden [92]		20 – 40 [92]		
Schluffe [91]	15 - 40 [91]	Schluff [90]	25 – 50 [90]	20 – 23 [90]	Schluff (Quarz) [56], [57]	14 – 24 [56], [57]
Schluff, erdfeucht [9]	10 - 20 [9]	Sand mit Feinkorn [90]	20 – 40 [90]	15 – 20 [90]	Schluff (Kalk) [56], [57]	12 – 24 [56], [57]
Schluff [4]	20 - 30 [4]	schwach bindige Böden [92]		0 -20 [92]	bindige Böden [92]	bis zu 200 [92]
bindige Böden [92]	10 – 40 [92]					
Sande und Kiese (erdfeucht) [91]	5 - 15 [91], [90]	-	-	-	Sand, locker [56], [57]	33 [56], [57]
Feinsand, erdfeucht [9]	10 - 15 [9]				Sand, dicht [56], [57]	14 [56], [57]
Mittelsand, erdfeucht [9]	1 - 5 [9]				Grobkies [56], [57]	14 – 24 [56], [57]
Sand, erdfeucht [4]	2 - 10 [4]					
Sand, erdfeucht [46]	4 - 10 [46]					
Sand, feucht [92]	2 – 8 [92]					
entfestigte Ton-/Schluffsteine [90]	5 – 30 [90]	-	-	-		

Tabelle IX-1: Wassergehalt verschiedener Bodenarten

Anhang X

Verlauf der Feuchtdichte in Abhängigkeit vom Bettungsmodul unter Berücksichtigung von organischen Böden

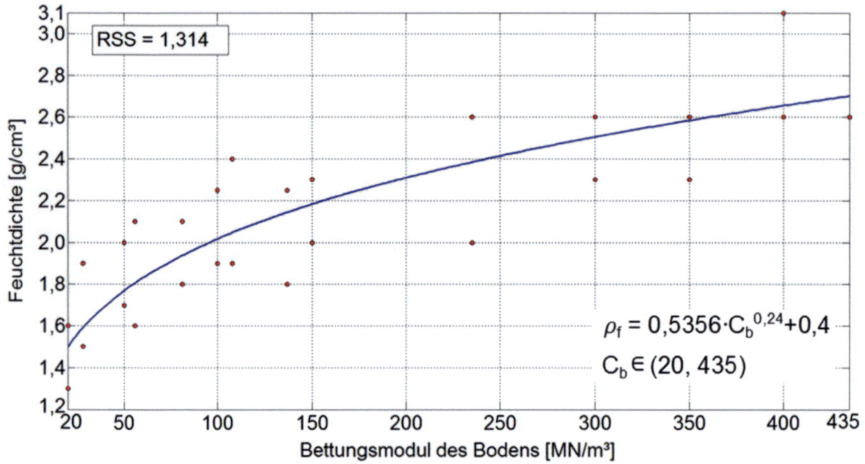

Abbildung X-1: Approximierter Verlauf der Feuchtdichte unter Berücksichtigung der Dichte von organischen Böden in Abhängigkeit vom Bettungsmodul des Bodens

Anhang XI
Erläuterung Symbolik

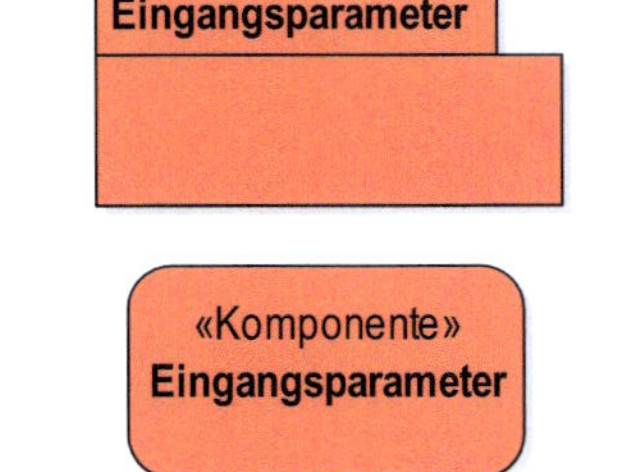

Eingangsparameter

Eingangsparameter Unterebene

Arbeitsschritt aus bestehendem Verfahren[5]

Arbeitsschritt aus Erweiterung bestehender Verfahren und / oder Anwendung entwickeltes Verfahren Kapitel 6

Kennzeichnung des entwickelten theoretischen Verfahrens aus Kapitel 6

---

[5] Die Angaben zu Gleichungen und Abschnitten beziehen sich auf den Hauptteil der Arbeit.

Ergebnis resultierend aus einer Erweiterung von bestehenden Verfahren und / oder Anwendung des entwickelten theoretischen Verfahrens aus Kapitel 6

Ergebnis resultierend aus bestehenden Verfahren

Entscheidung

Verfahren zur Erkundung der Bodeneigenschaften

Eingangsparameter betroffen durch Steifigkeitsschwankung entlang einer punktuellen Instabilität (schwankender Wert)

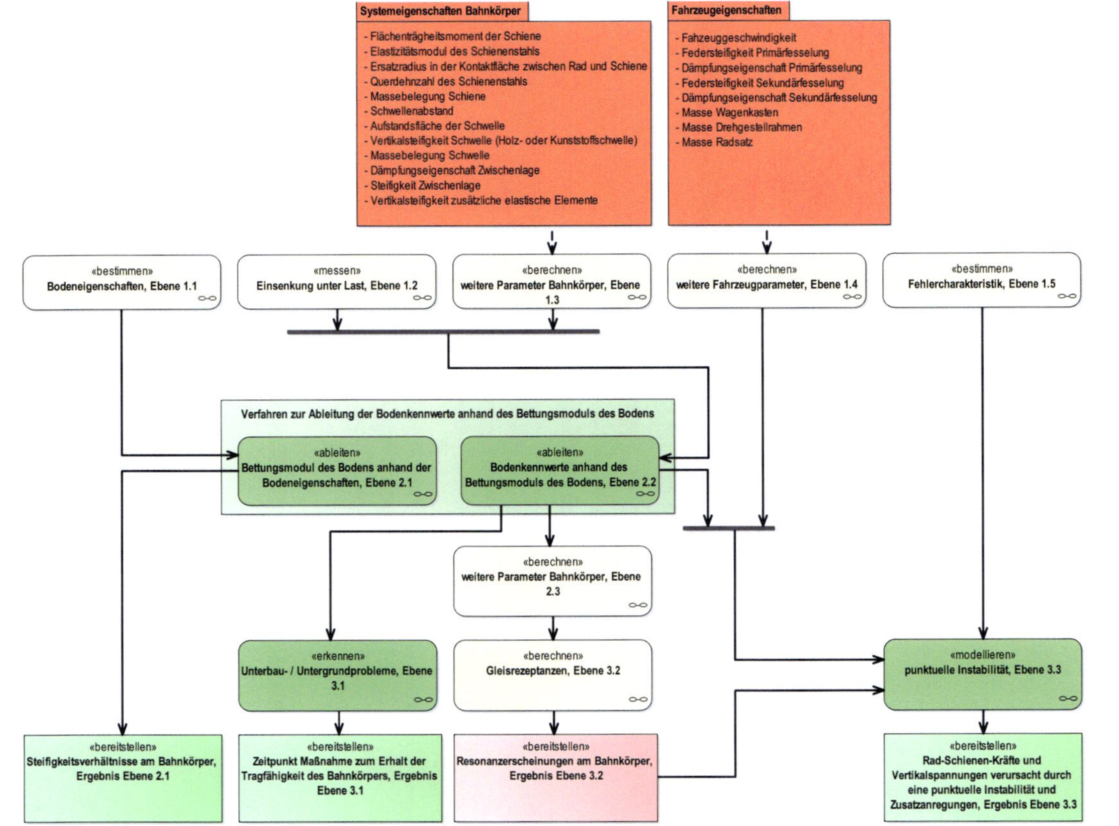

Abbildung XI-1: Methodik und Anwendungsbereiche, Ebene 0

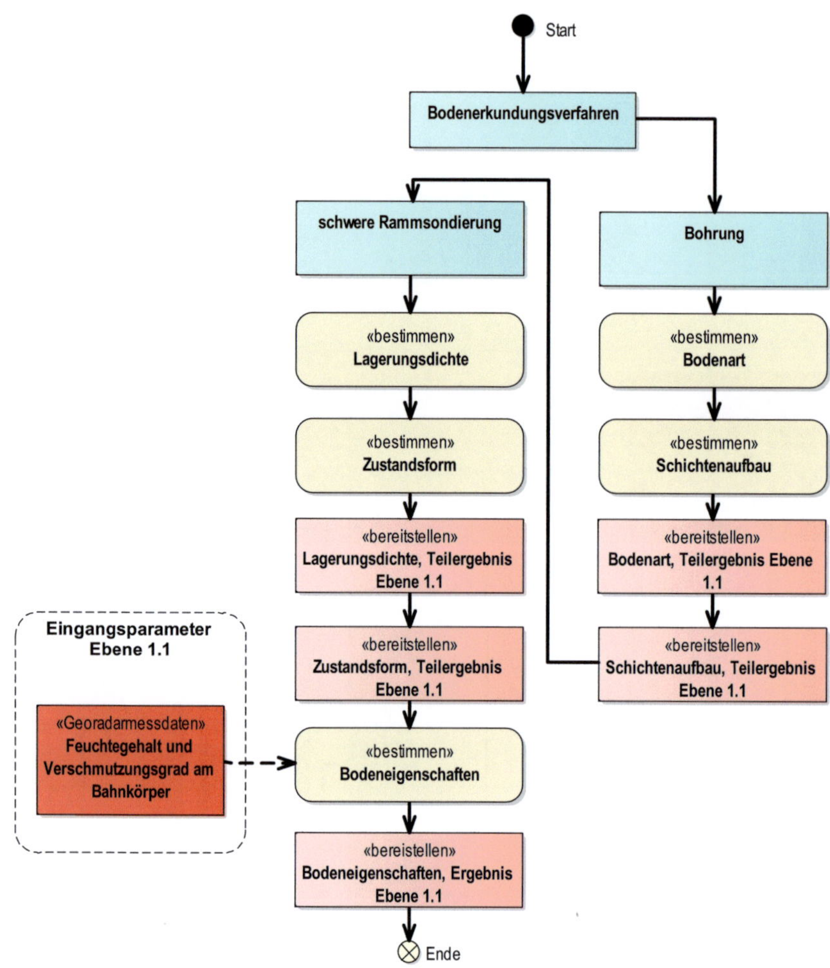

Abbildung XI-2: Bestimmen Bodeneigenschaften, Ebene 1.1

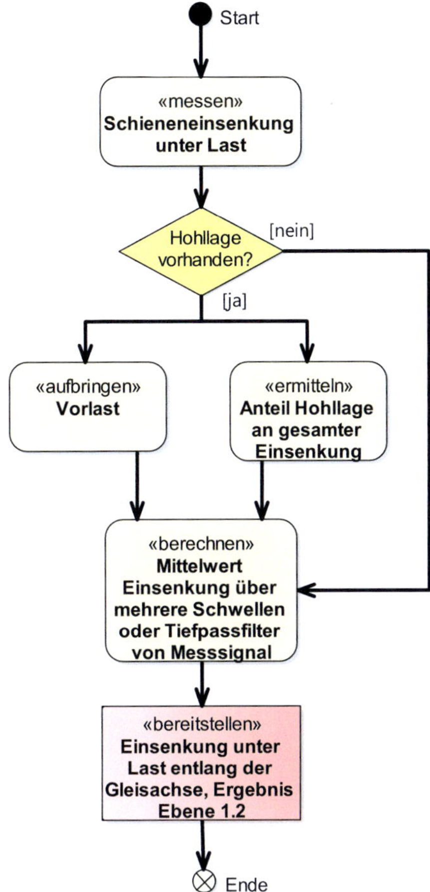

Abbildung XI-3: Messen Einsenkung unter Last, Ebene 1.2

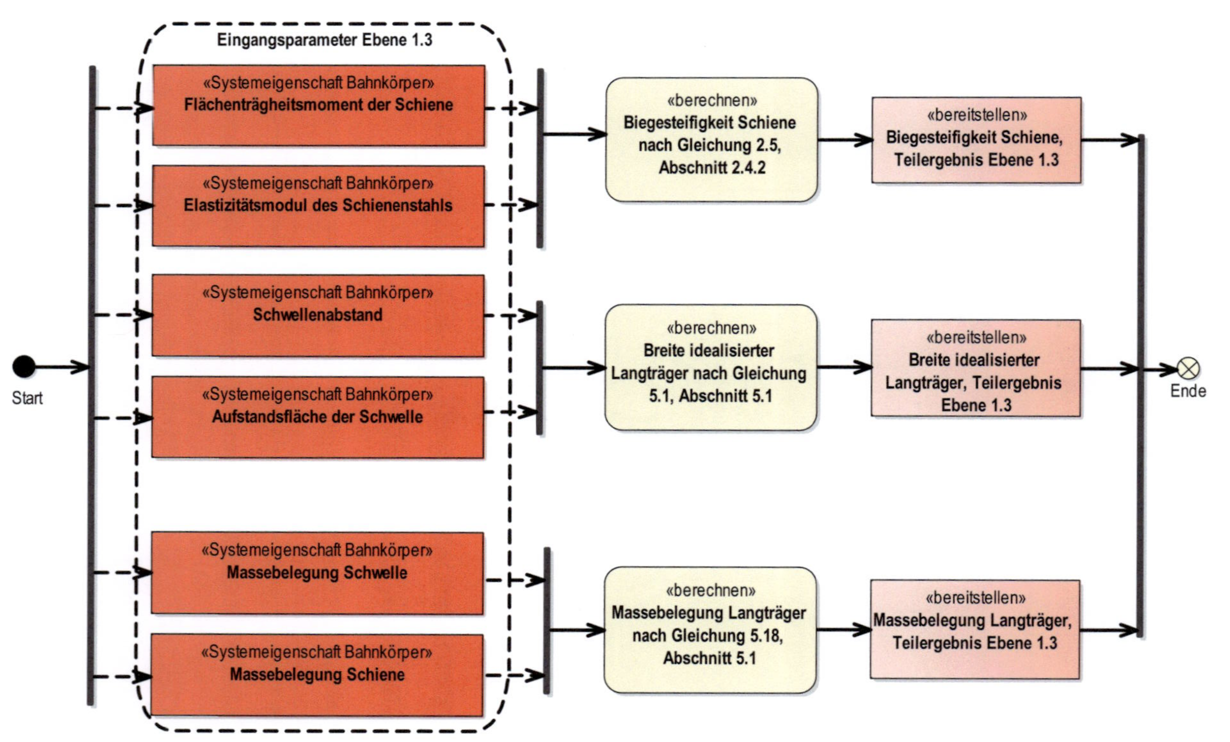

Abbildung XI-4: Berechnen weitere Parameter Bahnkörper, Ebene 1.3

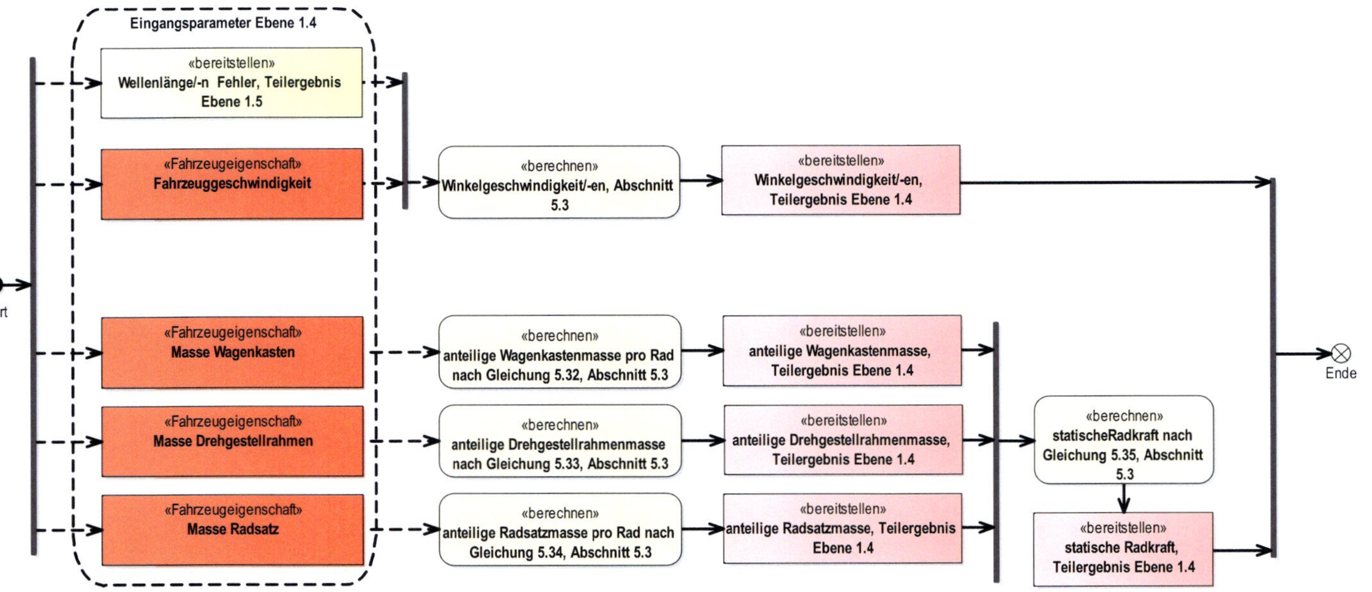

Abbildung XI-5: Berechnen weitere Fahrzeugparameter, Ebene 1.4

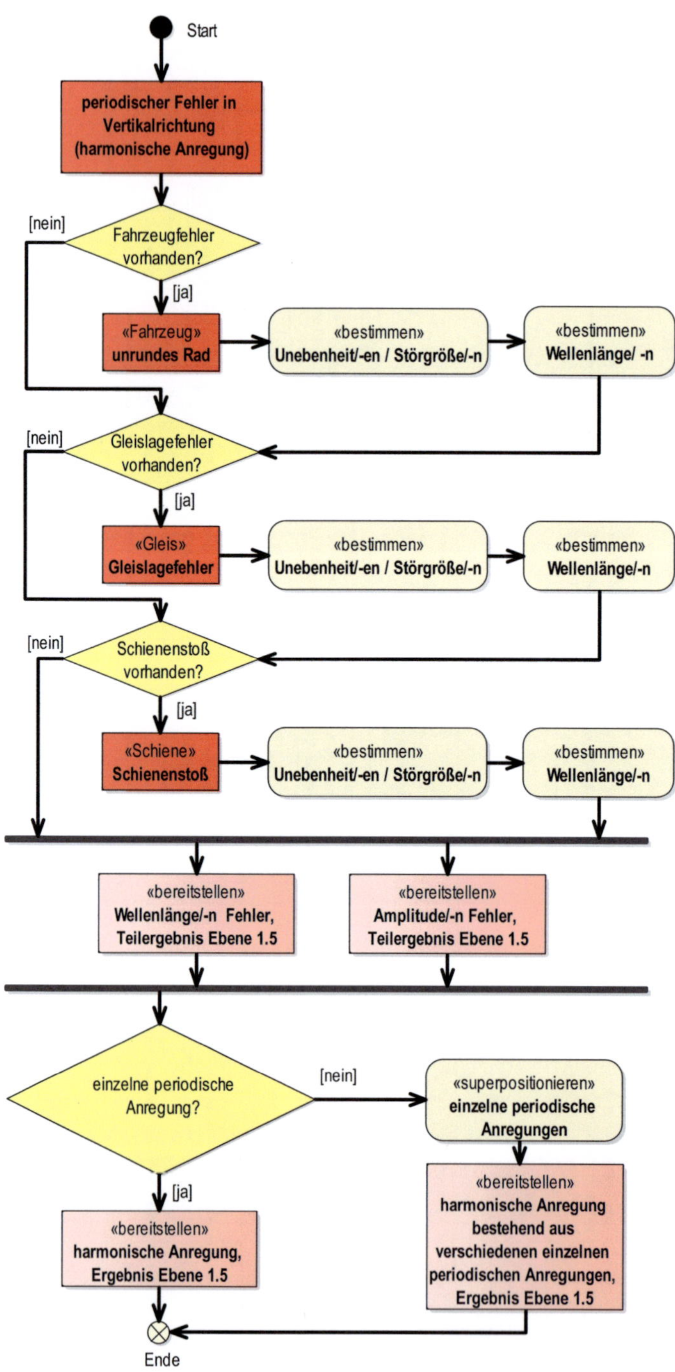

Abbildung XI-6: Bestimmen Fehlercharakteristik, Ebene 1.5

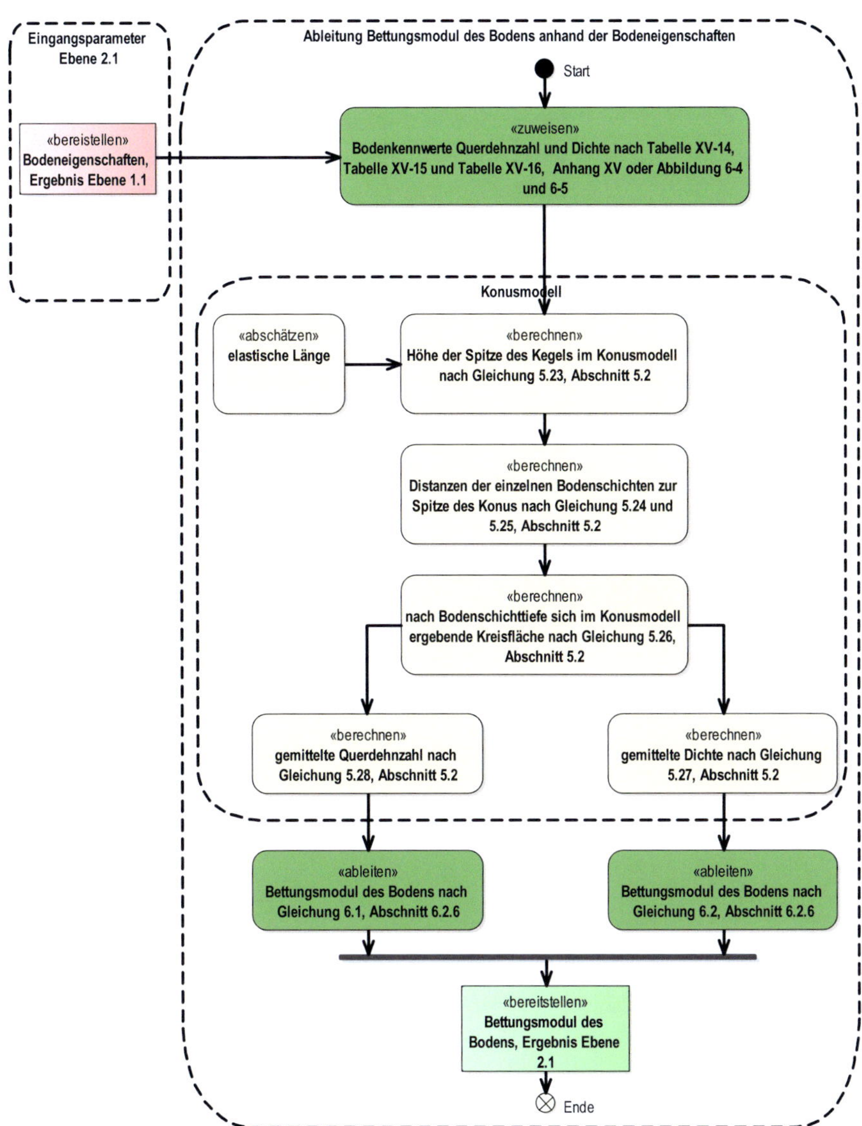

Abbildung XI-7: Ableiten Bettungsmodul des Bodens anhand der Bodeneigenschaften, Ebene 2.1

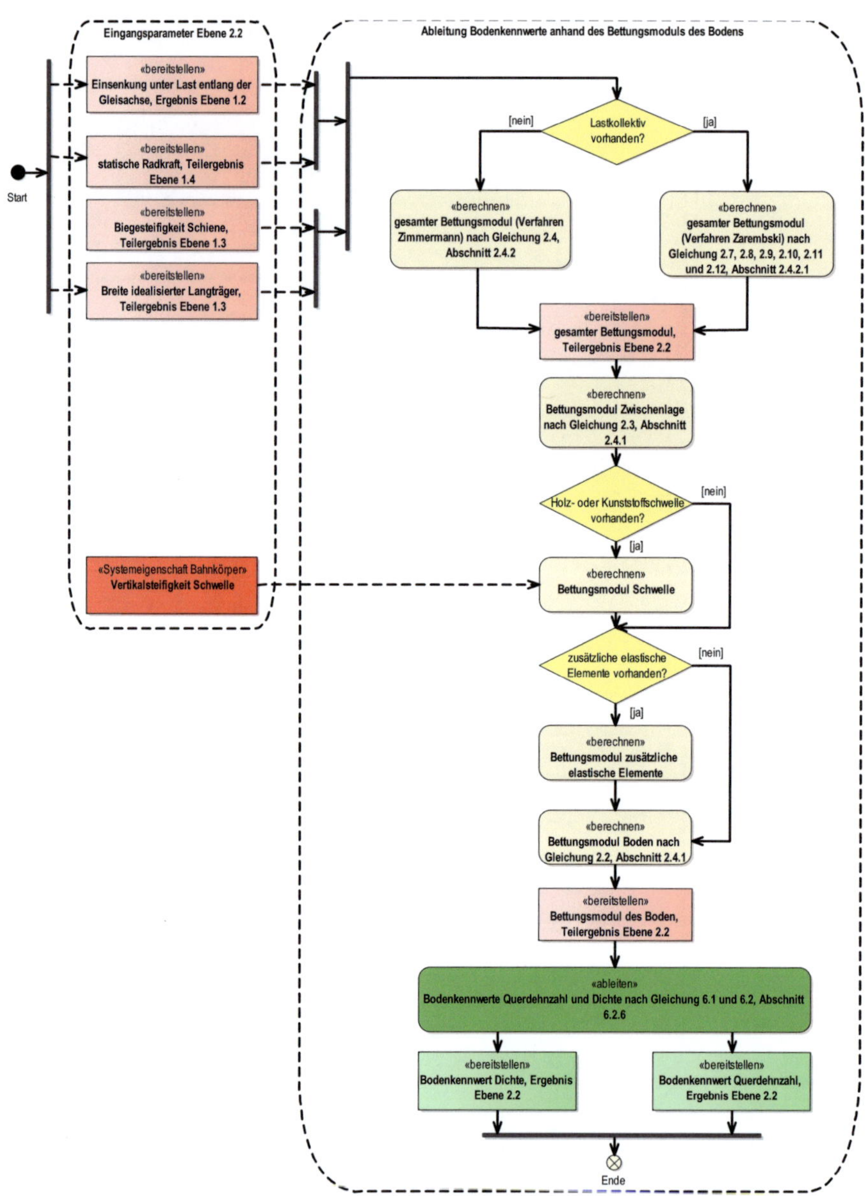

Abbildung XI-8: Ableiten Bodenkennwerte anhand des Bettungsmoduls des Bodens, Ebene 2.2

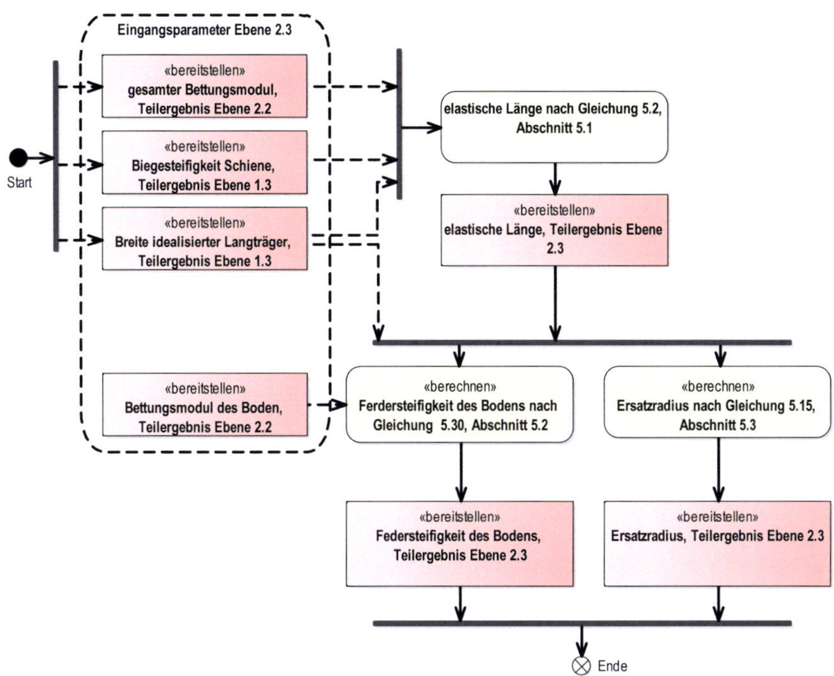

Abbildung XI-9: Berechnen weitere Parameter Bahnkörper, Ebene 2.3

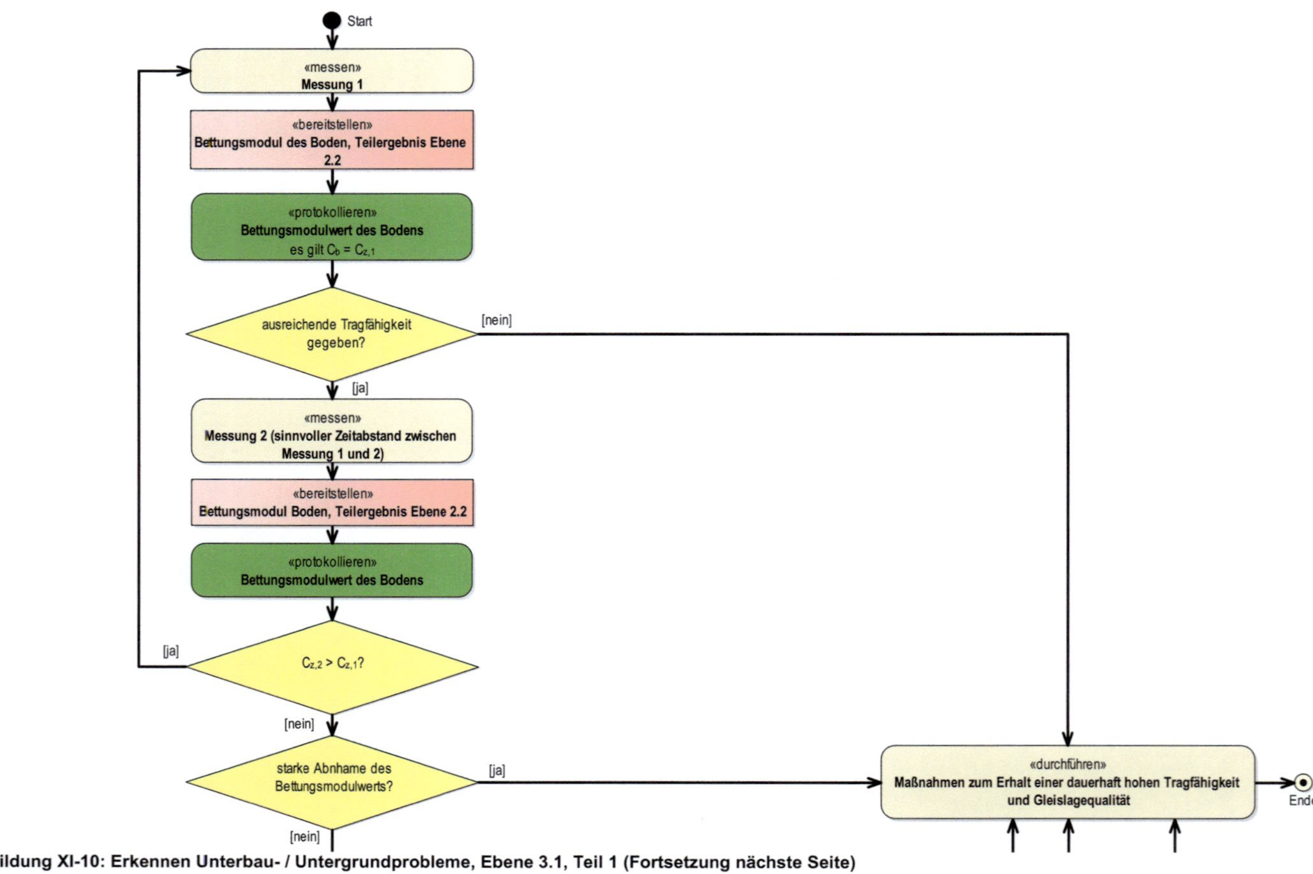

Abbildung XI-10: Erkennen Unterbau- / Untergrundprobleme, Ebene 3.1, Teil 1 (Fortsetzung nächste Seite)

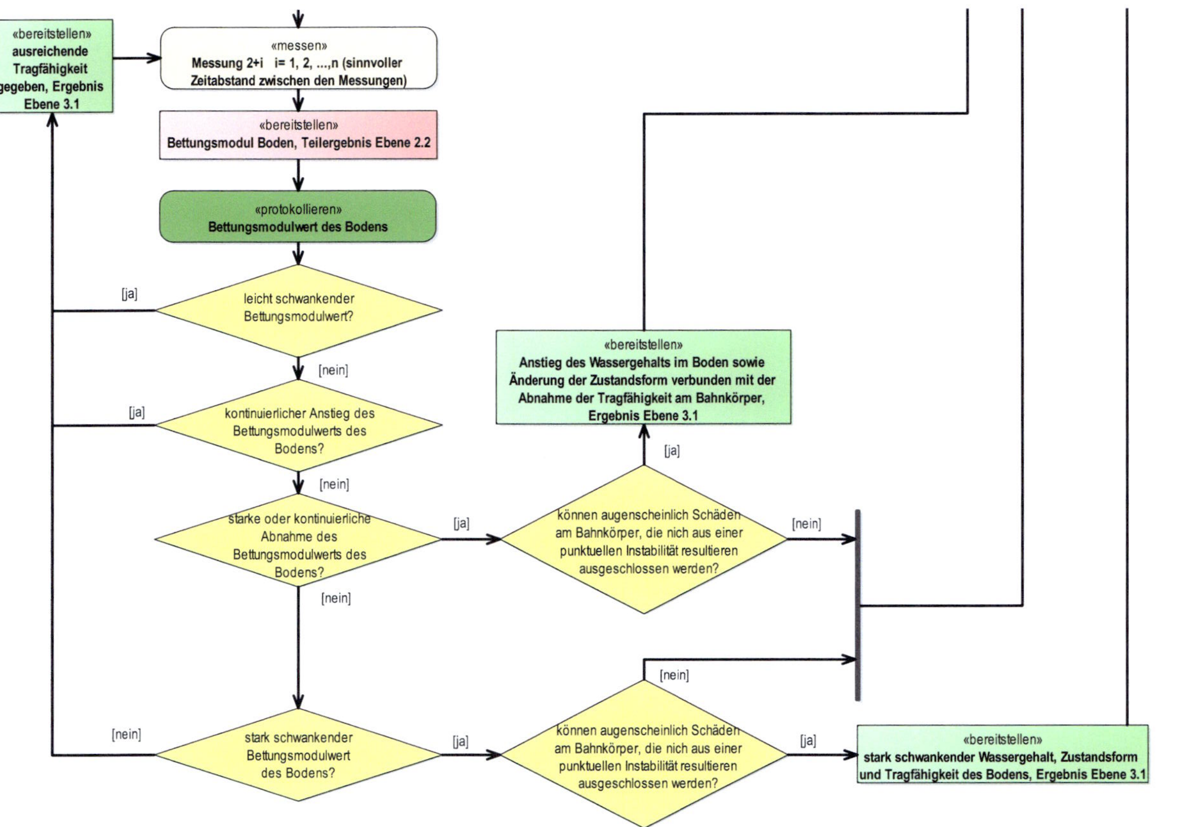

Abbildung XI- 11: Erkennen Unterbau- / Untergrundprobleme, Ebene 3.1, Teil 2

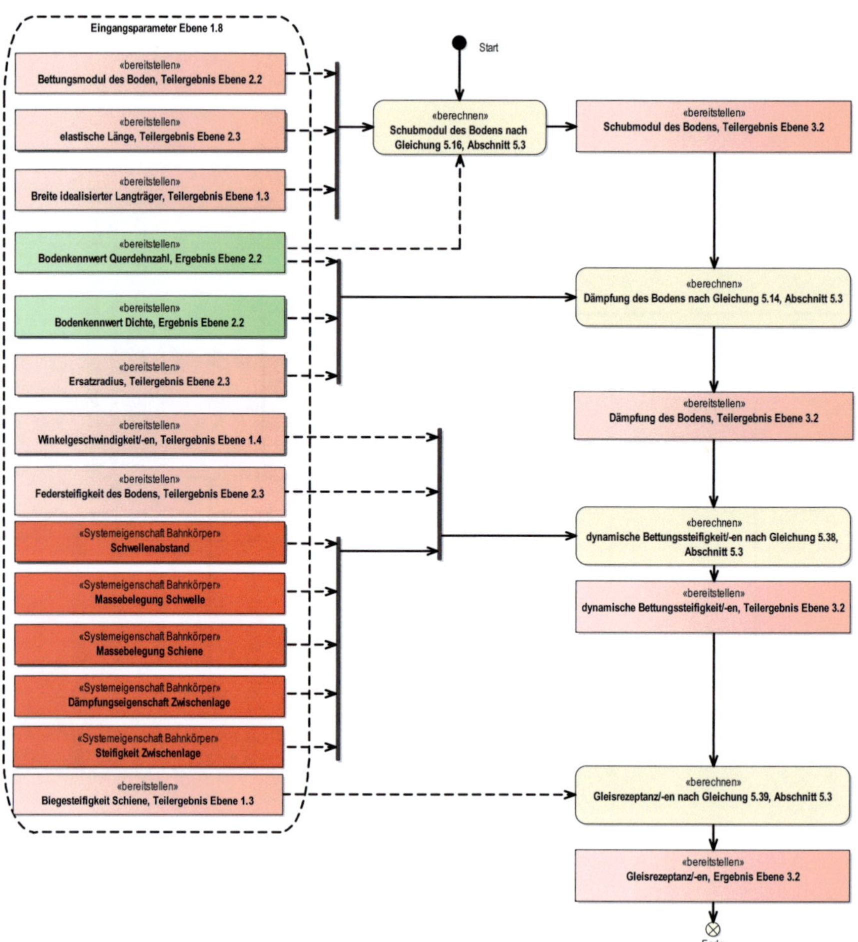

Abbildung XI-12: Berechnen Resonanzerscheinungen am Bahnkörper, Ebene 3.2

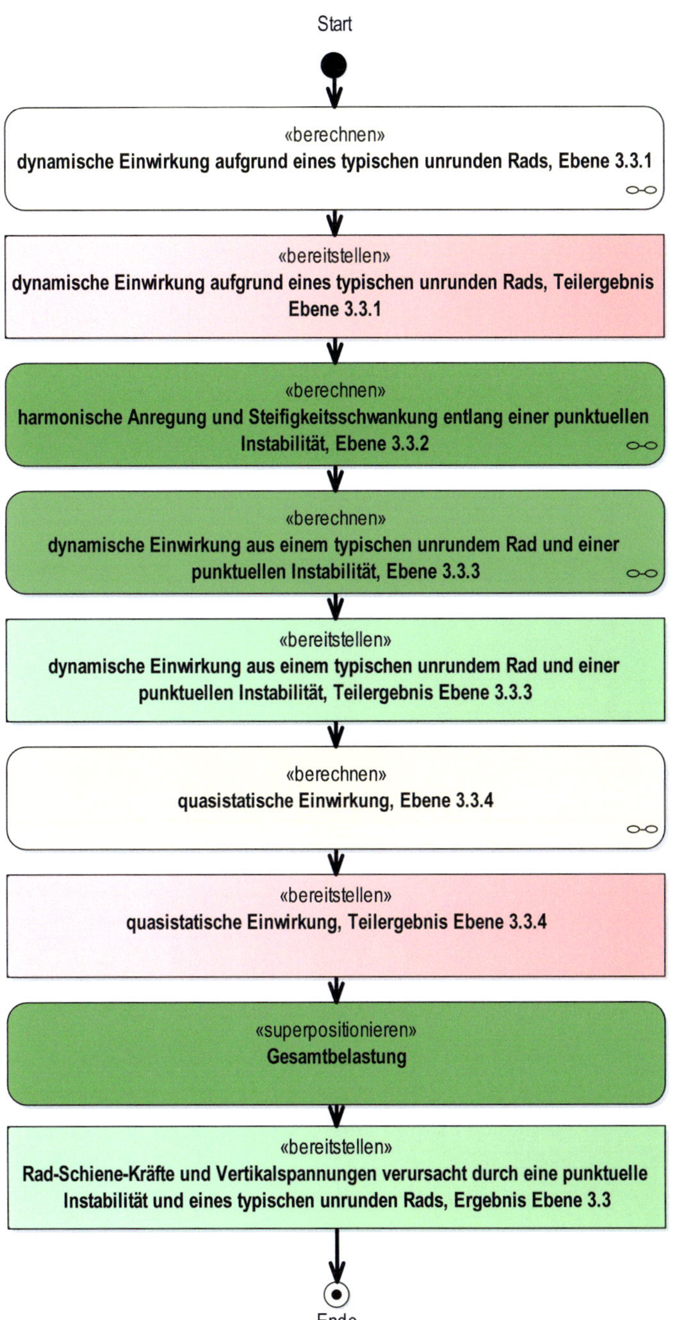

Abbildung XI-13: Modellieren punktuelle Instabilität, Ebene 3.3

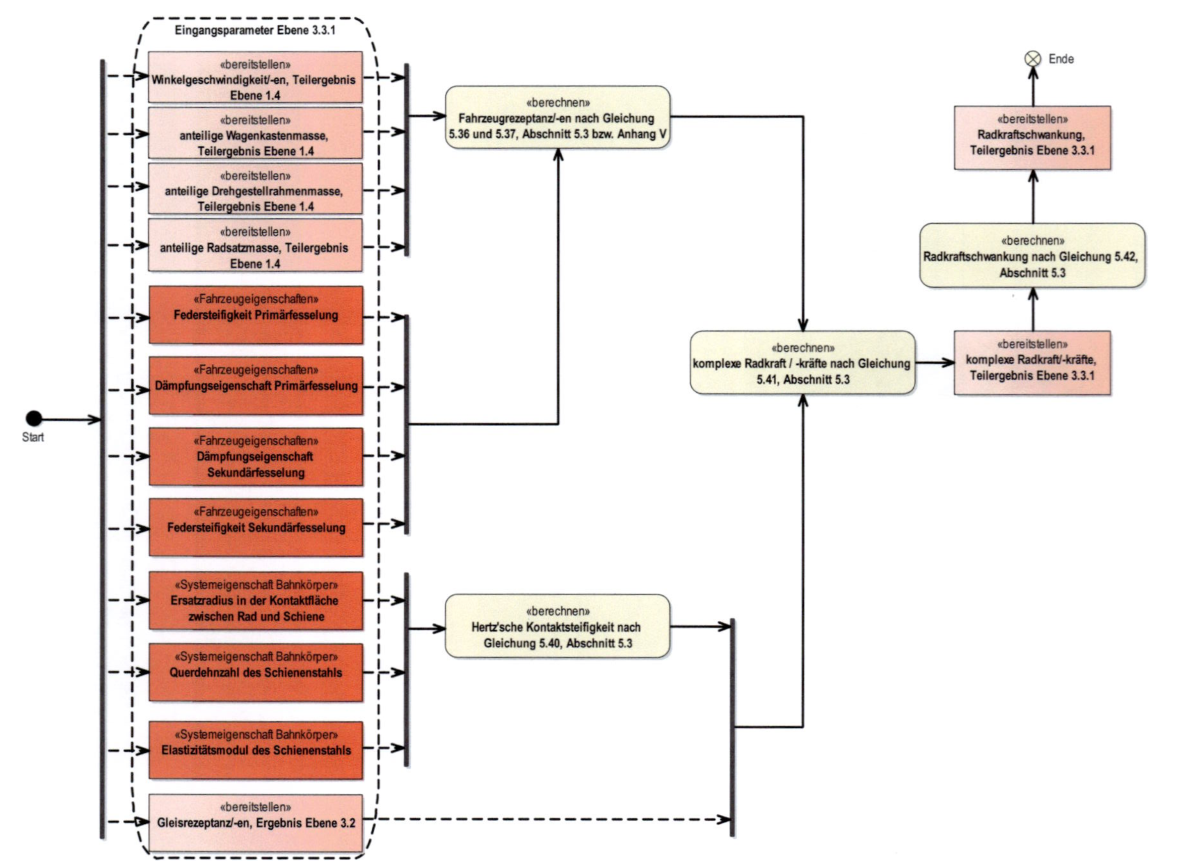

Abbildung XI-14: Berechnen dynamische Einwirkung aufgrund eines typischen unrunden Rads, Ebene 3.3.1

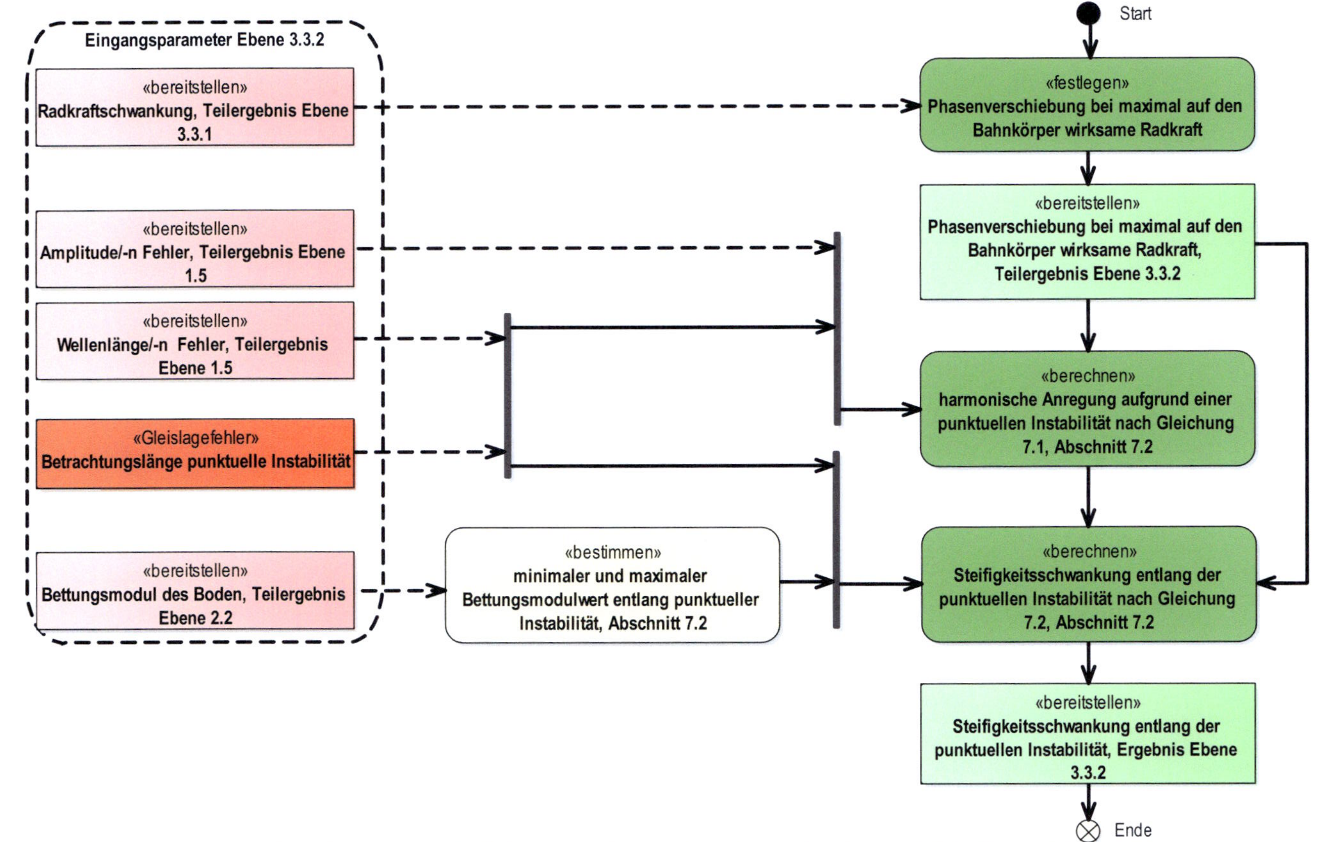

Abbildung XI-15: Berechnen harmonische Anregung und Steifigkeitsschwankung entlang einer punktuellen Instabilität, Ebene 3.3.2

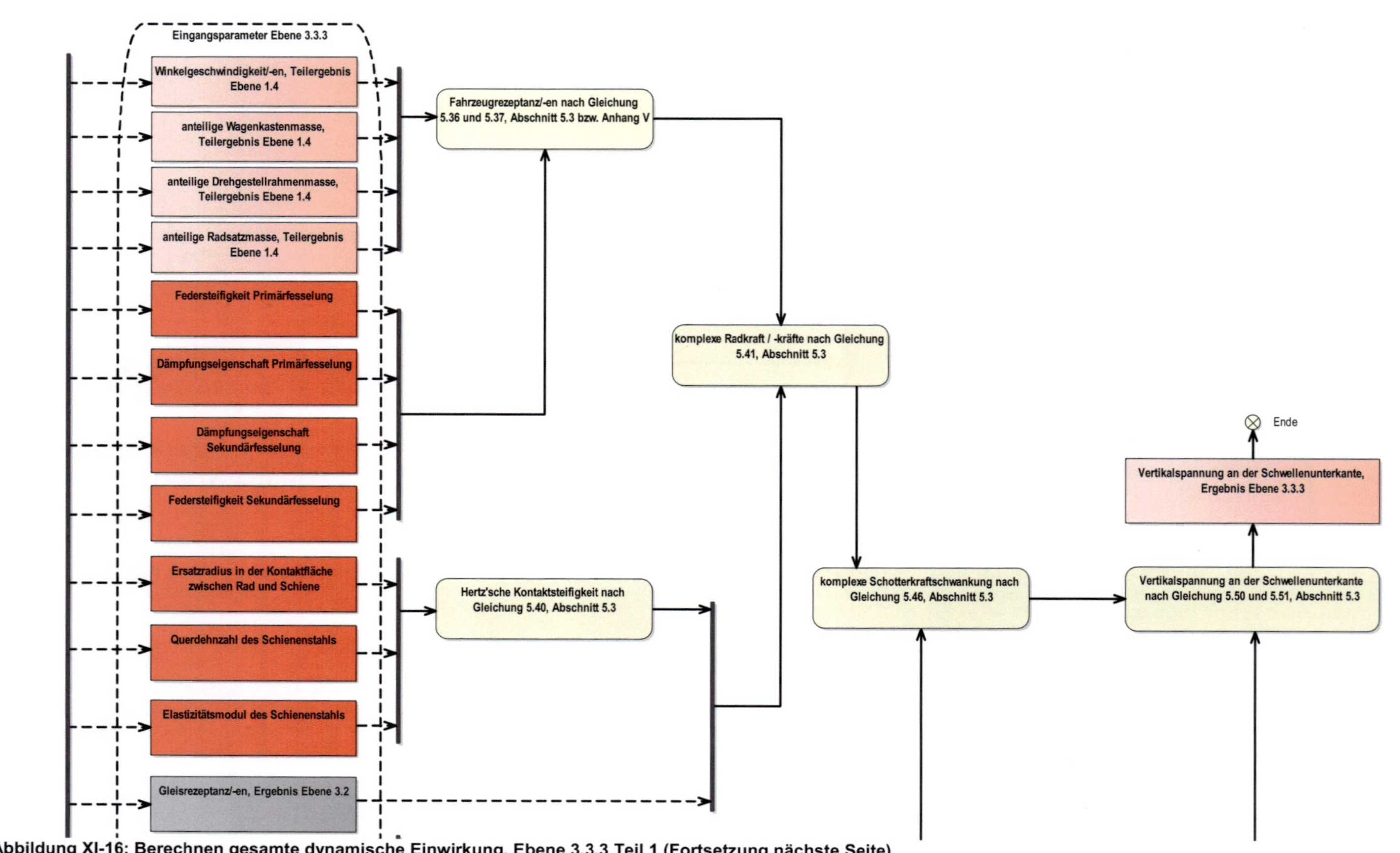

Abbildung XI-16: Berechnen gesamte dynamische Einwirkung, Ebene 3.3.3 Teil 1 (Fortsetzung nächste Seite)

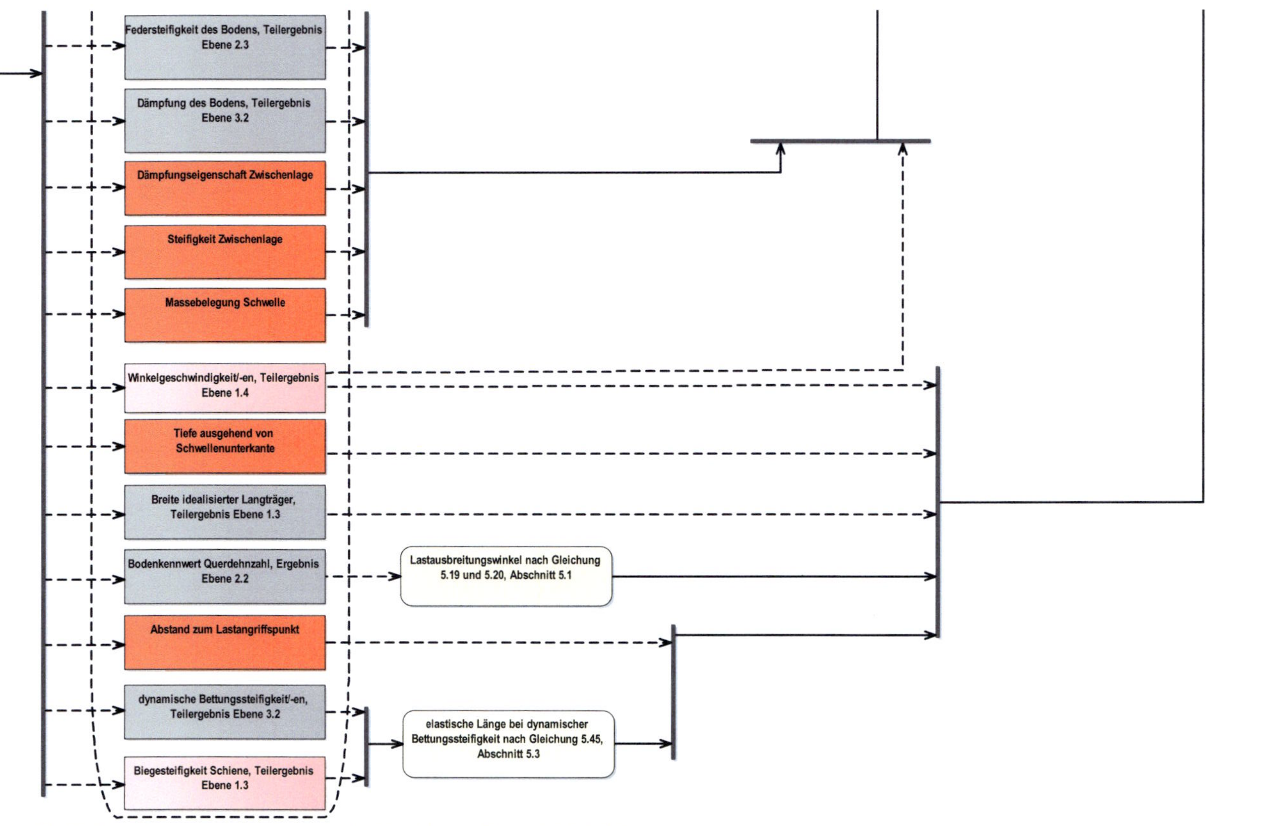

Abbildung XI- 17: Berechnen gesamte dynamische Einwirkung, Ebene 3.3.3 Teil 2

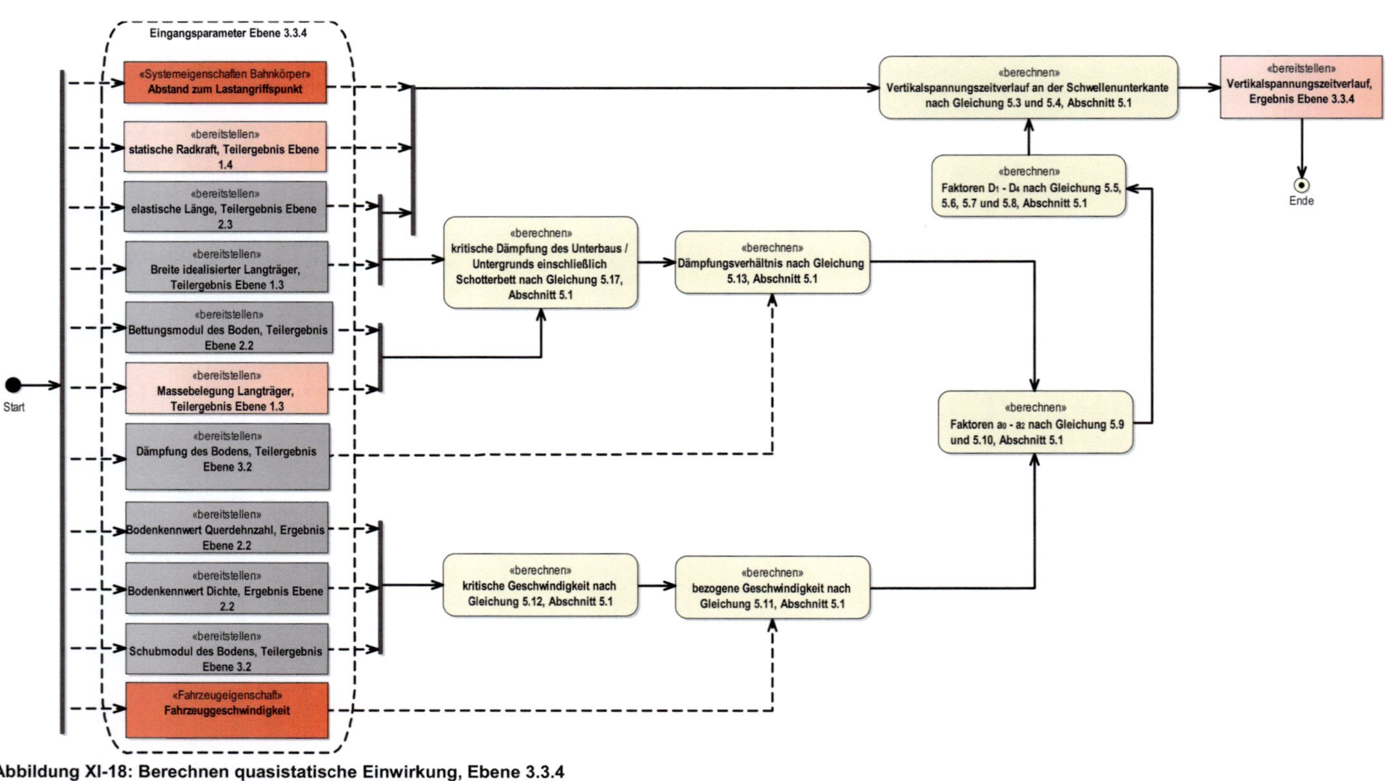

Abbildung XI-18: Berechnen quasistatische Einwirkung, Ebene 3.3.4

Anhang XII

Parameter für die analytische Berechnung der Einwirkungen aus Verkehrslasten

			Beschreibung	Symbol	Wert	Einheit
Bahnkörper	Schiene		Biegesteifigkeit	B_r	6,42	MNm²
			Querdehnzahl des Schienenstahls	v_r	0,25	-
			Massebelegung	μ_r	60,3	kg/m
			Ersatzradius Kontaktfläche Rad-Schiene	R_h	0,587	m
	Beton-schwelle		Schwellenmasse	m_S	305	kg
			Schwellenabstand	a	0,6	m
			Aufstandsfläche	A_S	0,57	m²
			Massebelegung der halben Schwelle	μ_S	254	kg/m
	Zwischenlage		Federsteifigkeit, elastisch	k_{ZW}	$1{,}1 \cdot 10^8$	N/m
			Dämpfungseigenschaften, elastisch	D_{ZW}	$1{,}1 \cdot 10^4$	Ns/m
			Federsteifigkeit, hart	k_{ZW}	$6{,}0 \cdot 10^8$	N/m
			Dämpfungseigenschaften, hart	D_{ZW}	$6{,}0 \cdot 10^4$	Ns/m
	Boden		Bettungsmodul des Bodens, sehr schlechter Untergrund	C_b	35	MN/m³
			Bettungsmodul des Bodens, schlechter Untergrund	C_b	75	MN/m³
			Bettungsmodul des Bodens, guter Untergrund	C_b	125	MN/m³
			Beschreibung	Symbol	Wert	Einheit
Verkehrsbelastung	Fahrzeug		Masse des Wagenkastens	m_{WK}	108815	kg
			Masse des Drehgestellrahmens	m_{DG}	8400	kg
			Masse des Radsatzes	m_{RS}	2000	kg
			Federsteifigkeit der Primärfesselung	k_{pr}	$1{,}2 \cdot 10^6$	N/m
			Dämpfungseigenschaft der Primärfesselung	D_{pr}	$6{,}3 \cdot 10^4$	Ns/m
			Federsteifigkeit der Sekundärfesselung	k_{sec}	$3{,}5 \cdot 10^5$	N/m
			Dämpfungseigenschaft der Sekundärfesselung	D_{sec}	$8{,}2 \cdot 10^4$	Ns/m
			statische Radkraft	Q	112,5	kN

Tabelle XII-1: Parameter für die analytische Berechnung der Einwirkungen aus Verkehrslasten

Anhang XIII

Zusätzliche Ergebnisse der quasistatischen und dynamischen Berechnungen

Abbildung XIII-1 zeigt die Radkraftschwankungen für verschieden große Unebenheiten in Abhängigkeit von der Frequenz. Entspricht die eingetragene Frequenz der Eigenfrequenz, erhöht sich die Beanspruchung bzw. Radkraftschwankung auf ein Maximum bei ca. 63 Hz.

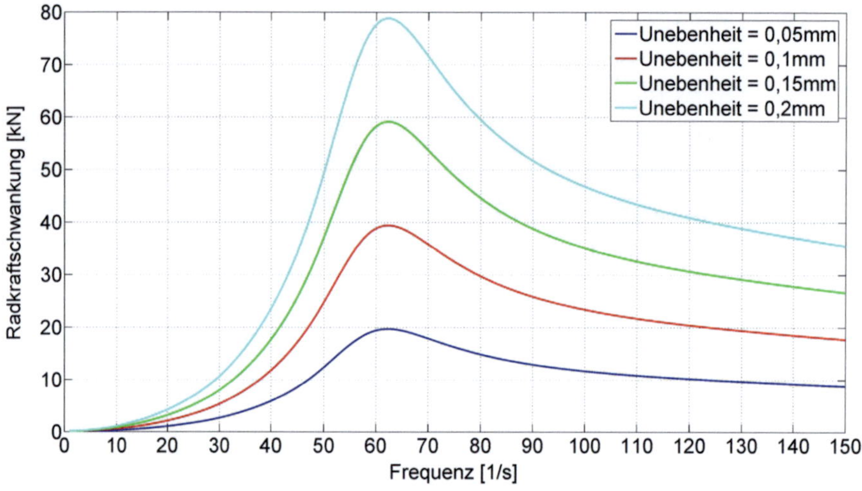

Abbildung XIII-1: Radkraftschwankung in Abhängigkeit von der Frequenz und der Größe der Unebenheit zwischen Rad und Schiene

Die Vertikalspannungen für verschiedene Tiefen unter Berücksichtigung des Lastausbreitungswinkels in Abhängigkeit von der Querdehnzahl des Bodens sind in Abbildung XIII-2 dargestellt.

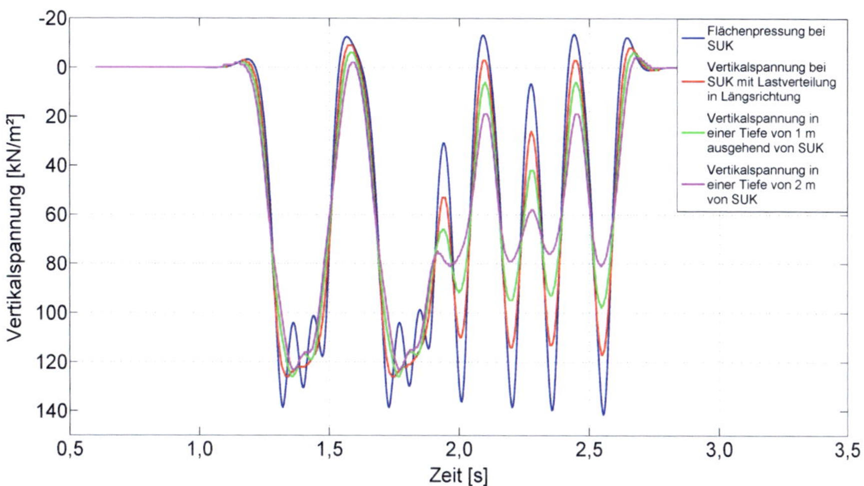

Abbildung XIII-2: Vertikalspannungen für verschiedene Tiefen am Bahnkörper ausgehend von Schwellenunterkante (SUK)

Die vertikale Einsenkung der Schwellenunterkante resultierend aus den Vertikalspannungen und ist in Abbildung XIII-3 für das Lastbild Typ 12 nach [22] dargestellt.

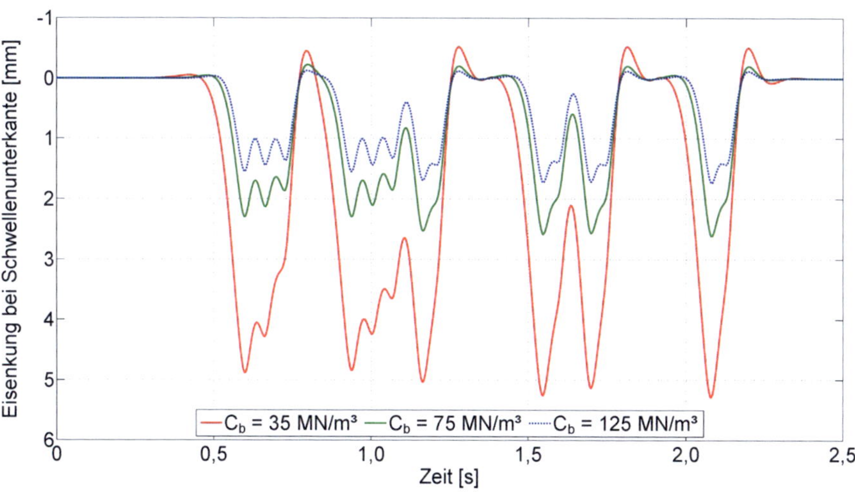

Abbildung XIII-3: Einsenkung in Abhängigkeit vom Bettungsmodul des Bodens für das Lastbild Typ 12 nach [22] (C_b – Bettungsmodul des Bodens)

Abbildung XIII-4 zeigt die Schotterkraftschwankung resultierend aus einem typischen unrunden Rad und einem periodischen Längshöhenfehler aufgrund einer punktuellen Instabilität für einen konstanten Bettungsmodul des Bodens von 35 MN/m³.

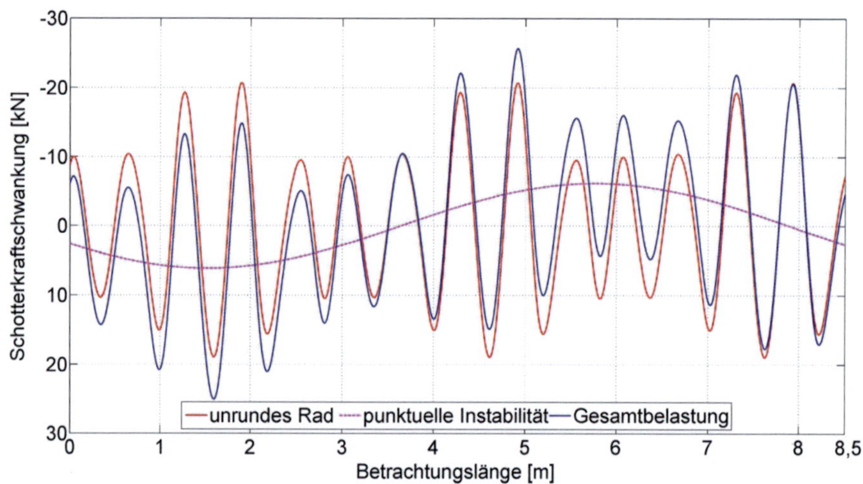

Abbildung XIII-4: Schotterkraftschwankung durch ein typisches unrundes Rad und einen periodischen Längshöhenfehler bei konstantem Bettungsmodul

Abbildung XIII-5 zeigt die Schotterkraftschwankung resultierend aus einem typischen unrunden Rad und einem periodischen Längshöhenfehler aufgrund einer punktuellen Instabilität für einen schwankenden Bettungsmodul des Bodens.

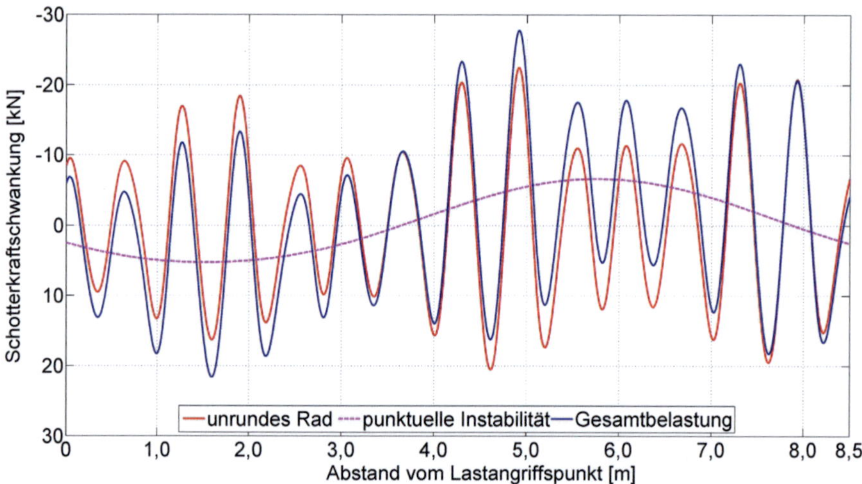

Abbildung XIII-5: Schotterkraftschwankung durch ein typisches unrundes Rad und einen periodischen Längshöhenfehler mit einem entlang der Gleisachse schwankenden Bettungsmodul des Boden

Anhang XIV

Beispielhafte Ableitung der Bodenkennwerte in Abhängigkeit von dem Wassergehalt nach einer Instandsetzungsmaß-nahme

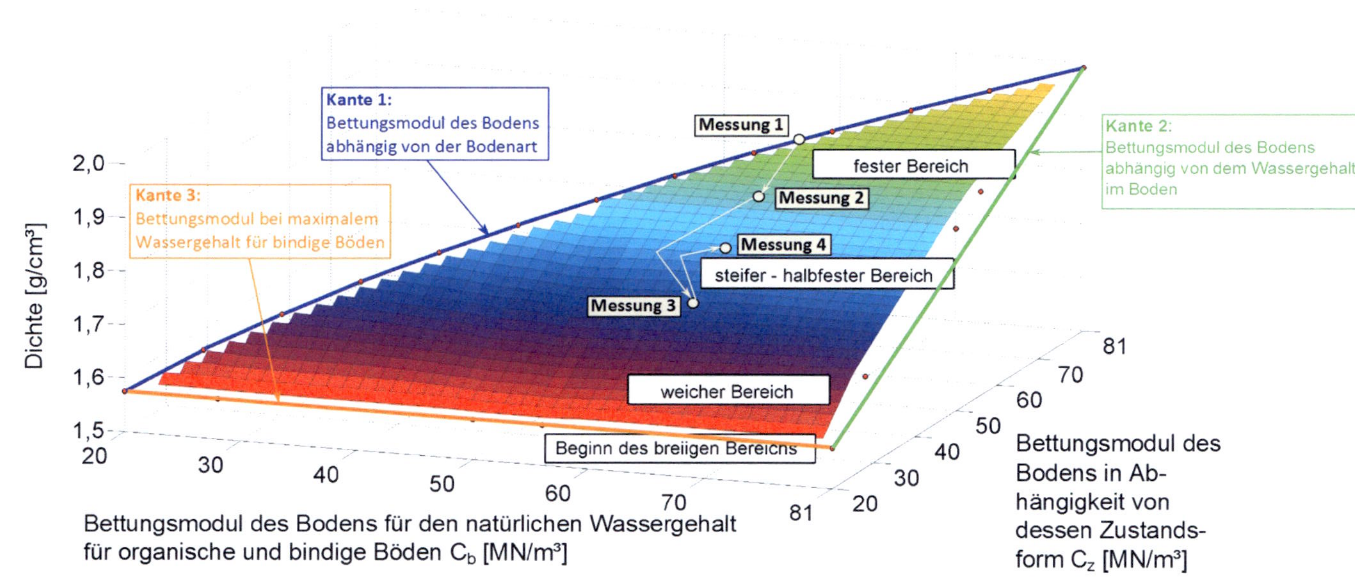

Abbildung-XIV-1: Methodik für die Zustandsüberwachung einer Instandsetzungsmaßnahme

1. Für die erste Messung wird der Wert des Bettungsmoduls direkt nach einer Instandsetzungsmaßnahme von 63 MN/m³ gemessen. Es gilt $C_{b,1} = C_{z,1}$. Der zugehörige Wert der Dichte kann entweder nach Gleichung 6.2 oder Gleichung 7.4 bestimmt werden.

2. Für die zweite Messung wird ein Bettungsmodul von 53 MN/m³ gemessen. Es gilt $C_{b,2} = C_{b,1}$ und $C_{z,2} < C_{z,1}$. Die Dichte wird nach Gleichung 6.2 mit 1,86 g/cm³ bestimmt.

3. Für die dritte Messung wird ein Bettungsmodul von 37 MN/m³ gemessen. Es gilt $C_{b,3} = C_{b,1}$ und $C_{z,3} < C_{z,2}$. Die Dichte beträgt 1,75 g/cm³.

4. Für die vierte Messung wird ein Bettungsmodul von 45 MN/m³ gemessen und eine Dichte von 1,81 g/cm³ berechnet. Es gilt $C_{b,4} = C_{b,1}$ und $C_{z,4} > C_{z,3}$. Die Zunahme des Bettungsmodulwerts für die vierte Messung im Vergleich zur dritten Messung kann beispielsweise durch eine Abnahme des Wassergehalts im Boden resultieren.

Anhang XV

Bohrloch 1

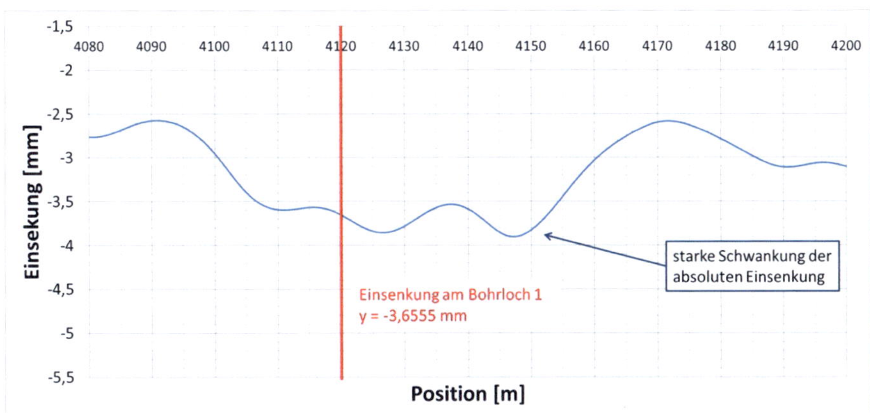

Abbildung XV-1: Absolute Einsenkung des Gleises unter 20 t Achslast für Bohrloch 1 bei der Position von 4120 m (Quelle: Ground Control GmbH)

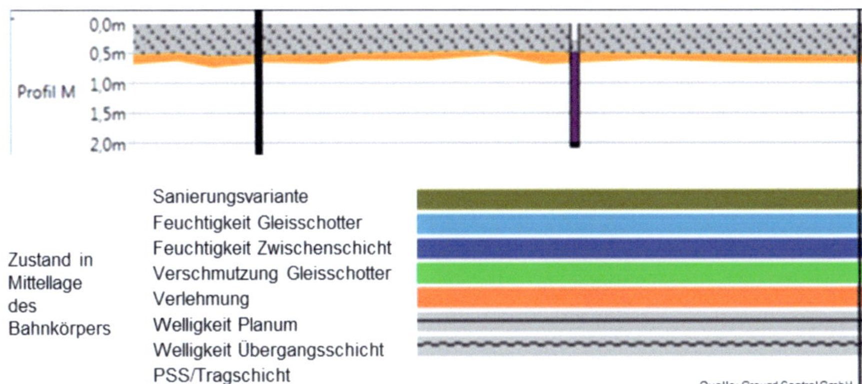

Abbildung XV-2: Ergebnis aus Georadarmessungen mit leichter Verlehmung sowie Feuchtigkeit in der Bettung und in der Zwischenschicht in Mittellage des Bahnkörpers (Quelle: Ground Control GmbH)

	Einsenkung	Sondierungsergebnis[6]
Dichte [kg/m³]	1633	1726
Querdehnzahl [-]	0,46	0,40
Bettungsmodul des Bodens [MN/m³]	25	34 / 41

Tabelle XV-1: Berechnungsergebnis aus Einsenkungsmessung und Sondierungsergebnis für Bohrloch 1

---

[6] Der Bettungsmodul des Bodens wurde über die Dichte mit 34 MN/m³ und über die Querdehnzahl mit 41 MN/m³ berechnet

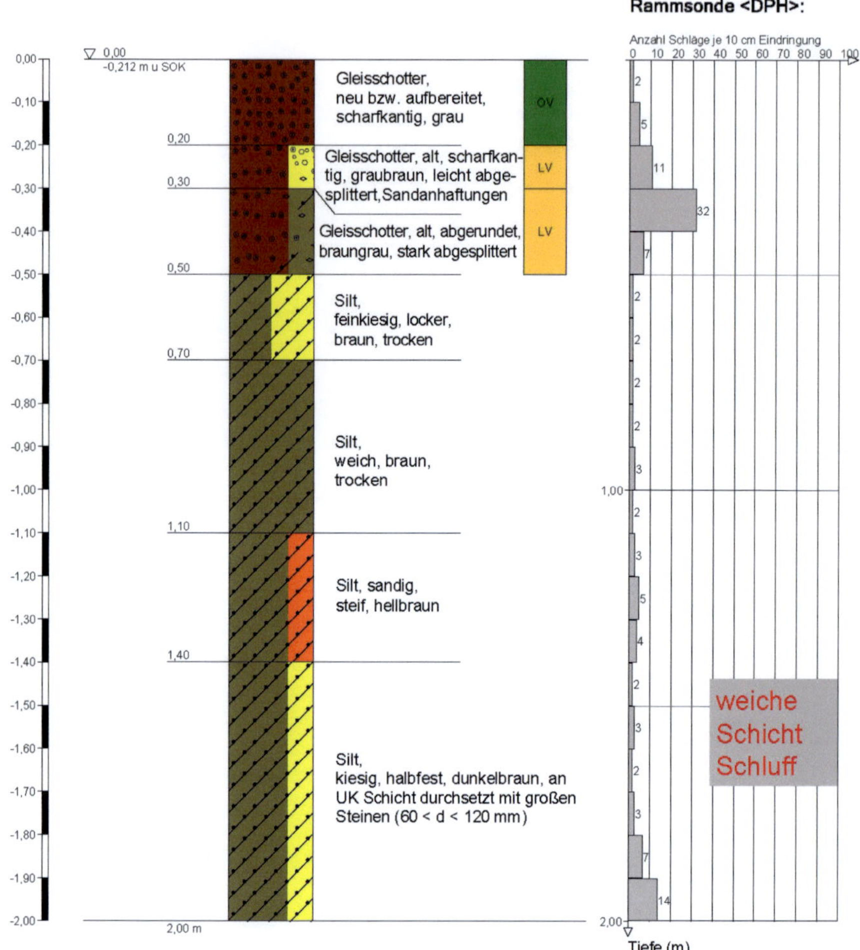

Abbildung XV-3: Sondierungsergebnis von Bohrloch 1 (Quelle: Ground Control GmbH)

Bohrloch 2

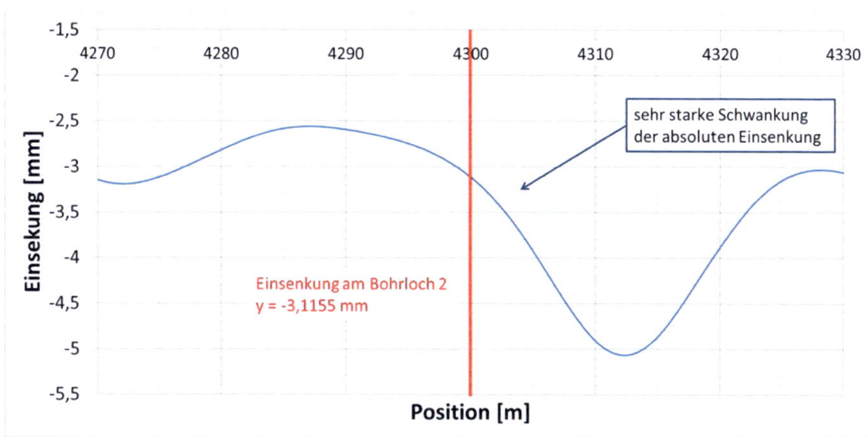

Abbildung XV-4: Absolute Einsenkung des Gleises unter 20 t Achslast für Bohrloch 2 bei der Position von 4300 m (Quelle: Ground Control GmbH)

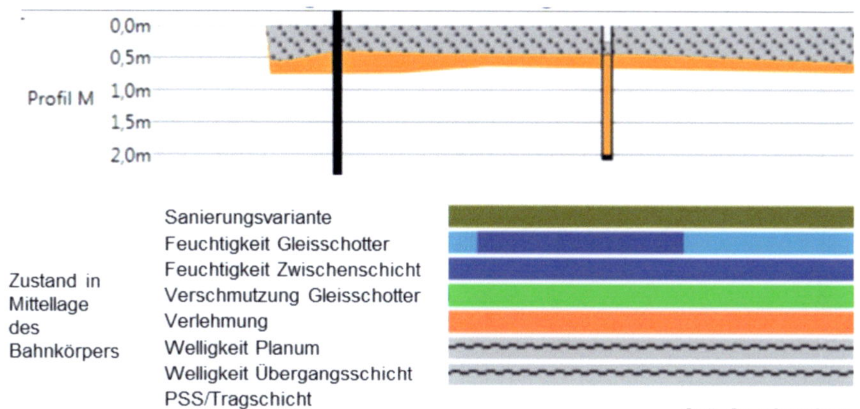

Abbildung XV-5: Ergebnis aus Georadarmessungen mit Verlehmung sowie Feuchtigkeit in der Bettung und in der Zwischenschicht in Mittellage des Bahnkörpers (Quelle: Ground Control GmbH)

	Einsenkung	Sondierungsergebnis[7]
Dichte [kg/m³]	1695	2093
Querdehnzahl [-]	0,44	0,29
Bettungsmodul des Bodens [MN/m³]	31	111 / 120

Tabelle XV-2: Berechnungsergebnis aus Einsenkungsmessung und Sondierungsergebnis für Bohrloch 2

---

[7] Der Bettungsmodul des Bodens wurde über die Dichte mit 111 MN/m³ und über die Querdehnzahl mit 120 MN/m³ berechnet

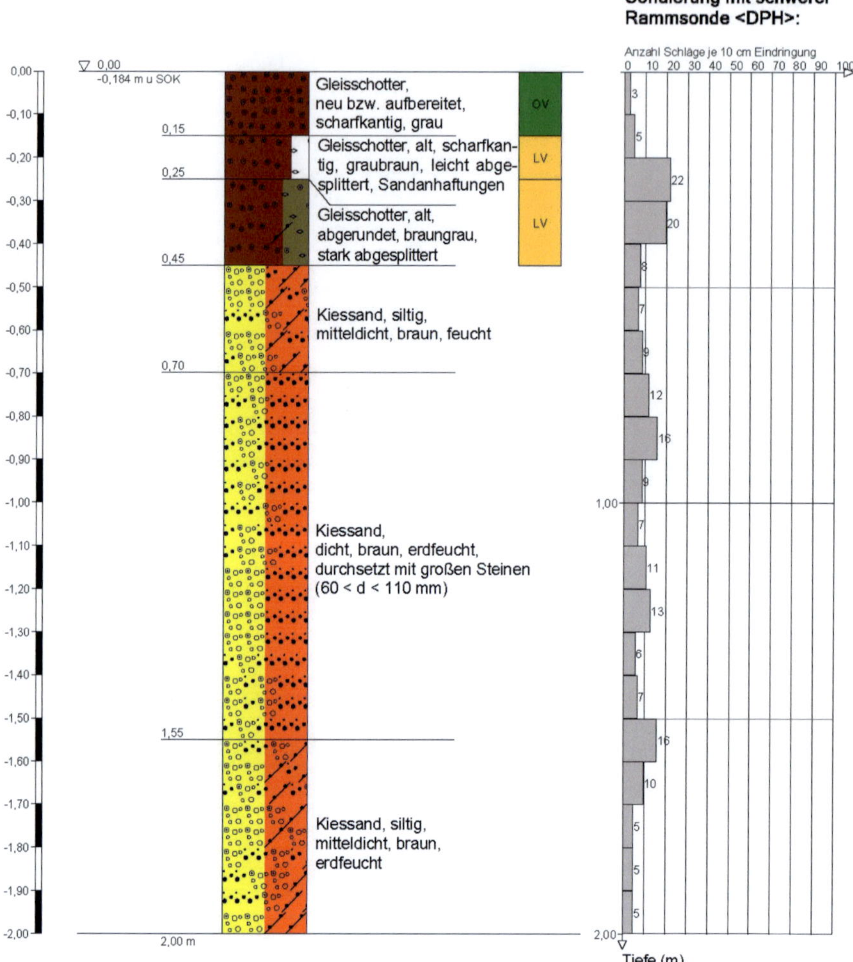

Abbildung XV-6: Sondierungsergebnis von Bohrloch 2 (Quelle: Ground Control GmbH)

Bohrloch 3

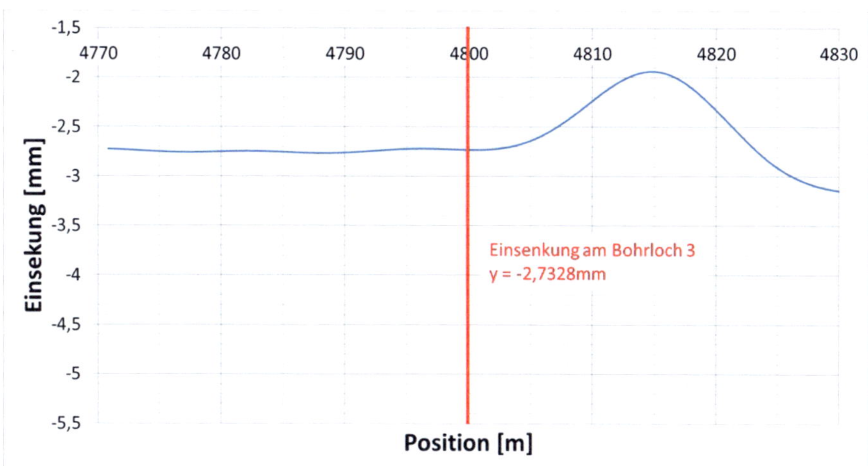

Abbildung XV-7: Absolute Einsenkung des Gleises unter 20 t Achslast für Bohrloch 3 bei der Position von 4800 m (Quelle: Ground Control GmbH)

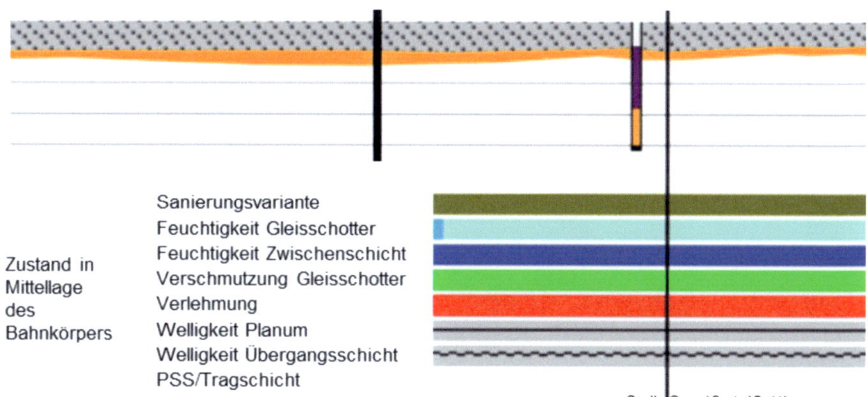

Abbildung XV-8: Ergebnis aus Georadarmessungen mit starker Verlehmung sowie Feuchtigkeit in der Bettung und in der Zwischenschicht in Mittellage des Bahnkörpers (Quelle: Ground Control GmbH)

	Einsenkung	Sondierungsergebnis[8]
Dichte [kg/m³]	1747	1750
Querdehnzahl [-]	0,42	0,41
Bettungsmodul des Bodens [MN/m³]	37	37 / 38

Tabelle XV-3: Berechnungsergebnis aus Einsenkungsmessung und Sondierungsergebnis für Bohrloch 3

---

[8] Der Bettungsmodul des Bodens wurde über die Dichte mit 37 MN/m³ und über die Querdehnzahl mit 38 MN/m³ berechnet

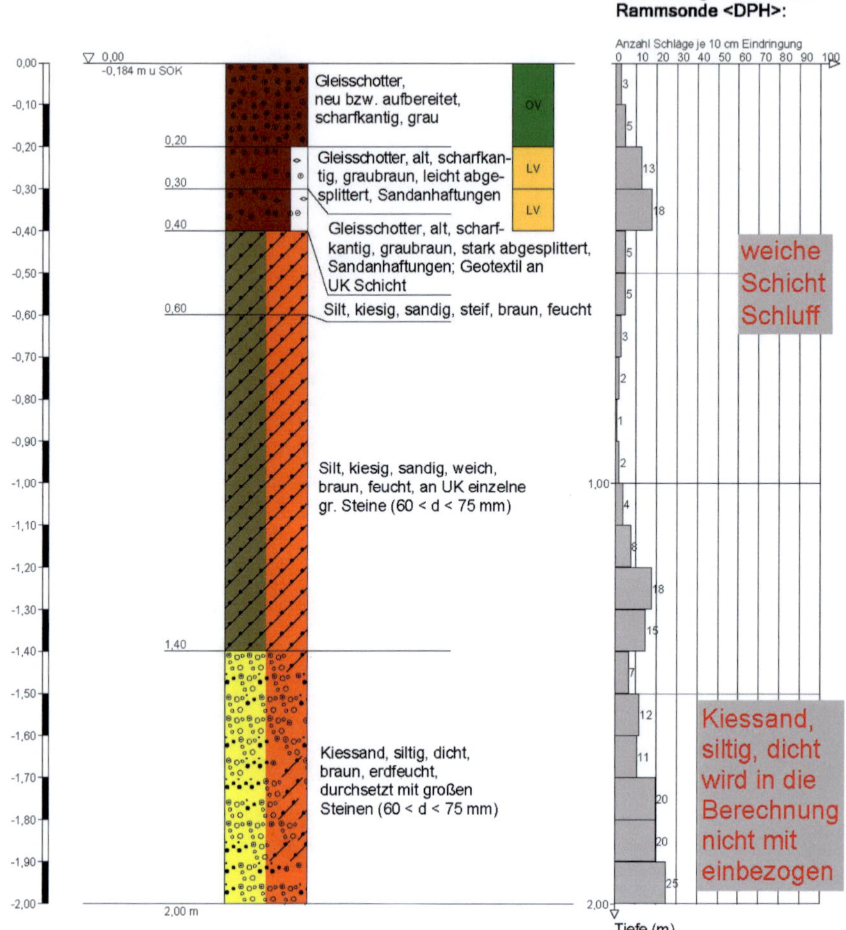

Abbildung XV-9: Sondierungsergebnis von Bohrloch 3 (Quelle: Ground Control GmbH)

Bohrloch 4

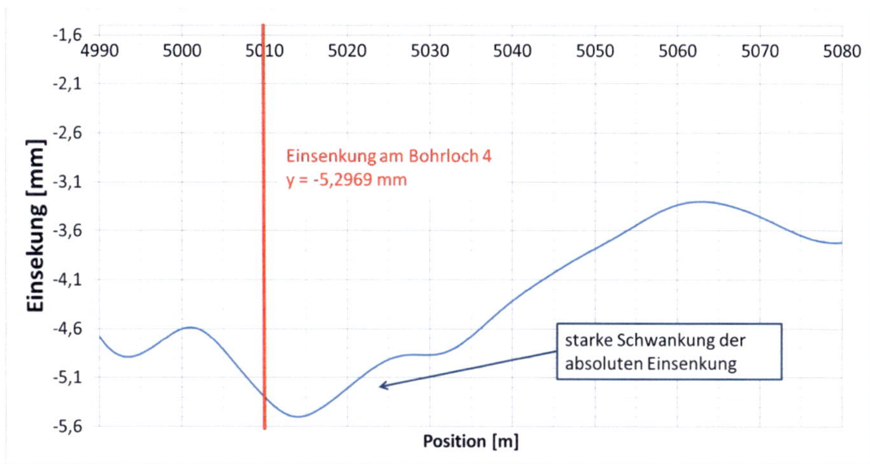

Abbildung XV-10: Absolute Einsenkung des Gleises unter 20 t Achslast für Bohrloch 4 bei der Position von 5010 m (Quelle: Ground Control GmbH)

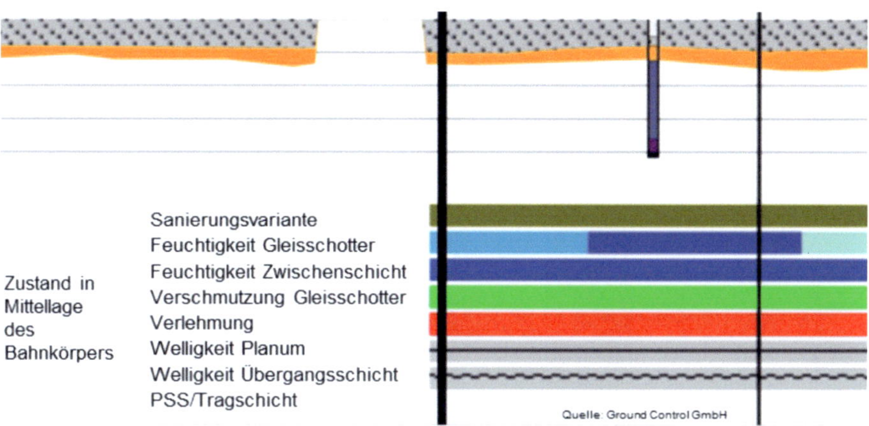

Abbildung XV-11: Ergebnis aus Georadarmessungen mit starker Verlehmung sowie Feuchtigkeit in der Bettung und in der Zwischenschicht in Mittellage des Bahnkörpers (Quelle: Ground Control GmbH)

	Einsenkung	Sondierungsergebnis[9]
Dichte [kg/m³]	1496	1687
Querdehnzahl [-]	0,53	0,43
Bettungsmodul des Bodens [MN/m³]	15	30 / 32

Tabelle XV-4: Berechnungsergebnis aus Einsenkungsmessung und Sondierungsergebnis für Bohrloch 4

---

[9] Der Bettungsmodul des Bodens wurde über die Dichte mit 30 MN/m³ und über die Querdehnzahl mit 32 MN/m³ berechnet

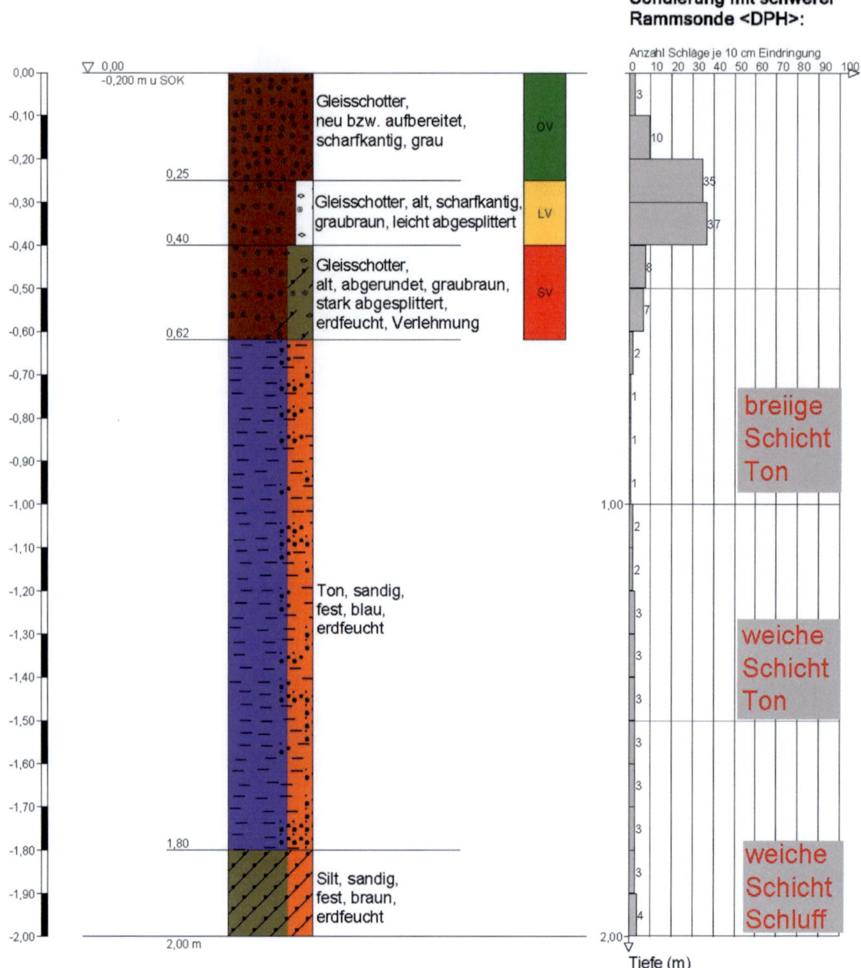

Abbildung XV-12: Sondierungsergebnis von Bohrloch 4 (Quelle: Ground Control GmbH)

Bohrloch 5

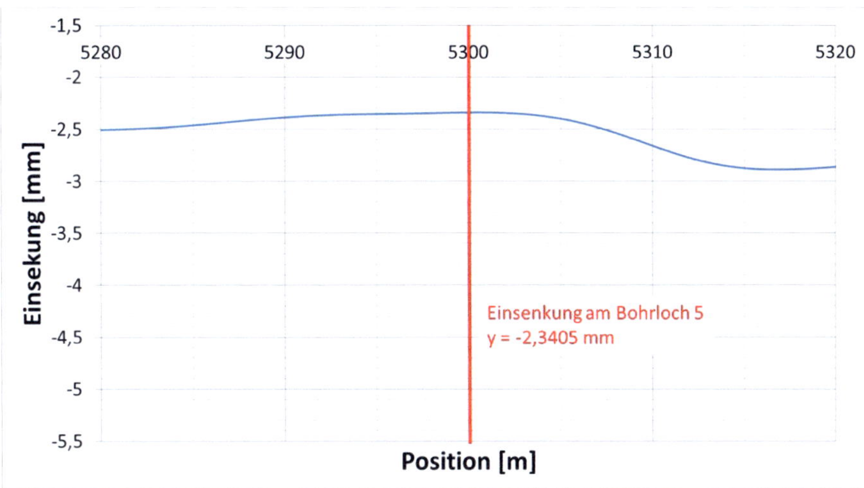

Abbildung XV-13: Absolute Einsenkung des Gleises unter 20 t Achslast für Bohrloch 5 bei der Position von 5300 m (Quelle: Ground Control GmbH)

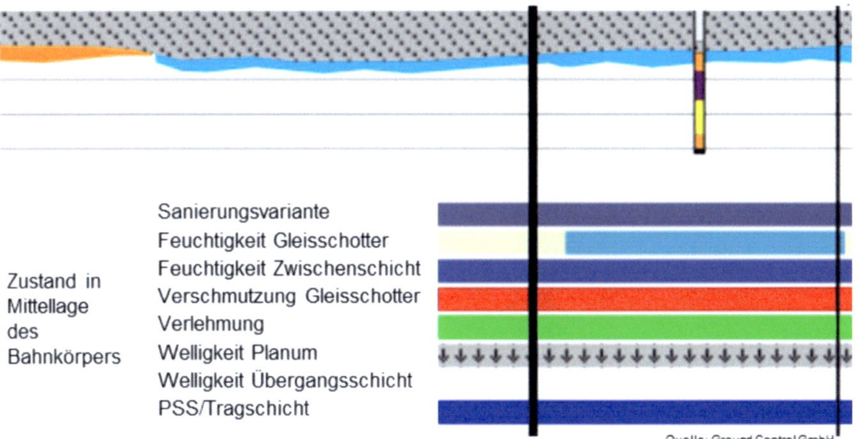

Abbildung XV-14: Ergebnis aus Georadarmessungen mit starker Verschmutzung der Bettung sowie Feuchtigkeit in der Bettung und in der Zwischenschicht in Mittellage des Bahnkörpers (Quelle: Ground Control GmbH)

	Einsenkung	Sondierungsergebnis[10]
Dichte [kg/m³]	1815	1825
Querdehnzahl [-]	0,39	0,39
Bettungsmodul des Bodens [MN/m³]	46	48 / 48

Tabelle XV-5: Berechnungsergebnis aus Einsenkungsmessung und Sondierungsergebnis für Bohrloch 5

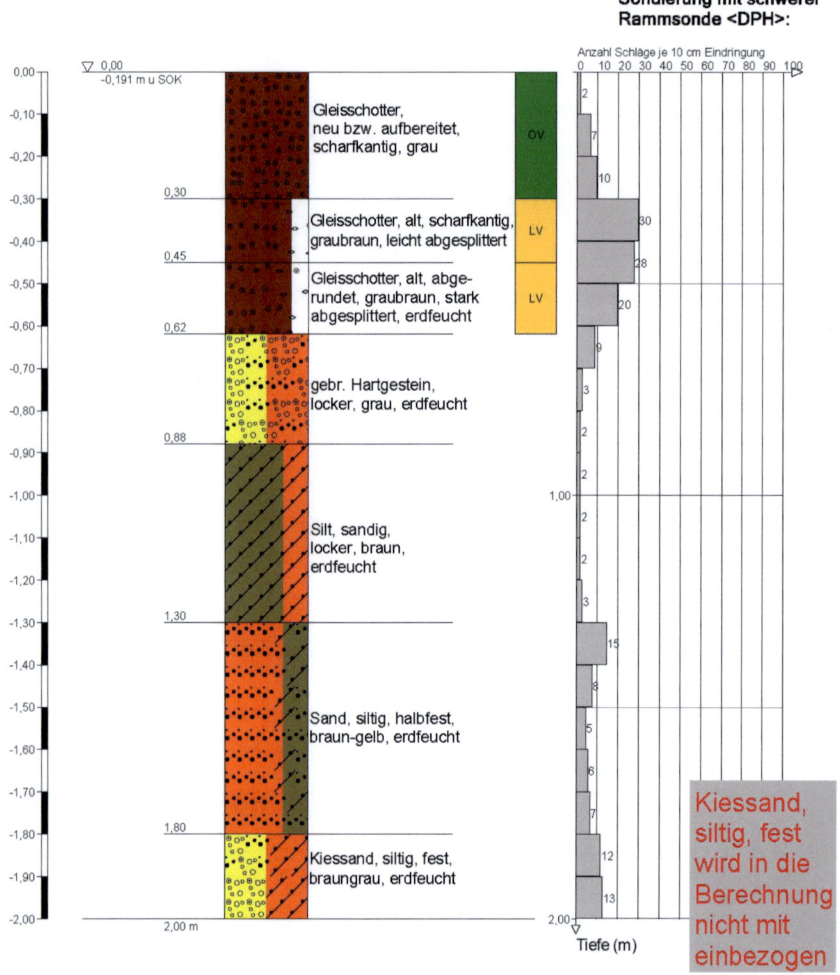

Abbildung XV-15: Sondierungsergebnis von Bohrloch 5 (Quelle: Ground Control GmbH)

---

[10] Der Bettungsmodul des Bodens wurde über die Dichte mit 48 MN/m³ und über die Querdehnzahl mit 48 MN/m³ berechnet

Bohrloch 6

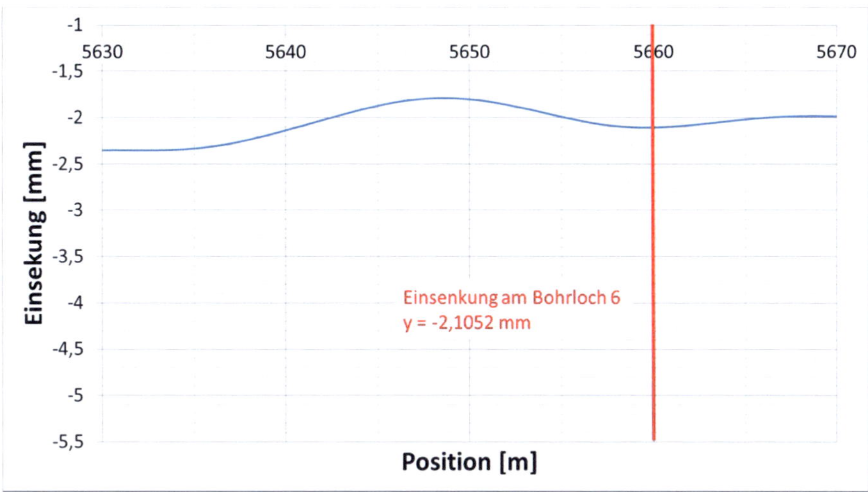

Abbildung XV-16:: Absolute Einsenkung des Gleises unter 20 t Achslast für Bohrloch 6 bei der Position von 5660 m (Quelle: Ground Control GmbH)

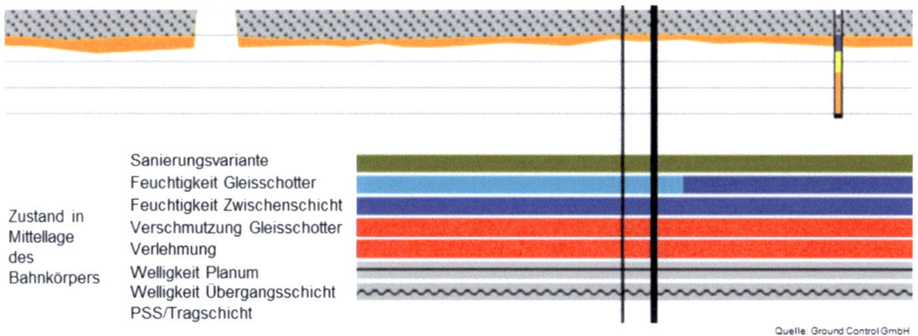

Abbildung XV-17: Ergebnis aus Georadarmessungen mit starker Verlehmung und Verschmutzung der Bettung sowie Feuchtigkeit in der Bettung und in der Zwischenschicht in Mittellage des Bahnkörpers (Quelle: Ground Control GmbH)

	Einsenkung	Sondierungsergebnis[11]
Dichte [kg/m³]	1853	1864
Querdehnzahl [-]	0,38	0,37
Bettungsmodul des Bodens [MN/m³]	52	53 / 54

Tabelle XV-6: Berechnungsergebnis aus Einsenkungsmessung und Sondierungsergebnis für Bohrloch 6

---

[11] Der Bettungsmodul des Bodens wurde über die Dichte mit 53 MN/m³ und über die Querdehnzahl mit 54 MN/m³ berechnet

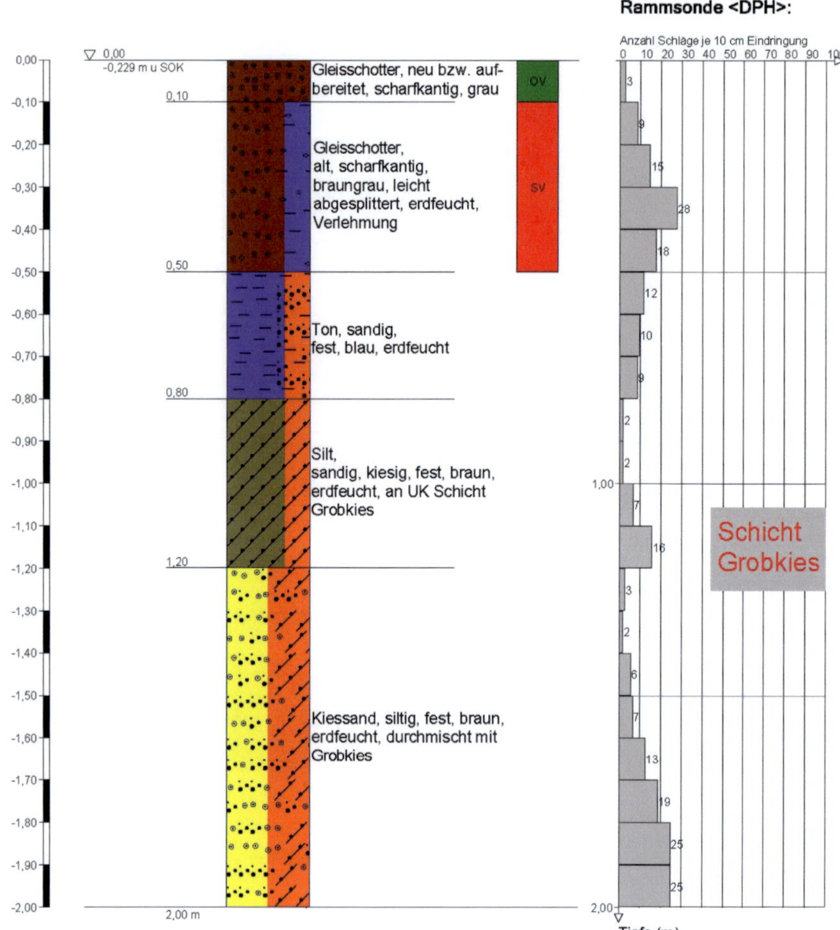

Abbildung XV-18: Sondierungsergebnis von Bohrloch 6 (Quelle: Ground Control GmbH)

Bohrloch 7

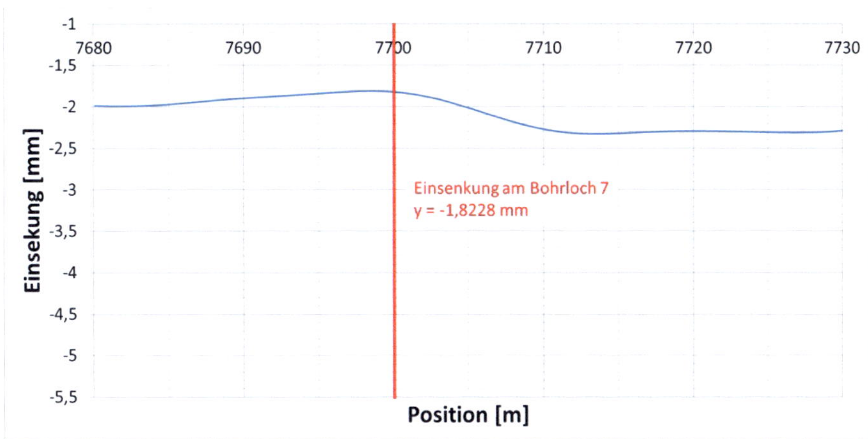

Abbildung XV-19: Absolute Einsenkung des Gleises unter 20 t Achslast für Bohrloch 7 bei der Position von 7700 m (Quelle: Ground Control GmbH)

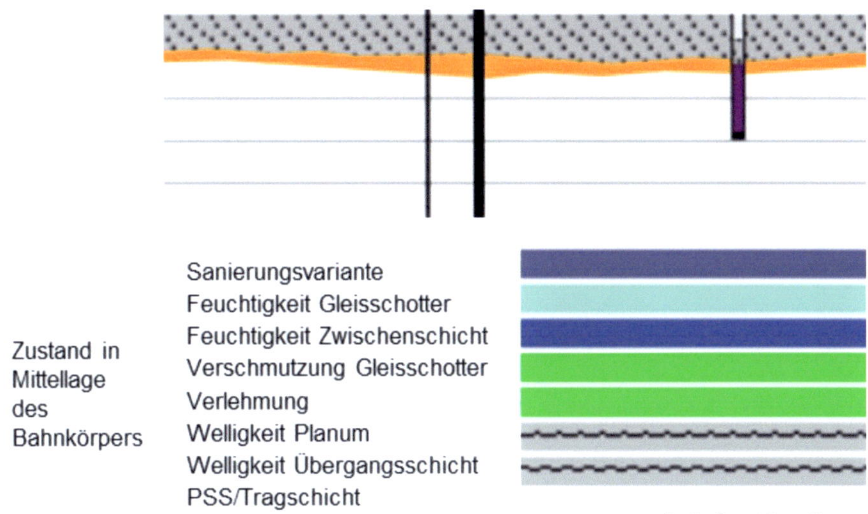

Abbildung XV-20: Ergebnis aus Georadarmessungen mit Feuchtigkeit in der Zwischenschicht in Mittellage des Bahnkörpers (Quelle: Ground Control GmbH)

	Einsenkung	Sondierungsergebnis[12]
Dichte [kg/m³]	1914	1935
Querdehnzahl [-]	0,36	0,34
Bettungsmodul des Bodens [MN/m³]	64	68 / 75

Tabelle XV-7: Berechnungsergebnis aus Einsenkungsmessung und Sondierungsergebnis für Bohrloch 7

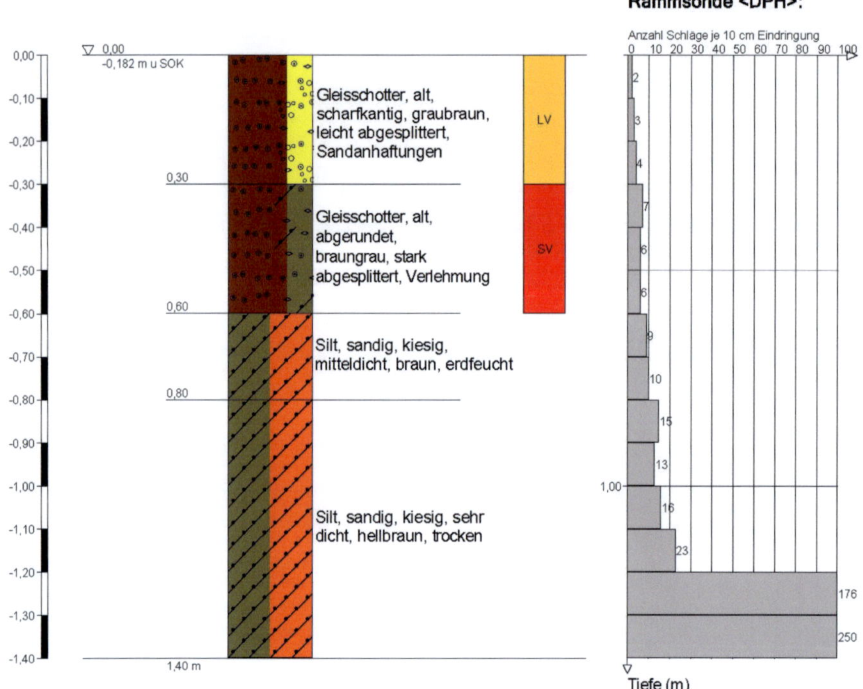

Abbildung XV-21: Sondierungsergebnis von Bohrloch 7 (Quelle: Ground Control GmbH)

---

[12] Der Bettungsmodul des Bodens wurde über die Dichte mit 68 MN/m³ und über die Querdehnzahl mit 75 MN/m³ berechnet

Bohrloch 8

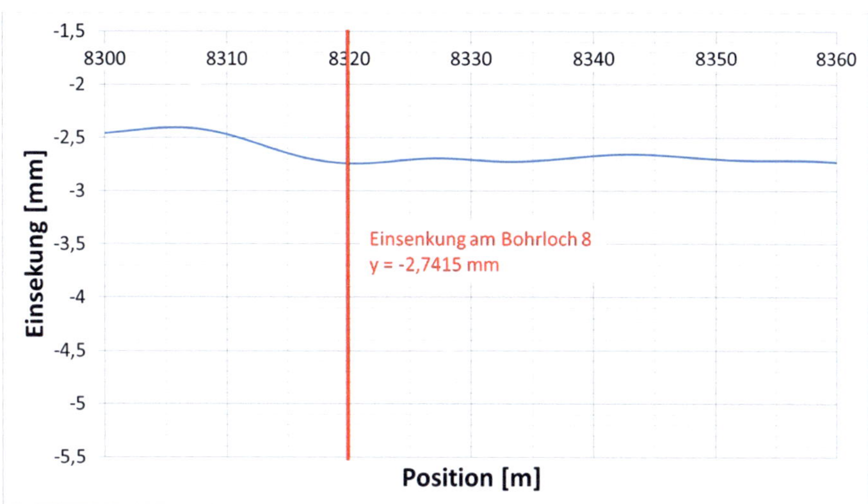

Abbildung XV-22: Absolute Einsenkung des Gleises unter 20 t Achslast für Bohrloch 8 bei der Position von 8320 m, Daten entnommen aus (Quelle: Ground Control GmbH)

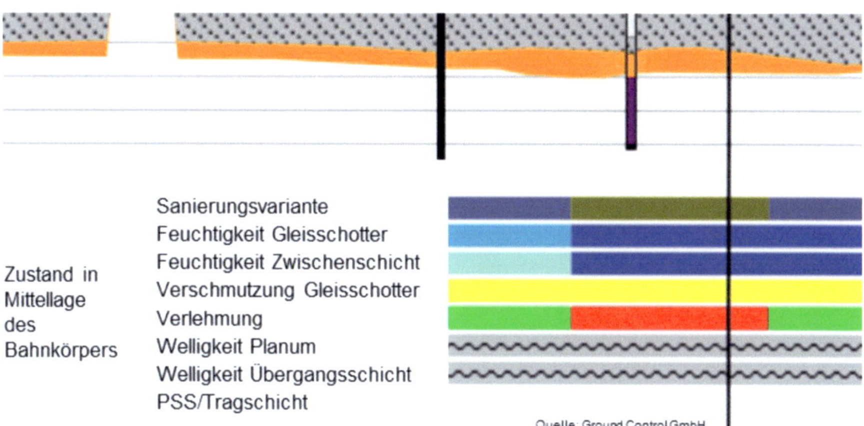

Abbildung XV-23: Ergebnis aus Georadarmessungen mit starker Verlehmung und leichter Verschmutzung der Bettung sowie Feuchtigkeit in der Bettung und in der Zwischenschicht in Mittellage des Bahnkörpers (Quelle: Ground Control GmbH)

	Einsenkung	Sondierungsergebnis[13]
Dichte [kg/m³]	1764	1711
Querdehnzahl [-]	0,42	0,43
Bettungsmodul des Bodens [MN/m³]	36	32 / 31

Tabelle XV-8: Berechnungsergebnis aus Einsenkungsmessung und Sondierungsergebnis für Bohrloch 8

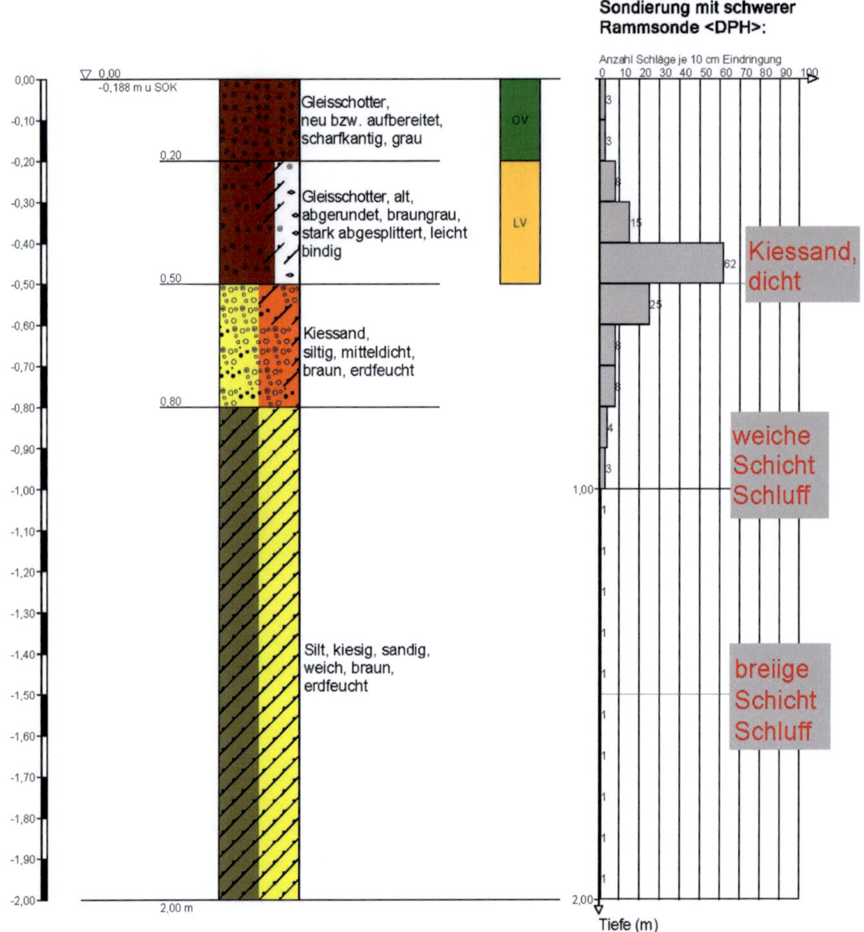

Abbildung XV-24: Sondierungsergebnis von Bohrloch 8 (Quelle: Ground Control GmbH)

---

[13] Der Bettungsmodul des Bodens wurde über die Dichte mit 32 MN/m³ und über die Querdehnzahl mit 31 MN/m³ berechnet

Bohrloch 9

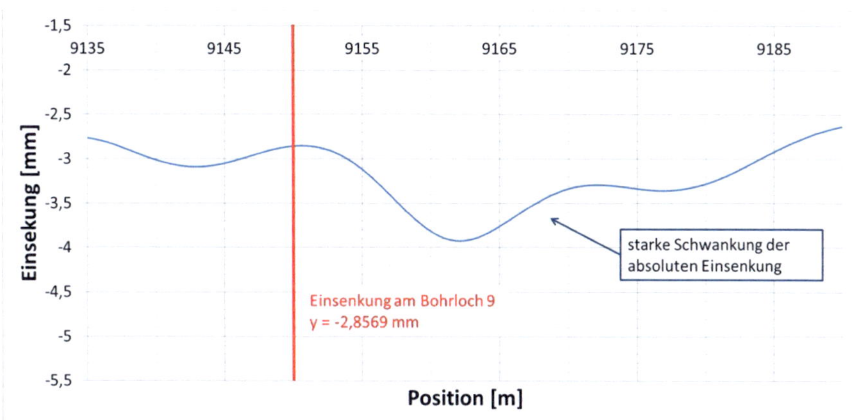

Abbildung XV-25: Absolute Einsenkung des Gleises unter 20 t Achslast für Bohrloch 9 bei der Position von 9150 m (Quelle: Ground Control GmbH)

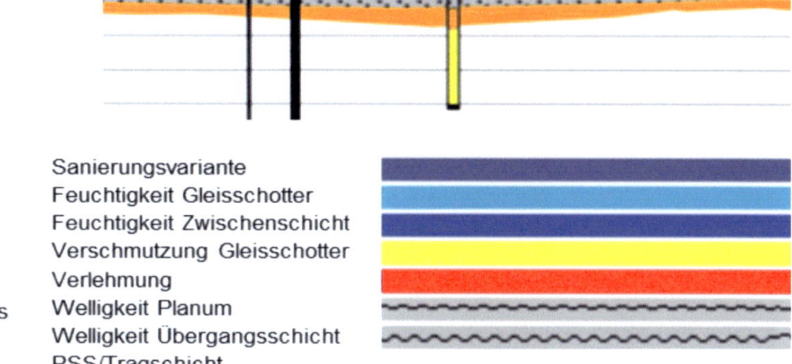

Abbildung XV-26: Ergebnis aus Georadarmessungen mit starker Verlehmung und leichter Verschmutzung der Bettung sowie Feuchtigkeit in der Bettung und in der Zwischenschicht in Mittellage des Bahnkörpers (Quelle: Ground Control GmbH)

	Einsenkung	Sondierungsergebnis[14]
Dichte [kg/m³]	1729	1748
Querdehnzahl [-]	0,42	0,39
Bettungsmodul des Bodens [MN/m³]	34	37 / 47

Tabelle XV-9: Berechnungsergebnis aus Einsenkungsmessung und Sondierungsergebnis für Bohrloch 9

---

[14] Der Bettungsmodul des Bodens wurde über die Dichte mit 37 MN/m³ und über die Querdehnzahl mit 47 MN/m³ berechnet

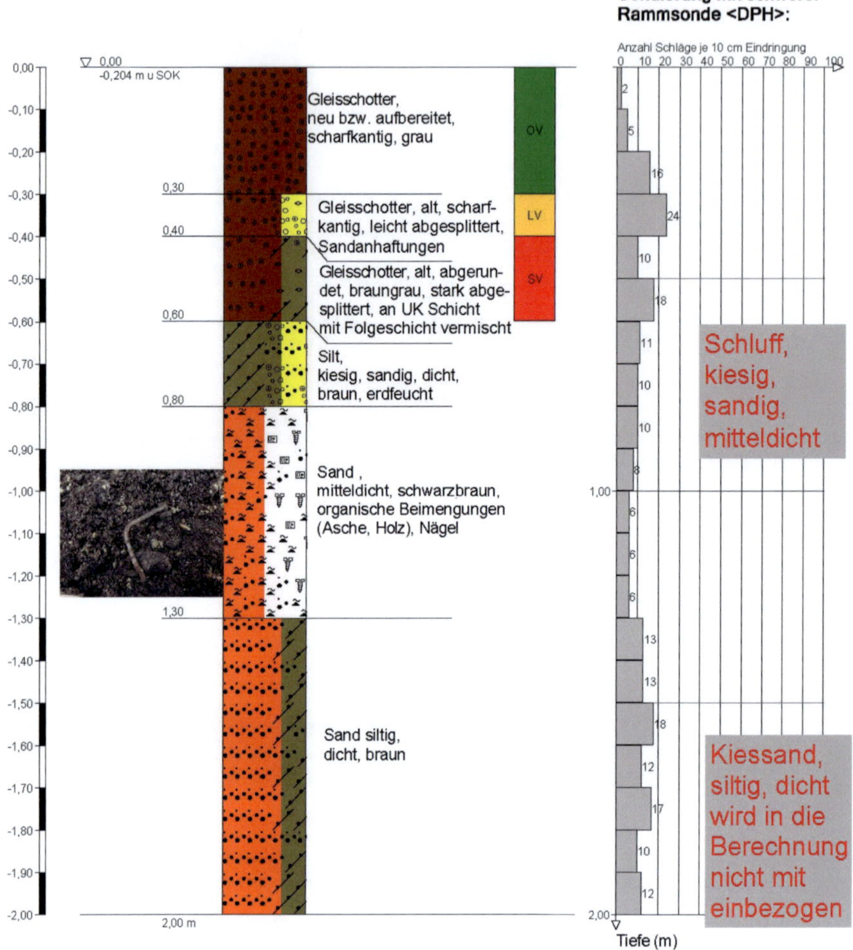

Abbildung XV-27: Sondierungsergebnis von Bohrloch 9 (Quelle: Ground Control GmbH)

Bohrloch 10

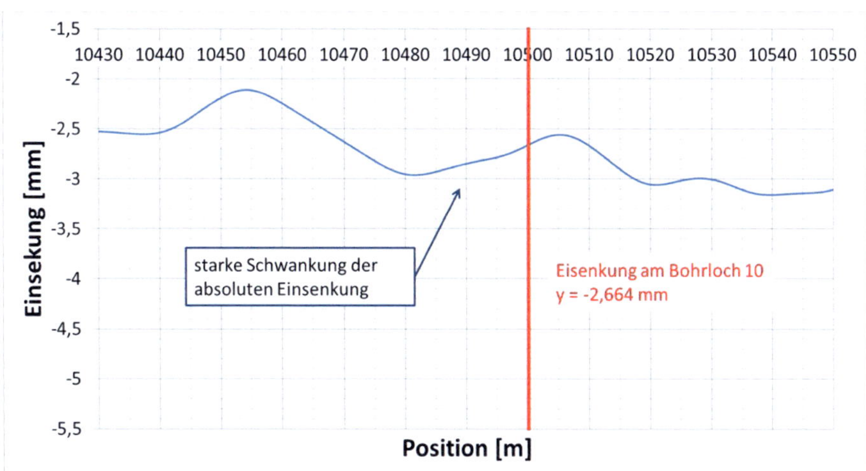

Abbildung XV-28: Absolute Einsenkung des Gleises unter 20 t Achslast für Bohrloch 10 bei der Position von 10500 m (Quelle: Ground Control GmbH)

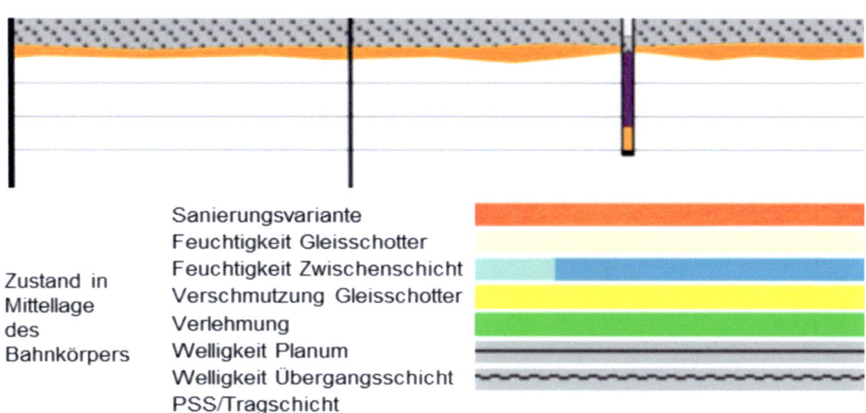

Abbildung XV-29: Ergebnis aus Georadarmessungen mit leichter Verschmutzung der Bettung sowie Feuchtigkeit in der Zwischenschicht in Mittellage des Bahnkörpers (Quelle: Ground Control GmbH)

	Einsenkung	Sondierungsergebnis[15]
Dichte [kg/m³]	1757	1722
Querdehnzahl [-]	0,41	0,42
Bettungsmodul des Bodens [MN/m³]	38	34 / 35

Tabelle XV-10: Berechnungsergebnis aus Einsenkungsmessung und Sondierungsergebnis für Bohrloch 10

---

[15] Der Bettungsmodul des Bodens wurde über die Dichte mit 34 MN/m³ und über die Querdehnzahl mit 35 MN/m³ berechnet

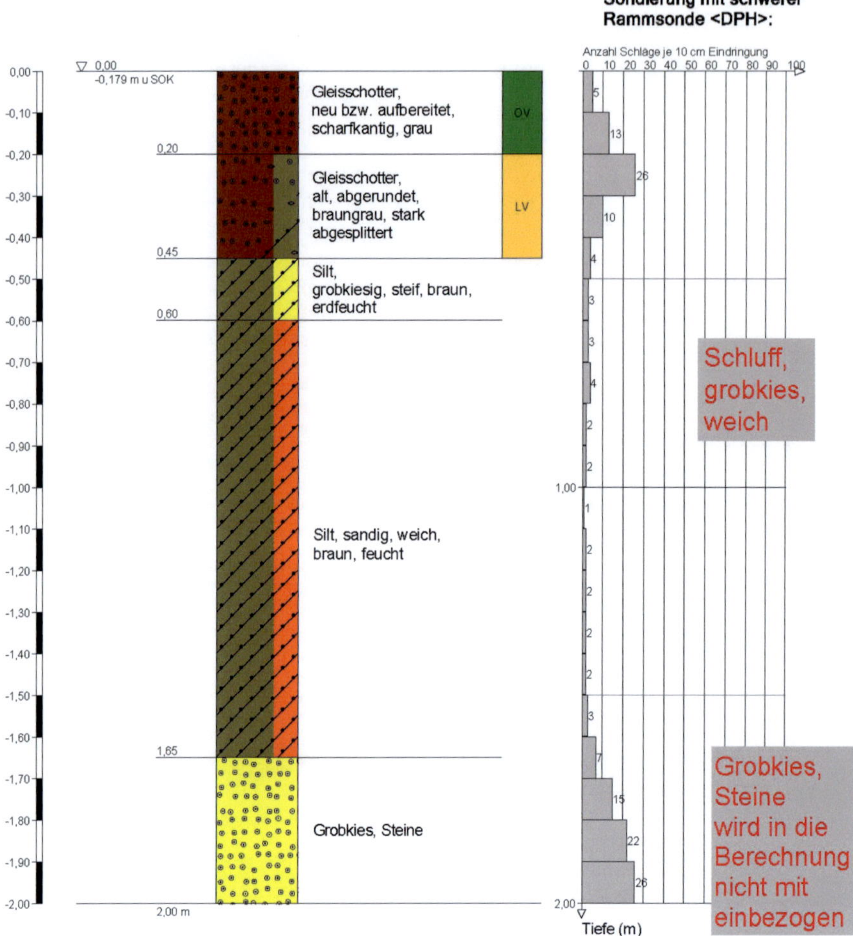

Abbildung XV-30: Sondierungsergebnis von Bohrloch 10 (Quelle: Ground Control GmbH)

Bohrloch 11

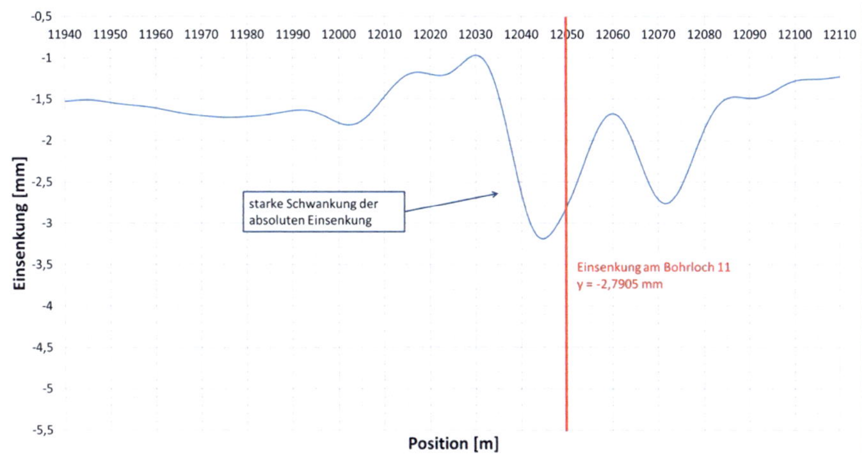

Abbildung XV-31: Absolute Einsenkung des Gleises unter 20 t Achslast für Bohrloch 11 bei der Position von 12050 m (Quelle: Ground Control GmbH)

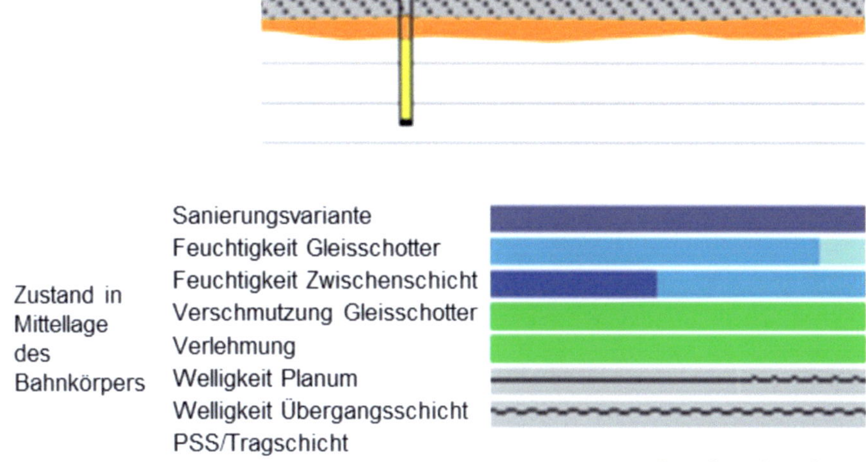

Abbildung XV-32: Ergebnis aus Georadarmessungen mit leichter Feuchtigkeit in der Bettung und in der Zwischenschicht in Mittellage des Bahnkörpers (Quelle: Ground Control GmbH)

	Einsenkung	Sondierungsergebnis[16]
Dichte [kg/m³]	1726	1990
Querdehnzahl [-]	0,43	0,34
Bettungsmodul des Bodens [MN/m³]	34	81 / 79

Tabelle XV-11: Berechnungsergebnis aus Einsenkungsmessung und Sondierungsergebnis für Bohrloch 11

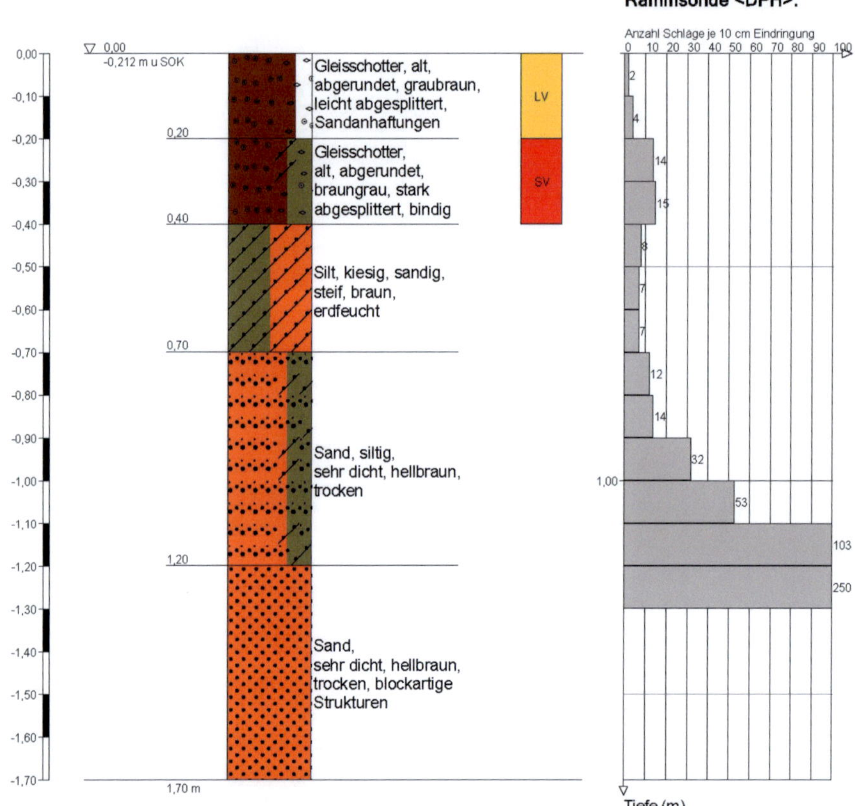

Abbildung XV-33: Sondierungsergebnis von Bohrloch 11 (Quelle: Ground Control GmbH)

[16] Der Bettungsmodul des Bodens wurde über die Dichte mit 81 MN/m³ und über die Querdehnzahl mit 79 MN/m³ berechnet

Bohrloch 12

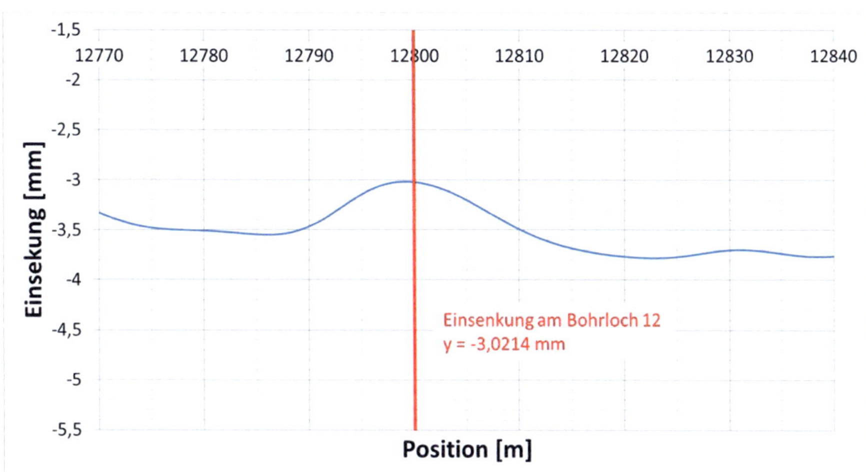

Abbildung XV-34: Absolute Einsenkung des Gleises unter 20 t Achslast für Bohrloch 12 bei der Position von 12800 m (Quelle: Ground Control GmbH)

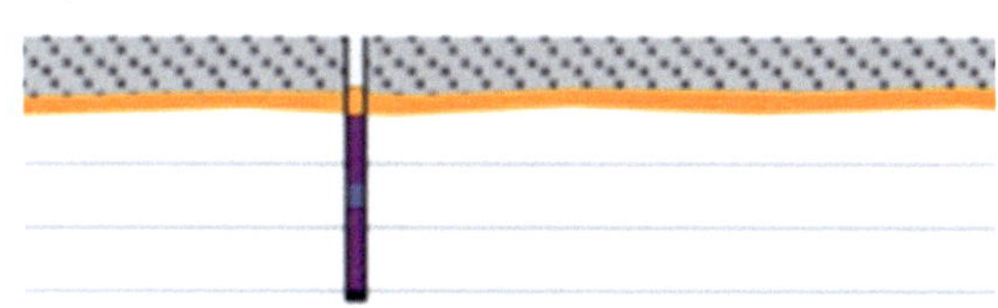

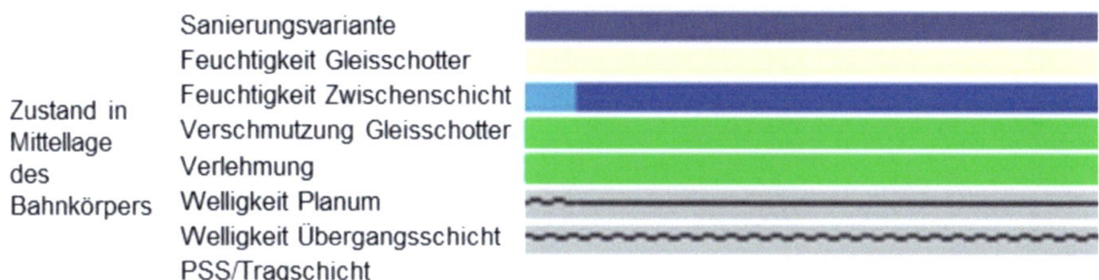

Abbildung XV-35: Ergebnis aus Georadarmessungen mit Feuchtigkeit in der Zwischenschicht in Mittellage des Bahnkörpers (Quelle: Ground Control GmbH)

	Einsenkung	Sondierungsergebnis[17]
Dichte [kg/m³]	1707	1723
Querdehnzahl [-]	0,43	0,44
Bettungsmodul des Bodens [MN/m³]	32	34 / 30

Tabelle XV-12: Berechnungsergebnis aus Einsenkungsmessung der Schiene und Sondierungsergebnis für Bohrloch 12

---

[17] Der Bettungsmodul des Bodens wurde über die Dichte mit 34 MN/m³ und über die Querdehnzahl mit 30 MN/m³ berechnet

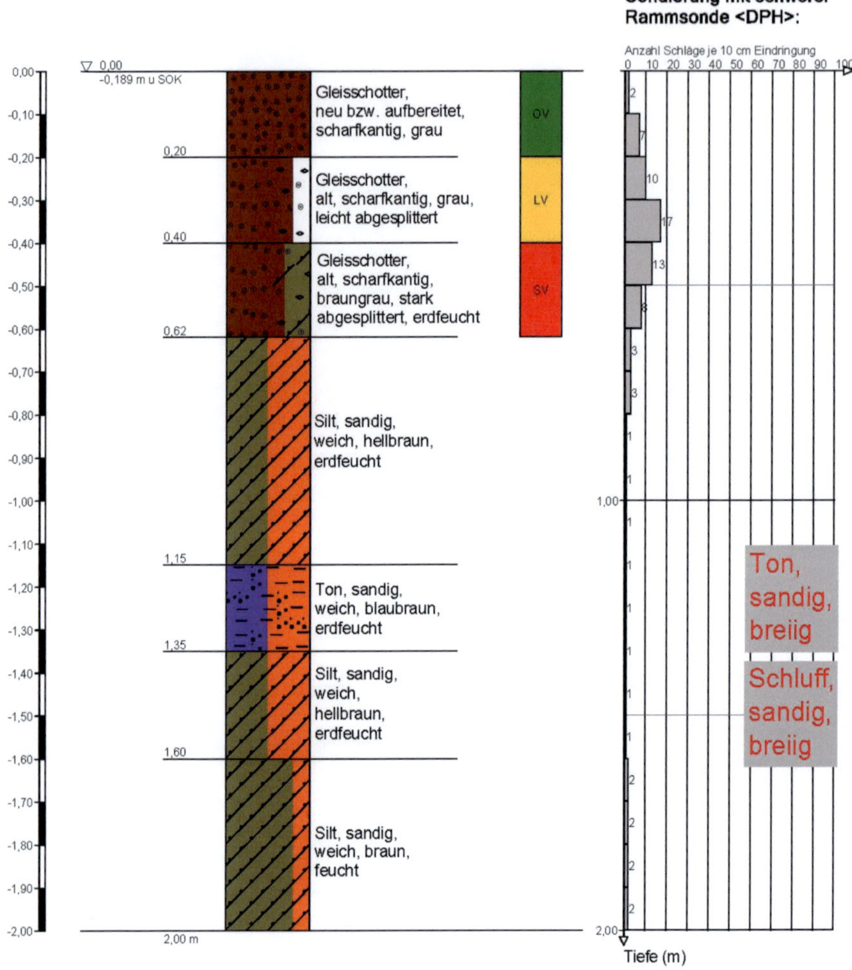

Abbildung XV-36: Sondierungsergebnis von Bohrloch 12 (Quelle: Ground Control GmbH)

Bohrloch 13

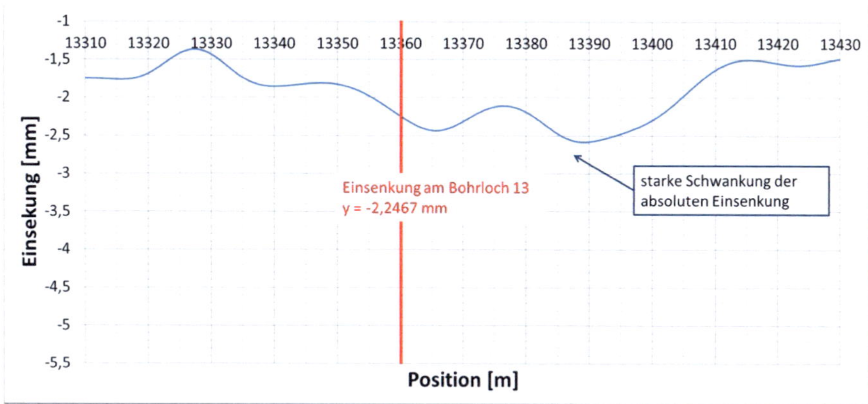

Abbildung XV-37: Absolute Einsenkung des Gleises unter 20 t Achslast für Bohrloch 13 bei der Position von 13360 m (Quelle: Ground Control GmbH)

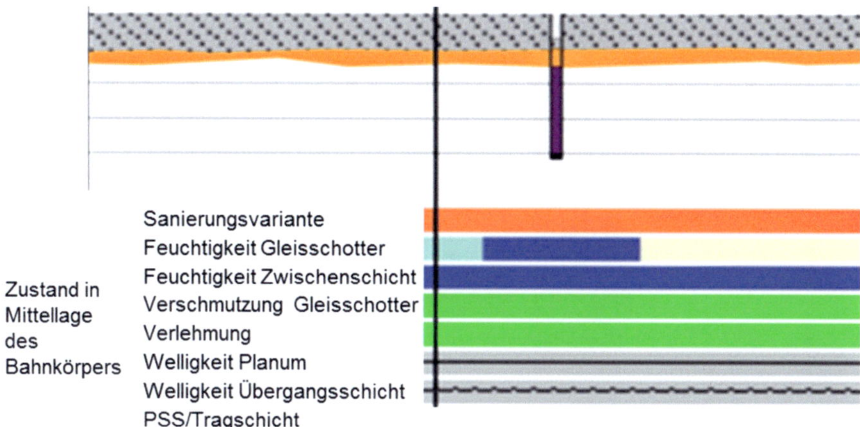

Abbildung XV-38: Ergebnis aus Georadarmessungen mit Feuchtigkeit in der Bettung und in der Zwischenschicht in Mittellage des Bahnkörpers (Quelle: Ground Control GmbH)

	Einsenkung	Sondierungsergebnis[18]
Dichte [kg/m³]	1825	1734
Querdehnzahl [-]	0,39	0,42
Bettungsmodul des Bodens [MN/m³]	48	35 / 34

Tabelle XV-13: Berechnungsergebnis aus Einsenkungsmessung und Sondierungsergebnis für Bohrloch 13

---

[18] Der Bettungsmodul des Bodens wurde über die Dichte mit 35 MN/m³ und über die Querdehnzahl mit 34 MN/m³ berechnet

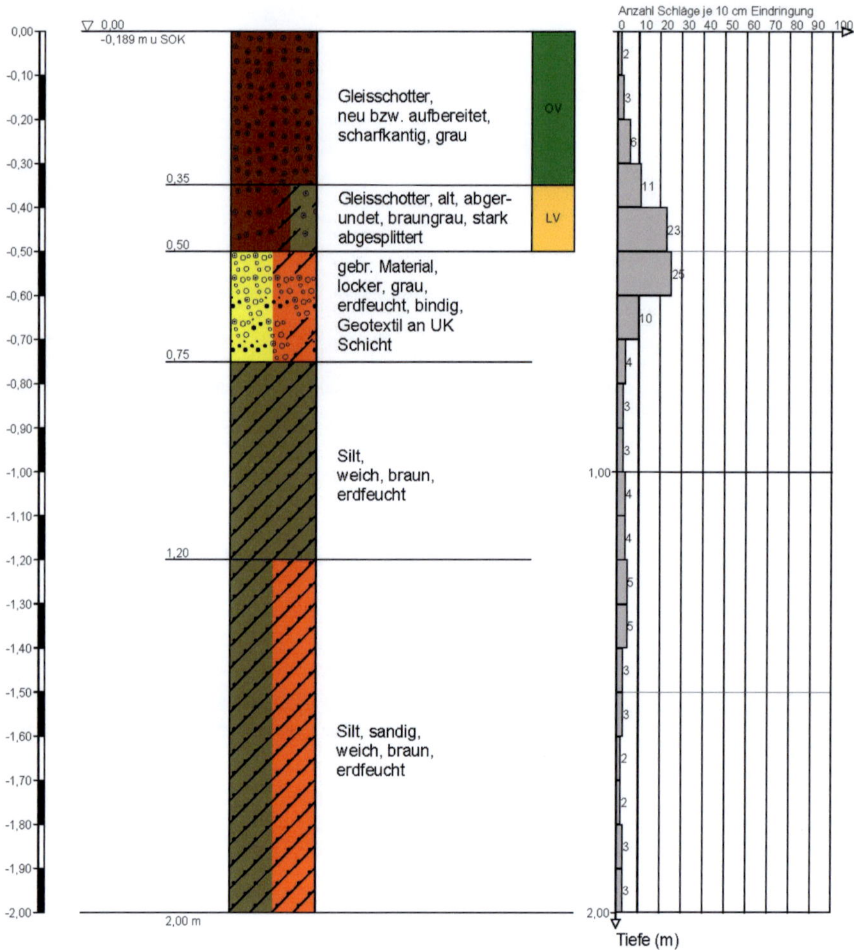

Abbildung XV-39: Sondierungsergebnis von Bohrloch 13 (Quelle: Ground Control GmbH)

Bodenkennwerte

Eine Abweichung der nach Abbildung 6-4 und Abbildung 6-5 zugeordneten Kennwerten der einzelnen Bodenschichten von den Bodenkennwerten aus der Literatur enthalten in Anhang VII und Anhang VIII ist durch ein rotes Feld in den folgenden Tabellen gekennzeichnet.

Beschreibung des Bodens	Dichte [kg/m³] aus Anhang VIII	zugeordnete Dichte [kg/m³]	Querdehnzahl [-] aus Anhang VII	zugeordnete Querdehnzahl [-]
Ton, sandig breiig	1500	1600	0,49	0,49
Ton, sandig weich	1500-1900	1650	0,41-0,45	0,475
Ton, sandig fest	-	1950	0,35-0,40	0,35
Schluff breiig		1600		0,49
Schluff, weich	1650-1750	1650	0,45	0,475
Schluff, sandig weich feucht	1650-1750	1700	0,49	0,49
Schluff, sandig weich	1650-1750	1650	0,45	0,475
Schluff, kiesig und sandig weich, feucht	1650-1750	1700	0,45	0,49
Schluff, kiesig sandig weich	1650-1750	1650	0,45	0,475
Schluff, sandig steif	1800	1800	0,35-0,45	0,42
Schluff, kiesig und sandig steif	1800	1800	0,35-0,45	0,42
Schluff, Grobkies steif	1800	1800	0,35-0,40	0,42
Schluff, kiesig halbfest	1950	1850	0,35-0,40	0,375
Schluff, sandig fest	1950-2040	1950	0,35	0,35
Schluff, sandig kiesig fest	1950-2040	1950	0,35	0,35

Tabelle XV-14: Bodenkennwerte für Böden mit unterschiedlichen Zustandsformen

Beschreibung des Bodens	Dichte [kg/m³] aus Anhang VIII	zugeordnete Dichte [kg/m³]	Querdehnzahl [-] aus Anhang VII	zugeordnete Querdehnzahl [-]
Schluff, sandig locker	1650-1750	1650	0,45	0,475
Schluff, feinkiesig locker trocken	1650-1750	1650	0,45	0,475
Schluff, sandig kiesig mitteldicht	1950	1850	0,40	0,375
Schluff, kiesig sandig dicht	1950-2040	1950	0,35	0,35
Schluff, sandig kiesig sehr dicht trocken	1950-2040	2100	0,30	0,3
Sand, schluffig halbfest	1950	1850	0,35	0,375
Sand, mitteldicht mit organischen Beimengungen	1400-1900	1600	0,40-0,45	0,475
Sand, schluffig dicht	1800	2100	0,2800	0,3
Sand, schluffig sehr dicht trocken	1900	2200	0,2800	0,27
Sand, sehr dicht trocken	1900	2200	0,2800	0,27
Kiessand, schluffig fest	1950-2040	1950	0,25-0,35	0,35
Kiessand, schluffig mitteldicht	2100-2400	2200	0,25-0,35	0,27
Kiessand, schluffig dicht	2100-2400	2350	0,25-0,36	0,23
Kiessand, dicht	2100-2400	2350	0,20	0,23
Grobkies	2000-2200	2100	0,28	0,24
Grobkies, Steine, dicht	2000-2200	2100	0,28	0,24
gebrochenes Hartgestein, locker	-	2200	0,25-0,35	0,275
gebrochenes Material, locker bindig erdfeucht mit Geotextil	-	2200	0,25-0,36	0,275

Tabelle XV-15: Bodenkennwerte für Böden mit unterschiedlichen Lagerungsdichten

Beschreibung des Bodens	Dichte [kg/m³] nach [39], [106], [109]	zugeordnete Dichte [kg/m³]	Querdehnzahl [-] nach [39], [106], [109]	zugeordnete Querdehnzahl [-]
Gleisschotter, neu	1600 - 1900	1800	0,30 - 0,33	0,33
Gleisschotter, alt abgerundet	-	1700	-	0,425
Gleisschotter, rund verlehmt	-	1650	-	0,45
Gleisschotter, leicht verschmutzt scharfkantig, aufbereitet	1750 - 1900	1800	0,3 - 0,35	0,35
Gleisschotter, verlehmt scharfkantig	1800 - 2150	1800	0,3 - 0,52	0,40

Tabelle XV-16: Bodenkennwerte für Gleisschotter

Ergebnis der berechneten Bettungsmoduln aus Einsenkungsmessungen und der Dichte und Querdehnzahl des Bodens

Die aus der gemessenen Einsenkung sowie nach dem in Kapitel 6 entwickelten Verfahren unter Verwendung des Konusmodells berechneten Bettungsmodulwerte des Bodens für die 13 Bohrlöcher sind in Tabelle XV-17 zusammengefasst.

Eine starke Abweichung der Bettungsmodulwerte des Bodens ist durch eine rote Färbung, eine leichte Abweichung durch eine orangene Färbung und keine oder eine geringe Abweichung durch eine grüne Färbung der entsprechenden Zeile gekennzeichnet.

Bohrloch	Bettungsmodul des Bodens berechnet aus Einsenkungsmessungen [MN/m³]	Bettungsmodul des Bodens berechnet aus den Bodeneigenschaften [MN/m³][19]	Abweichung[20] [MN/m³]	mögliche Ursache für eine Abweichung
1	25	34 / 41	9 / 16	-
2	31	111 / 120	80 / 89	Hohllagen
3	37	37 / 38	0 / 1	-
4	15	30 / 32	15 / 17	Hohllagen
5	46	48 / 48	2 / 2	-
6	52	54 / 53	2 / 1	-
7	64	68 / 75	4 / 11	-
8	36	32 / 31	4 / 5	-
9	34	37 / 47	3 / 13	-
10	38	34 / 35	4 / 3	-
11	34	81 / 79	47 / 45	Hohllagen
12	32	34 / 30	2 / 2	-
13	48	35 / 34	13 / 14	Geotextil

Tabelle XV-17: Bettungsmodul des Bodens berechnet über die gemessene Einsenkung der Schiene und den Sondierungsergebnissen für 13 Bohrlöcher

---

[19] Bettungsmodul des Bodens berechnet über die Dichte / über die Querdehnzahl
[20] Abweichung des Bettungsmoduls des Bodens berechnet über die Dichte / über die Querdehnzahl von dem Bettungsmodul des Bodens berechnet über die gemessene Einsenkung der Schiene